WordPress 电子商务运营从入门到实战

清华大学出版社
北京

内容简介

本书从基础简介、功能使用、运营实践三个方面详细讲解了WordPress在电子商务运营领域的应用。本书内容丰富，拥有大量实际操作和系统管理实例。完成本书学习后，读者可以独立运营整个电子商务系统。

本书可以作为企业员工的培训教程，也可以作为高等院校相关专业和培训机构的教学用书，还可以满足互联网从业人员学习系统前台和后台功能规划的需求。

图书在版编目（CIP）数据

WordPress 电子商务运营从入门到实战 / 林富荣编著. —北京：清华大学出版社，2021.5（2022.12重印）
ISBN 978-7-302-58000-3

Ⅰ. ① W… Ⅱ. ①林… Ⅲ. ①网页制作工具 – 高等学校 – 教材 Ⅳ. ① TP393.092.2

中国版本图书馆 CIP 数据核字（2021）第 070728 号

责任编辑：袁勤勇
封面设计：常雪影
责任校对：徐俊伟
责任印制：丛怀宇

出版发行：清华大学出版社
网　　址：http://www.tup.com.cn, http://www.wqbook.com
地　　址：北京清华大学学研大厦 A 座　　**邮　　编：**100084
社 总 机：010-83470000　　**邮　　购：**010-62786544
投稿与读者服务：010-62776969, c-service@tup.tsinghua.edu.cn
质量反馈：010-62772015, zhiliang@tup.tsinghua.edu.cn
课件下载：http: //www.tup.com.cn, 010-83470236
印 装 者：天津鑫丰华印务有限公司
经　　销：全国新华书店
开　　本：185mm × 260mm　　**印　张：**19　　**字　　数：**413 千字
版　　次：2021 年 7 月第 1 版　　**印　　次：**2022 年 12 月第2次印刷
定　　价：69.00 元

产品编号：090614-01

前　言

WordPress 是一个开源的 PHP + MySQL 系统，读者可以使用这个系统自己搭建一个电子商务系统。

根据网络数据，WordPress 在 2005 年已突破 5 万次下载，2019 年 2 月下载量已经接近 1400 万次，2020 年 7 月下载量已经接近 5200 万次。截至 2020 年 9 月 1 日，WordPress 5.5 版本已经有 1008 万次下载，并有超过 55000 个插件以帮助扩展功能。

国内外有很多企业使用 WordPress 系统，读者学习本书后，将来从事互联网相关的工作，会比较容易明白系统的运营和流程，更快地为企业创造价值。线下的企业想多元化发展，快速地拥有自己的独立线上平台，让运营人员更快地学习电子商务运营和软件系统管理知识，也适合使用本书。

本书从 2019 年 11 月开始规划和编写，2020 年 6 月终于编写完成，历时 8 个月。2020 年年初遇上疫情，为了响应国家号召，减少外出，远离病源，只能安心编写专业书籍，回报社会，偶尔一天内会编写长达 15 小时，从早上 8 点多写到晚上 12 点多。

疫情期间，很多企业都无法开门营业，因为大部分企业都是实体店，无法适应互联网时代的网络经营、远程管理，许多企业收入减少，甚至濒临停业。因此，这本书也是写给企业的，帮助企业快速发展，与时俱进。通过电子商务运营系统化，企业可以实现远程管理和远程运营，就算在疫情期间或其他不便开门营业的时期，企业也可以足不出户接收订单，并安排员工通过系统远程工作。

本书主要分为 3 部分，共计 16 章。

- 基础简介篇：第 1 章和第 2 章，主要是基本简介和环境安装。
- 功能使用篇：第 3 ~ 13 章，主要是 WordPress 的前台和后台的功能使用知识。
- 运营实践篇：第 14 ~ 16 章，主要是电子商务实战运营和精通 WordPress 相关内容。

学会基础简介篇的内容，读者就能够搭建服务器环境；学会功能使用篇的内容，读者就可以灵活使用整个系统的功能；学会运营实践篇的内容，读者就可以从实践中运营整个电子商务系统。

笔者按照这样的框架完成了本书的编写，为了使图书更加通俗易懂，书中每一章都列举了案例，以及前台页面和后台页面的对比关系说明，所以花了大量时间绘制和截取图片，尽可能详尽地展示每一步实际操作，确保案例真实有用。

本书特色

本书内容较为丰富，WordPress 电子商务网站系统实例内容覆盖全面。我们的目标是通过一本图书能够提供多本图书的价值效果，使读者通过一本书就可学会各种电子商务网站系统的知识，读者可以根据自己的实际情况有选择地阅读。在内容的编写上，本书具有以下特色：

1. 由浅入深，入门必备

作者利用学习到的软件工程、项目管理、产品规划和互联网行业的经验，整理出最符合目前电子商务网站运营的必备知识。掌握这些知识的读者完全有能力搭建出 WordPress + WooCommerce 电子商务系统，并且运营和管理好电子商务系统。

2. 图文实例，通俗易懂

实体商品有上亿个，但一套电子商务系统就可以什么商品都卖。也就是说，只需学会一套电子商务网站系统操作，就可以上架任意合规商品销售。本书介绍大量电子商务系统的搭建、使用、方法、功能和运营实践，是专门为电子商务领域的相关人员量身定制的精品图书，并且图文并茂、实例丰富、通俗易懂，只要读者对电子商务运营感兴趣，实践学习操作电子商务系统运营，就能够成为一名电子商务网站站长。

3. 运营实践，与时俱进

本书在介绍 WordPress + WooCommerce 电子商务系统的功能和内容之余，还全面地提供了有关备份、日常运营工作实战、数据库架构的内容，便于读者真实运营和维护好自己的电子商务系统。

希望本书能够推动互联网、大数据、人工智能和实体经济的深度融合，加快各行各业的数字化、网络化、智能化发展，提高企业的销售率，减少企业成本，引导企业创新发展。

最后，感谢清华大学出版社的支持，使得本书能够出版。这也是本人的第一本 WordPress 电商运营类的书籍，由于时间仓促、水平有限以及软件的版本不断更新，书中难免有一些错漏，望读者指正，使本书更适合企业和个人学习和使用。

林富荣　Cloudy.lin

2020 年 6 月于深圳罗湖

致敬

WordPress	WooCommerce	Magento	PrestaShop
BigCommerce	MemberPress	Shopify	Easy Digital Downloads
OpenCart	osCommerce	Ec-cube	NopCommerce
Joomla	VirtueMart	Eshop	HikaShop
J2Store	JoomShopping	JooCommerce	SoteShop
AbanteCart	Shopware	Saleor	Sylius
AlegroCart	Konakart	Quick.Cart	Zeuscart
Cubecart	Zuitu	Jcart	Drupal
AgoraCart	Yeahka	Rysos	WooCommerce Bookings
Ecshop	微信支付	支付宝支付	中国银联
深圳职业技术学院	深圳大学		

向上述和其他未提到的电子商务开源系统和程序、开源插件的开发人员、网站平台、学校和企业致敬！

您们为互联网电子商务的发展做出了重大贡献，使得社会和企业电子商务发展更加快速、稳定、智能、完善。

目 录

课件下载

基础简介篇

功能使用篇

WordPress

第1章 概　述

自从人类社会进入21世纪起，企业运营就已经无法离开互联网，也就是说，企业需要电子商务化。企业如果不能与时俱进，无法减少运营成本，提高盈利能力，最终的下场就是倒闭。只有电子商务化才能够帮助企业解决减少运营成本、提高盈利能力的问题。

WordPress电子商务运营主要包括电子商务、WordPress系统、WooCommerce电子商务插件。

电子商务是基于互联网的一种商业模式，WordPress+WooCommerce形成了一套完善的电子商务系统。企业利用电子商务模式和电子商务系统接收订单和货款，再利用线下快递企业发货给买家，这是电子商务的主要运营方式。

本章主要介绍电子商务概述、WordPress概述、WooCommerce电子商务插件概述等内容。

1.1　电子商务概述

电子商务通常是以信息网络技术为手段，以商品交换为中心的商务活动；也可以理解为在因特网、企业内部网和增值网上以电子交易方式进行交易活动和相关服务的活动，是传统商业活动各环节的电子化、网络化、信息化。以因特网为媒介的商业行为均属于电子商务的范畴，也就是说，电子商务的关键是必须依靠电子硬件设备、软件系统设备、网络通信技术进行。

电子商务通常指在全球各地广泛的商业贸易活动中，在因特网开放的网络环境下，基于客户端/服务端应用方式，买卖双方不谋面地进行各种商业贸易活动，实现消费者的网上购物、商户之间的网上交易和在线电子支付，以及各种商务活动、交易活动、金融活动和相关的综合服务活动的一种新型的商业运营模式。各国政府、学者、企业界人员根据自己所处的地位和对电子商务参与的角度和程度的不同，给出了许多不同的定义。

电子商务是因特网爆炸式发展的直接产物，是网络技术应用的全新发展方向。因特网本身所具有的开放性、全球性、低成本、高效率的特点也成为电子商务的内在特征，并使得电子商务大大超越了一种新的贸易形式所具有的价值。它不仅会改变企业本身的生产、经营、管理活动，而且将影响整个社会的经济运行与结构。以互联网为依托的电子技术平台为传统商务活动提供了一个无比宽阔的发展空间，其突出的优越性是传统媒介手段根本无法比拟的。

根据数据统计，2018 年全国电子商务整体交易额约为 28.4 万亿元，2019 年全国电子商务整体交易额约为 34.81 万亿元。由此可见，电子商务从业人员的劳动是创造价值的劳动，电子商务创造的价值要高于简单劳动。

互联网电子商务常见的业务模式有 B2B、B2C、C2C、O2O 等。

- B2B：全称为 Business-to-Business，指企业对企业的商业模式；
- B2C：全称为 Business-to-Customer，指企业对个人的商业模式；
- C2C：全称为 Customer-to-Customer ，指个人对个人的商业模式；
- O2O：全称为 Online-to-Offline，指线上和线下结合的商业模式。

只有一套电子商务系统，是否能实现 B2B、B2C 、C2C、O2O 所有的业务？

当你有一套电子商务系统，注册了企业，商品只出售给企业，那么就是 B2B 模式；

当你有一套电子商务系统，注册了企业，商品只出售给个人，那么就是 B2C 模式；

当你有一套电子商务系统，用个人的名义，商品只出售给个人，那么就是 C2C 模式；

当你有一套电子商务系统，注册了企业，开了一个实体店，个人和企业可以通过实体店或网店购买，那么就是 O2O 模式。

这样看来，不管衍生出什么业务模式，都可以由一套电子商务系统实现。

为什么企业要拥有自己的电子商务平台？

这个问题就如同创业和打工的问题。创业是先苦后甜，前面几年辛苦地积累资源，后面就轻轻松松地赚钱。打工是先甜后苦，前面几年身体健康时，能够有稳定的收入，保证衣食无忧，积累一定的知识；后面人老了，为企业创造的价值低了，通常容易被企业抛弃。创业有创业的心酸，打工有打工的艰辛。

那么创业是选择在别人的平台创建商店出售商品，还是自己创建平台出售自己的商品？

别人的平台大，通常人流量多、交易量大，规则也多，但后面店铺随时可能面临被迫关闭，许多年经营的店铺可能说没就没了。

企业自己创建的电子商务平台，前期人流量少、交易量小，企业能自己制定规则，后面是无限大的商机。

所以，最好的方法是企业在大平台里创建商店先把电子商务模式做起来，维持着企业生存，经营稳定后再发展自己的电子商务平台。同时可以将大平台系统的优质功能规划到自己的电子商务平台里，也可以将大平台积累的买家转化到自己的电子商务平台消费。

1.2 WordPress概述

WordPress 是世界上使用最广泛的一款博客软件系统，是一款开源的 PHP 软件程序。用户可以在支持 PHP 和 MySQL 数据库的服务器上架设属于自己的网站。WordPress 可以用于创建博客系统、内容管理系统、新闻系统、企业网站系统、电子商务系统、仓库管理系统等。

打开 WordPress 官方网站，就可以看见两句话“遇见 WordPress”和“WordPress 是一款能让您建立出色网站、博客或应用的开源软件”，页面如图 1-1 所示。

图 1-1 遇见 WordPress

WordPress 起源故事

Matt 出生在休斯敦，一个偶然的机会，他发现了一个叫 B2 的博客软件，使用后觉得不错，这是他第一次使用开源软件。

后来开发 B2 博客的人突然消失了，B2 软件也就被抛弃了。Matt 和 Mike 都很喜欢这个软件，想继续去贡献一些代码，就一起创建了一个新的博客软件，也就是现在的 WordPress 博客软件系统。也就是说，B2 是 WordPress 的前身。

2003 年 5 月，Matt 和 Mike 宣布推出了第一个版本的 WordPress 系统，直到 2020 年 5 月，已经发展到 WordPress 5.4 版本系统。目前为止，WordPress 开源系统已经发展了 17 年，由此可见其安全性、易用性、可靠性、功能完整性能相对较高，也得到许多大企业和网站站长的认可，就连顶尖的互联网企业也使用开源的 WordPress 系统。根据 WordPress 官方网站数据，超过 6000 万用户选择了 WordPress 打造他们在网络上的“家”。

WordPress 5.3 和 5.4 版本的服务器系统要求详见表 1-1，WordPress 常用版本历史详见表 1-2。

表 1-1 WordPress 5.3 和 5.4 版本的服务器系统要求

软　件	版　本
PHP	7.3或更高版本
MySQL	5.6或更高版本
MariaDB	10.1或更高版本

表 1-2 WordPress 常用版本历史

版　本	发 布 时 间
WordPress 5.4	2020年3月
WordPress 5.3	2019年11月
WordPress 5.2	2019年5月
WordPress 5.1	2019年2月
WordPress 5.0	2018年12月
WordPress 4.9	2017年11月
WordPress 4.8	2017年7月
WordPress 4.7	2016年12月
WordPress 4.6	2016年8月
WordPress 4.5	2016年4月
WordPress 4.4	2015年12月
WordPress 4.0	2014年9月
WordPress 3.0	2010年6月
WordPress 2.1	2007年1月
WordPress 1.0	2004年
WordPress 0.71	2003年5月

（备注：这里只列出了主要版本，还有 300 个左右的版本更新省略）

1.3 WooCommerce电子商务插件概述

WordPress 系统需要实现电子商务功能，就需要 WooCommerce 电子商务插件。WooCommerce 是一款免费开源的电子商务插件，可以帮助 WordPress 系统变为电子商务系统。

WooCommerce 起源故事

2007 年 11 月，Mark Forrester、Magnus Jepson 和 Adii Pienaar 在线合作创立了 WordPress 的新主题模板。一起出售主题模板几个月后，他们决定正式建立工作关系。

直到 2011 年插件 WooCommerce 发布以后，它使用户能够将 WordPress 网站系统转变为专业的电子商务店面网站系统，用户可以使用免费和收费的主题模板，也可以自定义主题模板，使自己的电子商务系统变得更加漂亮。

直到 2020 年，该插件已经不断开发和优化了 9 年，全球 28% 的在线商店都使用了 WooCommerce 插件，且能够支持所有常用的第三方支付工具。

WooCommerce 特色功能

（1）什么都卖。实物产品、数字下载、订阅、优惠券码、内容、约会和时间，都可以使用 WooCommerce 出售，基本能想到的任何东西都可以用来出售。

（2）信任支持。WooCommerce 是专门为 WordPress 构建的插件，WoodPress 软件为超过 34% 的网络提供支持，由安全领域的行业领导者 Sucuri 定期审核，显然非常可靠和信任。

（3）内容为核心。WooCommerce 在全球最受欢迎的内容管理系统之上运行，将电子商务与内容管理系统无缝集成，站长需要的一切都集中在一个地方。

（4）模块化系统。WooCommerce 保持精简和易用，因此可以仅添加所需要的功能和选项。它还可以与 WordPress 其他插件一起使用，用户可以保留自己喜欢的其他插件功能。

（5）没有限制。WooCommerce 是完全开源的，这意味着网站管理员可以修改和自定义任何功能和内容。因为拥有完全的控制权，所以网站管理员可以添加无限的产品和用户，也可以接受无限的订单，拥有自己的客户数据和消费数据，还可以免费使用其他开源的插件。

（6）全球社区。WooCommerce 商店和开发人员来自世界各地，下载量超过 1000 万次。使用 WooCommerce 相当于加入了网络上最大的开源系统，遇上问题也能快速解决。

WooCommerce 插件的服务器系统要求如表 1-3 所示。

表 1-3　WooCommerce 插件的服务器系统要求

软　件	版　本
PHP	7.2或更高版本
MySQL	5.6或更高版本
MariaDB	10.0或更高版本
WordPress内存	128MB或以上

第2章 本地计算机搭建服务器环境

安装包

服务器也称伺服器，是计算机的一种，它比普通计算机运行更快、负载更高、价格更贵。服务器在网络中为其他客户机（例如：台式计算机、智能手机、ATM等终端，甚至是航空系统、火车系统等大型设备）提供计算或应用服务。服务器具有高速的CPU运算能力、较长的可靠运行时间、强大的I/O外部数据吞吐能力以及更好的扩展性。

根据服务器所提供的服务，一般来说服务器都具备承担响应服务请求、承担服务、保障服务的能力。服务器作为电子设备，其内部的结构十分复杂，但与普通的计算机内部结构相差不大。服务器的构成包括CPU处理器、硬盘、内存、操作系统、系统总线等。

目前，越来越多的大企业如百度云、阿里云、腾讯云、京东云、华为云等都推出电子商务专用的服务器。也就是说，企业实现电子商务化正在变得更容易、更便捷。

普通计算机也可以充当服务器，只是处理能力较慢、运算结果较长、负载能力低，但是给内部的几个人浏览、测试和存放备份文件是足够的。

AppServ是PHP网页架站工具组合包，它将一些网络上的架站资源重新包装成单一的安装程序，以便初学者快速完成架站环境安装。AppServ软件安装包所包含的软件有Apache、Apache Monitor、PHP、MySQL、phpMyAdmin等。

本章主要介绍AppServ环境安装、WordPress程序安装、WooCommerce插件安装的内容。本书提及到的软件和插件仅供读者学习、研究和参考使用，如用于商业用途，请与软件的官方联系。

2.1 AppServ环境安装

视频讲解

（1）下载appserv-win32-8.6.0.exe安装包，并双击安装包，如图2-1所示。

（2）显示安装的软件，显示文字 AppServ Open Project，如图 2-2 所示。

图 2-1　appserv-win32-8.6.0.exe 安装包图标

图 2-2　AppServ Open Project

（3）弹出安装的对话框，显示文字 Welcome to the AppServ 8.6.0 Setup Wizard。单击 Next 按钮，如图 2-3 所示。

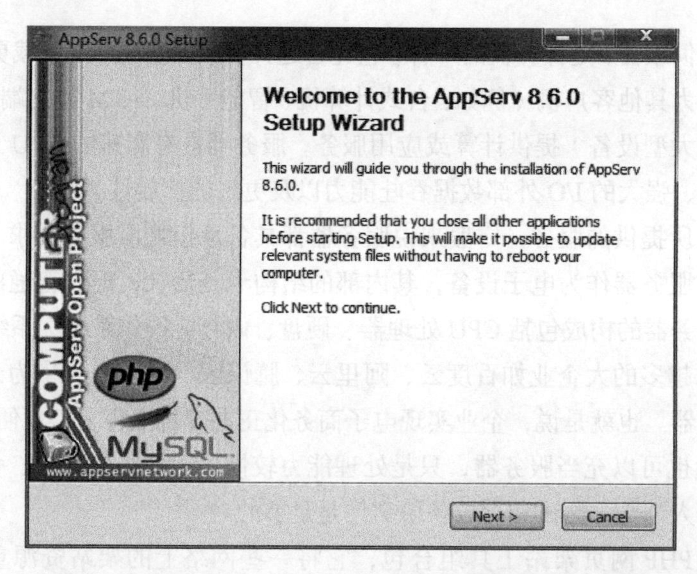

图 2-3　Welcome to the AppServ 8.6.0 Setup Wizard 窗口

（4）显示许可协议。用户安装前必须阅读许可协议。如果同意此许可协议，单击 I Agree 按钮，转到下一步。如果不同意，单击 Cancel 按钮，就会取消安装，如图 2-4 所示。

（5）选择安装位置。AppServ 默认位置为“C:\AppServ”，如果需要改变安装目的文件夹的地址，可以单击 Browse 按钮，就可以更改 AppServ 程序安装的目标地址。之后单击 Next 按钮，就会转到下一步，如图 2-5 和图 2-6 所示。

（6）选择安装的组件。AppServ 默认选中所有组件包，用户可以根据需要选择要安装的组件包。

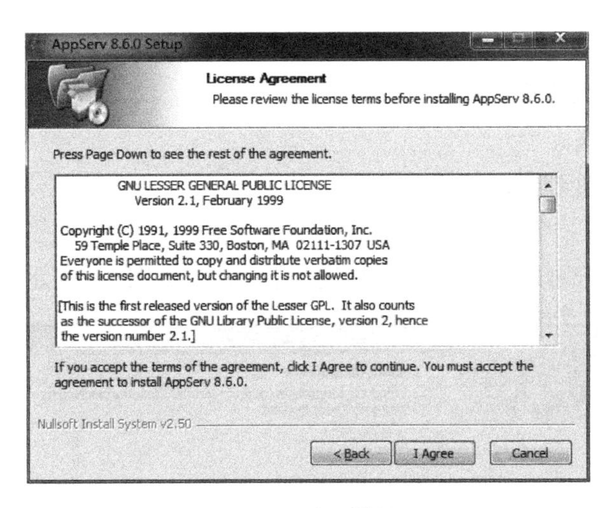

图 2-4　许可协议

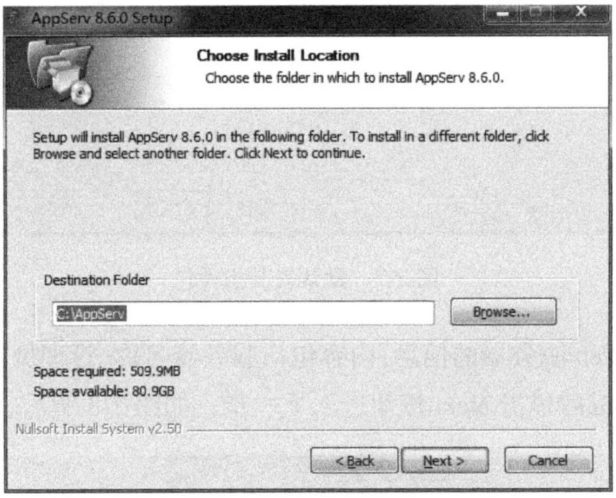

图 2-5　默认选择安装路径

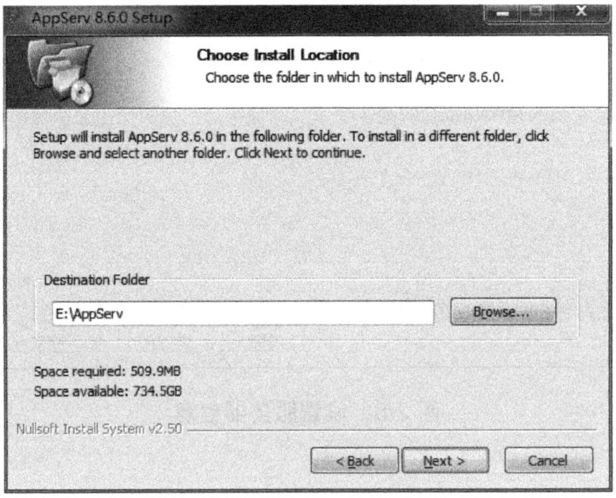

图 2-6　重新选择安装路径

组件包的内容包括：

• Apache HTTP 服务器；

• MySQL 数据库；

• PHP 超文本预处理器；

• phpMyAdmin，一个通过 WWW 的 MySQL 数据库控件程序。

选择完成后，用户可以单击 Next 按钮进入下一步，如图 2-7 所示。

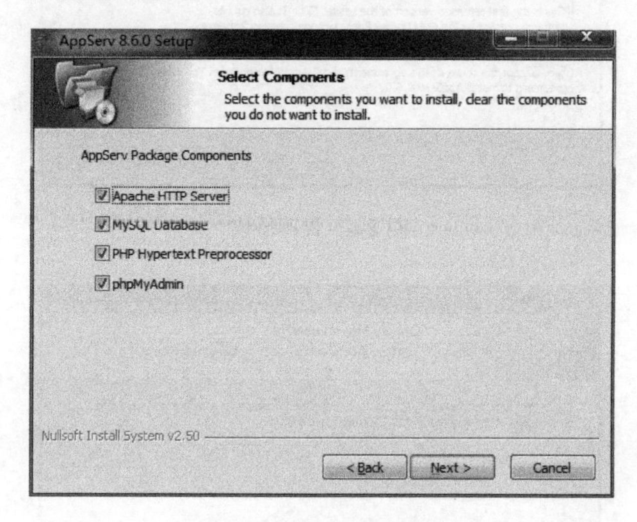

图 2-7　默认安装组件包

（7）配置 ApacheWeb 服务器的信息，内容包括服务器名称、管理员电子邮箱、HTTP 端口、HTTPS 端口，配置完成后单击 Next 按钮进入下一步，如图 2-8 所示。

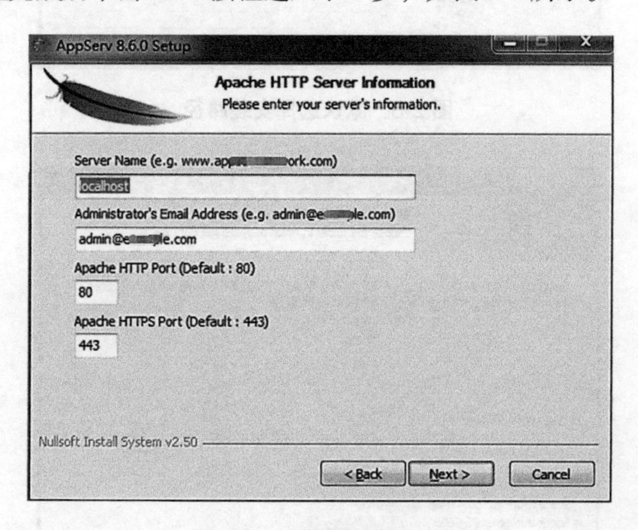

图 2-8　设置服务器信息

示例数据：

服务器名称必须指定服务器名称，例如 localhost（指本机）或 www.XXX.com；

管理员电子邮箱必须指定管理员电子邮件，例如 admin@xxx.com；

HTTP 端口必须为 Apache Web 服务器指定 HTTP 端口，例如 80；

HTTPS 端口必须为 Apache Web 服务器指定 HTTPS 端口，例如 443。

（8）配置 MySQL 服务器的信息，此密码的默认管理员用户为 root，内容包括数据库的密码、确认密码，配置完成后可以单击 Install 按钮进入下一步，如图 2-9 所示。

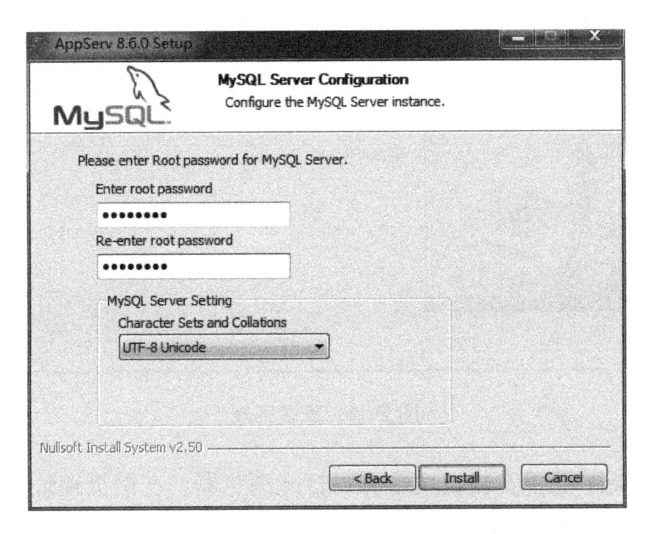

图 2-9　MySQL 数据库密码设置

示例数据：

输入 root 的密码，例如“Cloudy123!”；

再次输入 root 的密码，例如“Cloudy123!”。

（9）配置完成后，程序自动安装，如图 2-10 所示。

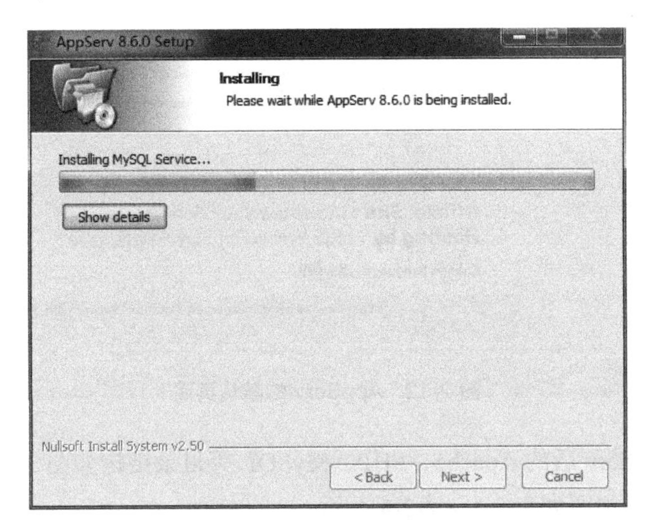

图 2-10　程序安装过程

（10）几分钟后，AppServ 安装完成，默认勾选了 Start Apache 和 Start MySQL 选项，要求安装程序后立即启动 Apache 和 MySQL。单击 Finish 按钮，如图 2-11 所示。

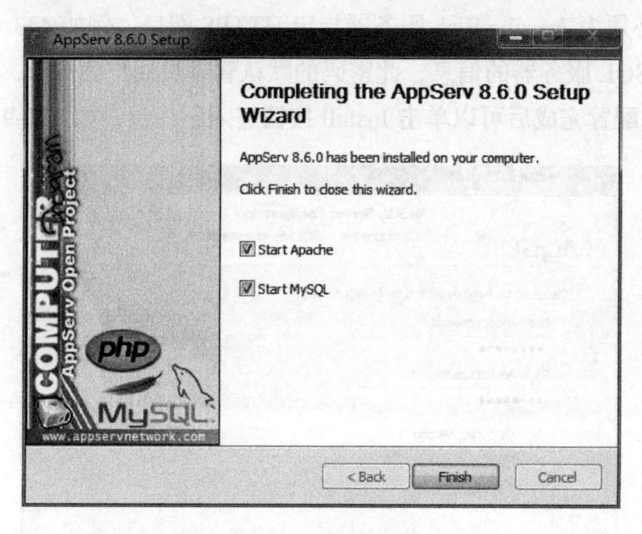

图 2-11　安装完成

（11）验证 AppServ 是否安装成功。可以打开浏览器，在网页地址处输入“localhost/”，就可以查看 AppServ 的默认页面，如图 2-12 所示。

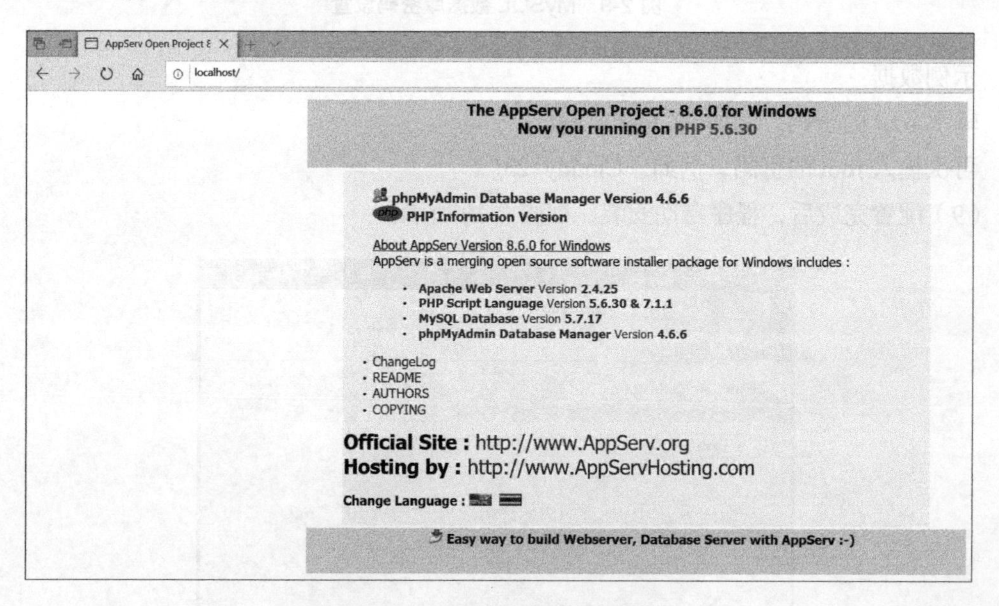

图 2-12　AppServ 的默认页面

（12）安装 AppServ 后的 Apache、PHP、MySQL 等目录结构如图 2-13 所示。

详细的目录结构说明如表 2-1 ~ 表2-4 所示：

DATA (D:) › AppServ ›

名称	修改日期	类型	大小
Apache24	2019/9/12 14:19	文件夹	
MySQL	2019/9/12 14:20	文件夹	
php5	2019/9/12 14:19	文件夹	
php7	2019/9/12 14:19	文件夹	
www	2020/3/12 14:56	文件夹	
Uninstall-AppServ8.6.0.exe	2019/9/12 14:21	应用程序	221 KB

图 2-13　AppServ 目录结构

表 2-1　Apache Web 服务器的目录结构

文　件　夹	说　　明
apache\bin	主apache程序
apache\conf apache	配置文件
apache\error apache	错误模板
apache\icons	apache图标
apache\log	apache日志文件
apache\module	apache模块

表 2-2　MySQL 数据库的目录结构

文　件　夹	说　　明
MySQL\bin	主MySQL数据库执行文件
MySQL\data	MySQL数据库存储
MySQL\share	MySQL错误消息模块

表 2-3　PHP 的目录结构

文　件　夹	说　　明
php	PHP命令行执行和DLL库
php\ext	PECL php Extension for php（仅在PHP 5和PHP 7上找到）
php\extension	PECL php extension for php（仅适用于PHP 4）
php\PEAR-PEAR	框架组件
php\extras	额外的组件

表 2-4　WWW 文件存储的目录结构

文　件　夹	说　　明
www	网页文件的www目录
www\cgi-bin	cgi文件目录
www\phpMyAdmin	phpMyAdmin程序目录
www\appserv	appserv文件，安装后可以删除
www\index.php	AppServ index.php文件，可以在安装后删除

视频讲解

2.2 WordPress程序安装

（1）下载压缩文件 wordpress-5.3-zh_CN.zip 安装包，如图 2-14 所示。

（2）解压后如图 2-15 所示。

wordpress-5.3-zh_CN.zip　　　　wordpress-5.3-zh_CN

图 2-14　wordpress-5.3-zh_CN 压缩的安装包　　图 2-15　wordpress-5.3-zh_CN 解压后的安装包

（3）打开 wordpress-5.3-zh_CN 文件夹里的 wordpress 文件夹，按下 Ctrl+X 组合键，就可以剪切内容，如图 2-16 所示。

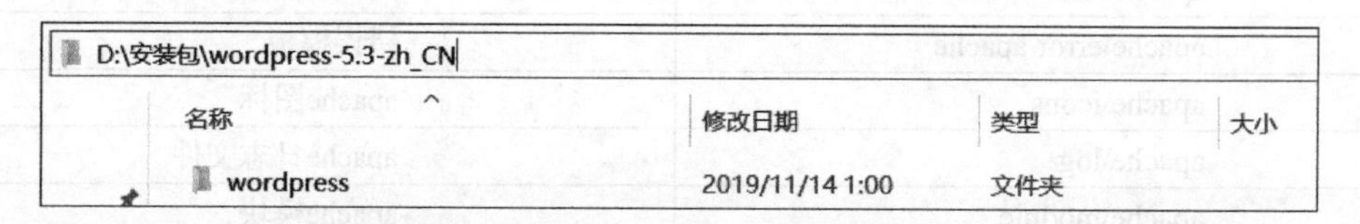

图 2-16　wordpress 程序文件夹

（4）进入 D:\AppServ\www 文件夹，按下 Ctrl+V 组合键粘贴，粘贴 wordpress 文件夹内容，如图 2-17 所示。

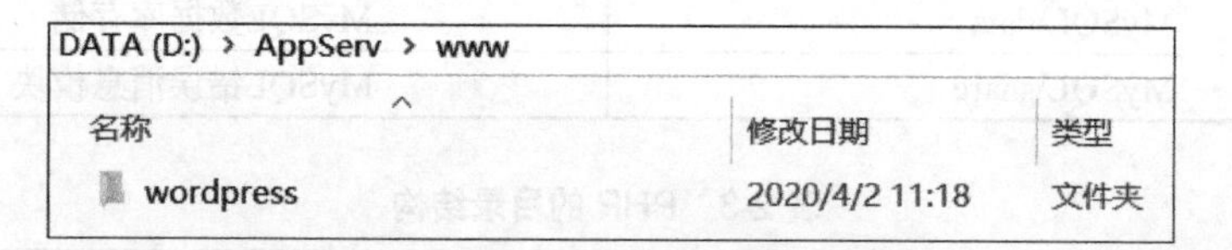

图 2-17　wordpress 程序文件夹（粘贴）

（5）进入 D:\AppServ\MySQL\data 文件夹，右击，在弹出的快捷菜单中选择“新建”→“文件夹”，将其命名为 wordpress，数据库 wordpress 文件夹就创建成功了，如图 2-18 所示。

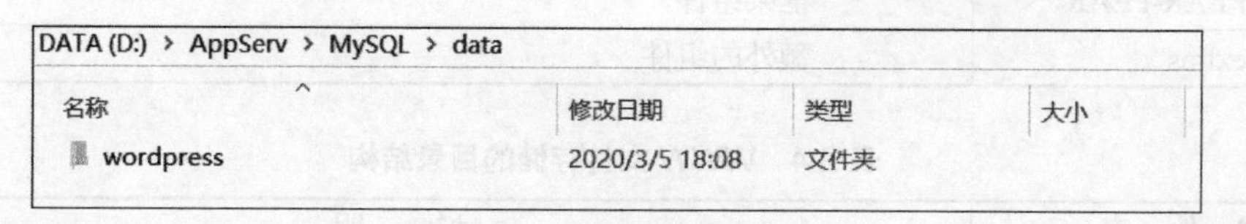

图 2-18　创建数据库文件夹

（6）打开浏览器，输入网址 localhost/wordpress，则进入如图 2-19 所示的 WordPress 安装页面。

（7）单击“现在就开始！”按钮后，显示数据库连接的信息，如图 2-20 所示。

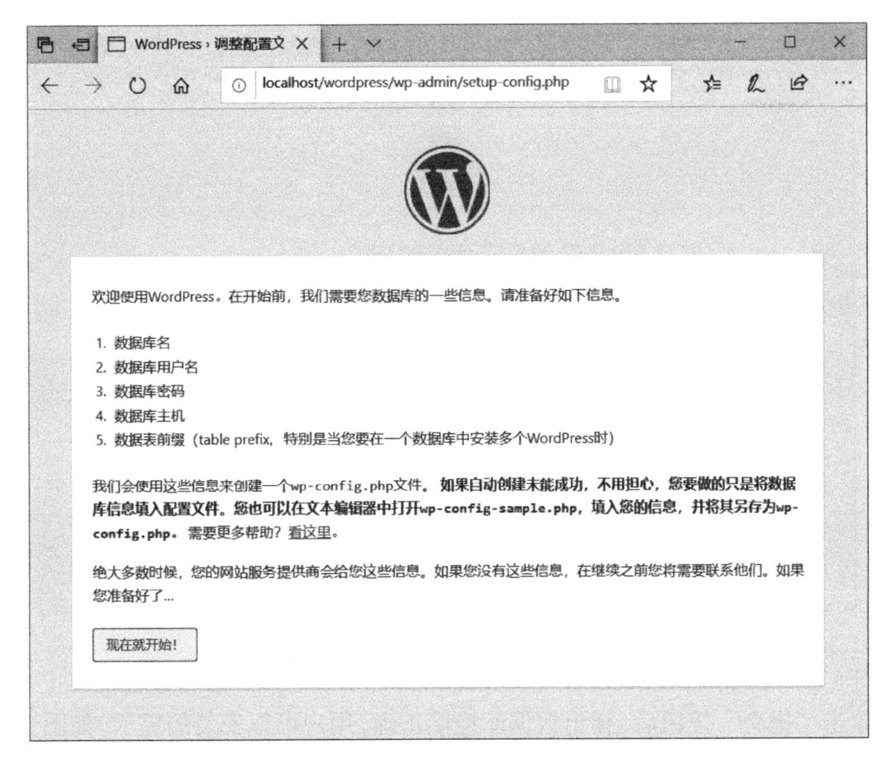

图 2-19　WordPress 安装页面（一）

图 2-20　WordPress 安装页面（二）

（8）输入数据库连接的信息，即数据库名、用户名、密码、数据库主机、表前缀，示例数据如图 2-21 所示。

图 2-21　WordPress 安装页面（三）

（9）单击“提交”按钮后，弹出数据库连接正确，用户可以安装的提示，如图 2-22 所示。

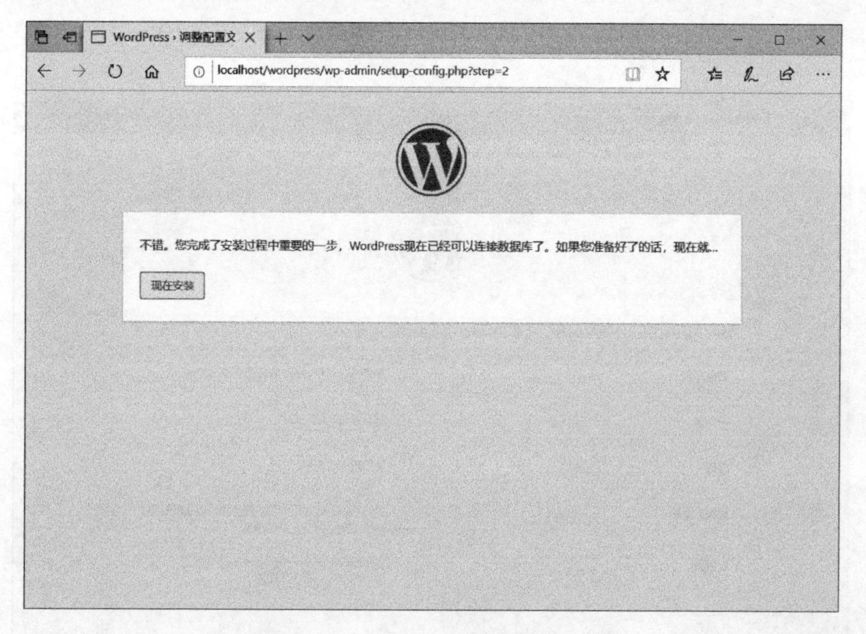

图 2-22　WordPress 安装页面（四）

（10）单击“现在安装”按钮后，显示“需要信息”，需要填写站点标题、用户名、密码、电子邮件，以及是否勾选“对搜索引擎的可见性”的内容，如图 2-23 所示。

（11）填写站点标题、用户名、密码、电子邮件，不勾选“建议搜索引擎不索引本站点”复选框，这个用户名和密码是 WordPress 系统登录的账号和密码，示例数据如图 2-24 所示。

WordPress › 安装

localhost/wordpress/wp-admin/install.php?language=zh_CN

欢迎

欢迎使用著名的WordPress五分钟安装程序！请简单地填写下面的表格，来开始使用这个世界上最具扩展性、最强大的个人信息发布平台。

需要信息

您需要填写一些基本信息。无需担心填错，这些信息以后可以再次修改。

站点标题

用户名

用户名只能含有字母、数字、空格、下划线、连字符、句号和"@"符号。

密码　smbnwyNaSNZpa$kRCw　隐藏

强

重要：您将需要此密码来登录，请将其保存在安全的位置。

您的电子邮件

请仔细检查电子邮件地址后再继续。

对搜索引擎的可见性　建议搜索引擎不索引本站点

搜索引擎将本着自觉自愿的原则对待WordPress提出的请求。并不是所有搜索引擎都会遵守这类请求。

安装WordPress

图 2-23　WordPress 安装页面（五）

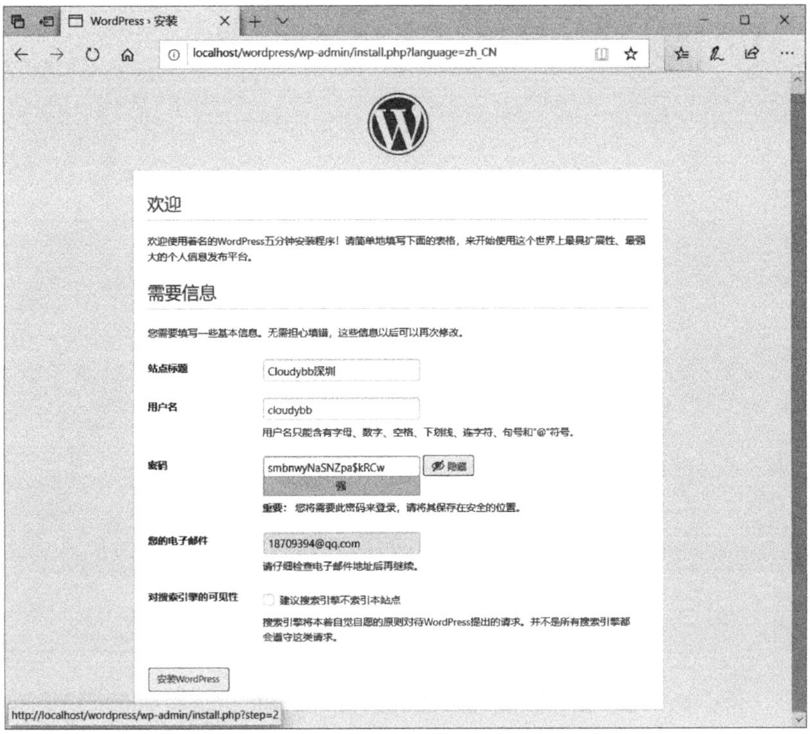

WordPress › 安装

localhost/wordpress/wp-admin/install.php?language=zh_CN

欢迎

欢迎使用著名的WordPress五分钟安装程序！请简单地填写下面的表格，来开始使用这个世界上最具扩展性、最强大的个人信息发布平台。

需要信息

您需要填写一些基本信息。无需担心填错，这些信息以后可以再次修改。

站点标题　Cloudybb深圳

用户名　cloudybb

用户名只能含有字母、数字、空格、下划线、连字符、句号和"@"符号。

密码　smbnwyNaSNZpa$kRCw　隐藏

强

重要：您将需要此密码来登录，请将其保存在安全的位置。

您的电子邮件　18709394@qq.com

请仔细检查电子邮件地址后再继续。

对搜索引擎的可见性　建议搜索引擎不索引本站点

搜索引擎将本着自觉自愿的原则对待WordPress提出的请求。并不是所有搜索引擎都会遵守这类请求。

安装WordPress

http://localhost/wordpress/wp-admin/install.php?step=2

图 2-24　WordPress 安装页面（六）

（12）填写完成后，单击“安装 WordPress”按钮，就安装完成了，如图 2-25 所示。

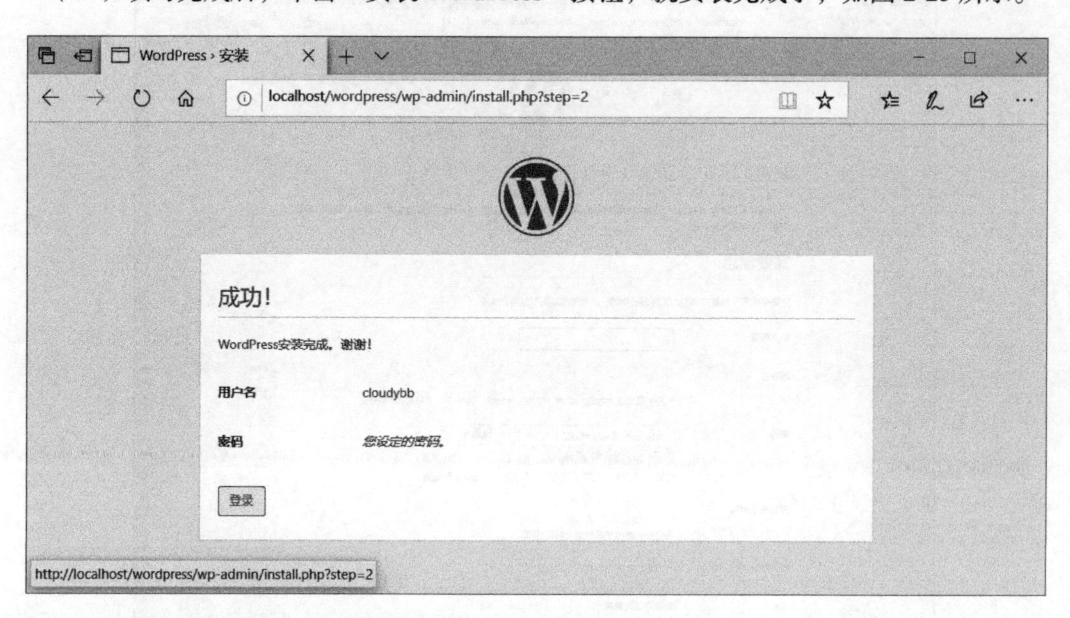

图 2-25　WordPress 安装页面（七）

（13）单击“登录”按钮，显示登录页面，输入设置的用户名和密码，即可登录，如图 2-26 和图 2-27 所示。

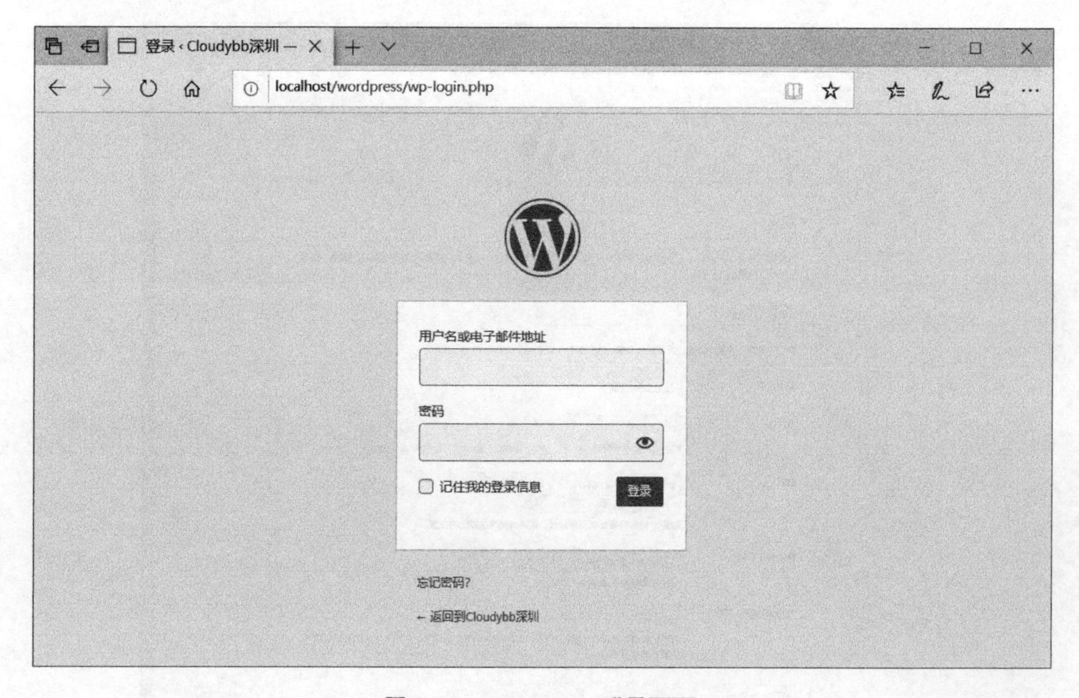

图 2-26　WordPress 登录页面

（14）登录成功，进入 WordPress 后台管理页面，如图 2-28 所示。

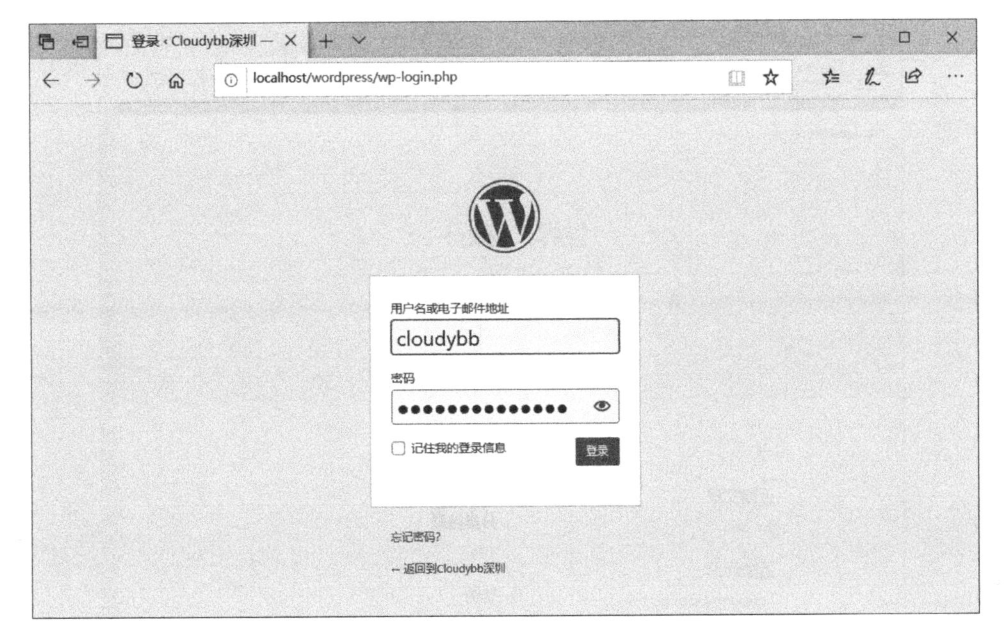

图 2-27　WordPress 登录页面（输入用户名和密码）

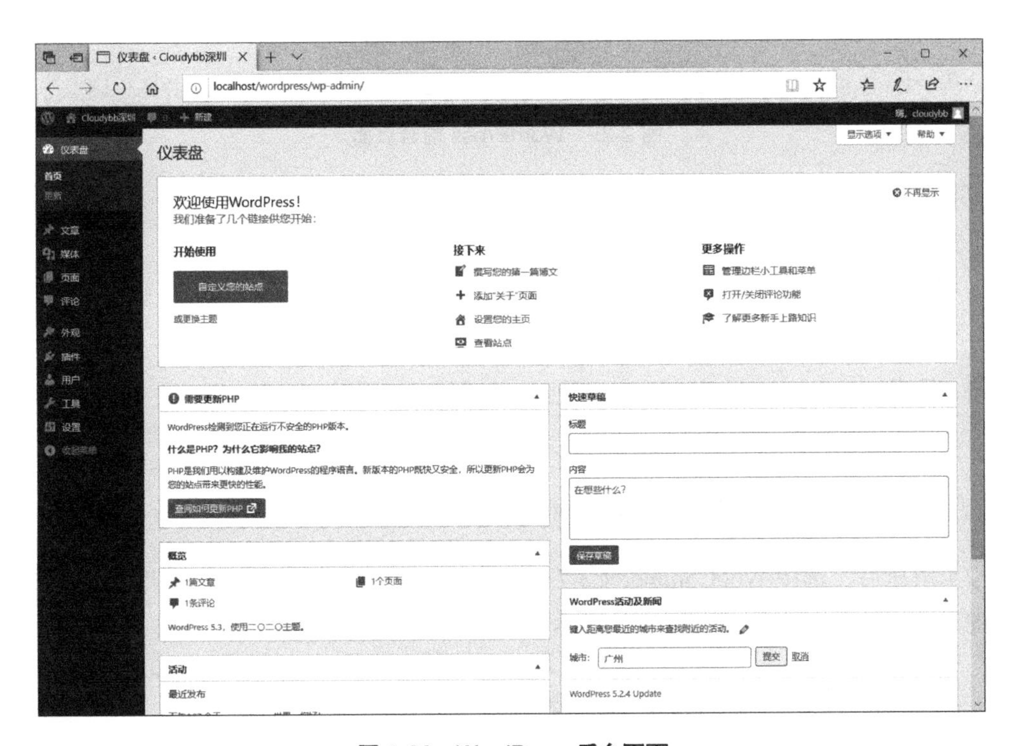

图 2-28　WordPress 后台页面

备注：默认的后台管理系统地址为 localhost/wordpress/wp-admin/。

（15）打开浏览器，输入网址 localhost/wordpress/，则进入前台用户页面，如图 2-29 所示。

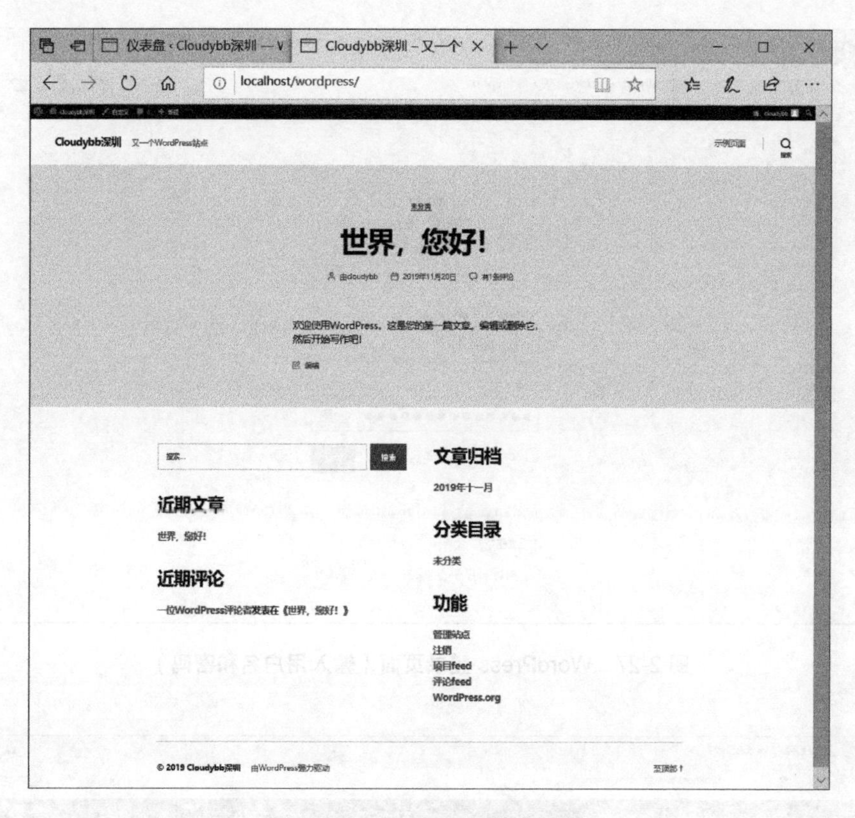

图 2-29　WordPress 前台页面

视频讲解

2.3　WooCommerce插件安装

（1）下载 woocommerce.3.7.0.zip 安装包，如图 2-30 所示。

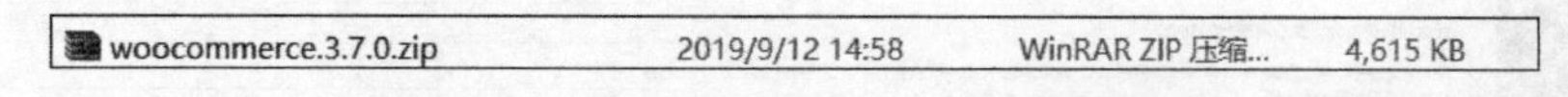

图 2-30　woocommerce.3.7.0 插件压缩包

（2）解压后，选中 WooCommerce.3.7.0 文件夹中的 woocommerce 文件夹，按住 Ctrl+X 组合键，剪切整个文件夹，如图 2-31 所示。

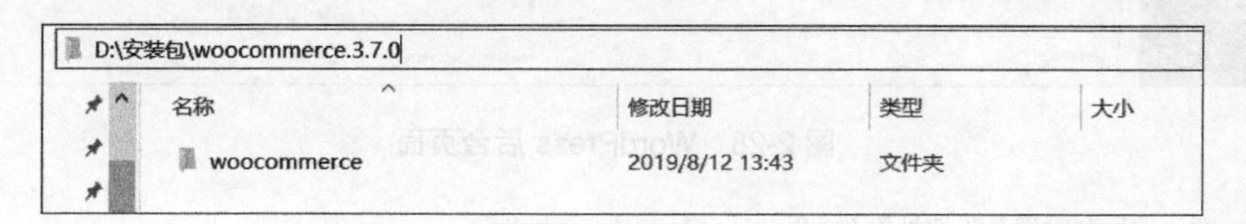

图 2-31　woocommerce.3.7.0 插件解压包

（3）进入 D:\AppServ\www\wordpress\wp-content\plugins 文件夹，按下 Ctrl+V 组合键，

粘贴 woocommerce 文件夹，如图 2-32 所示。

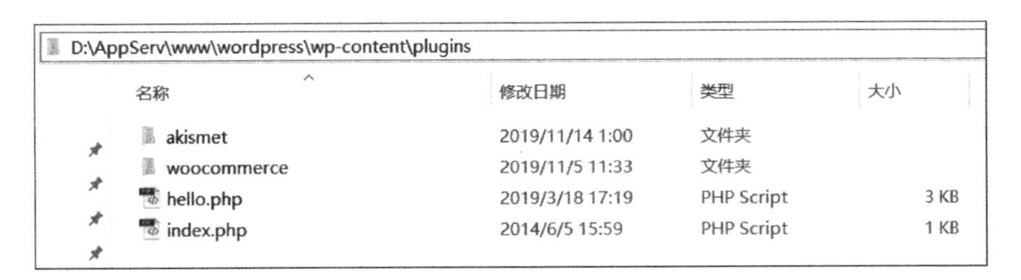

图 2-32　woocommerce.3.7.0 插件文件

（4）下载 WooCommerce 汉化补丁，粘贴到 D:\AppServ\www\wordpress\wp-content\languages 文件夹，如图 2-33 所示。

woocommerce-zh_CN.mo	2019/11/1 9:49	MO 文件	473 KB
woocommerce-zh_CN.po	2019/11/1 9:49	PO 文件	1,084 KB

图 2-33　woocommerce.3.7.0 插件汉化

（5）打开浏览器，输入网址 http://localhost/wordpress/wp-admin/plugins.php，就会进入“已安装的插件”页面，可见 WooCommerce 插件，如图 2-34 所示。

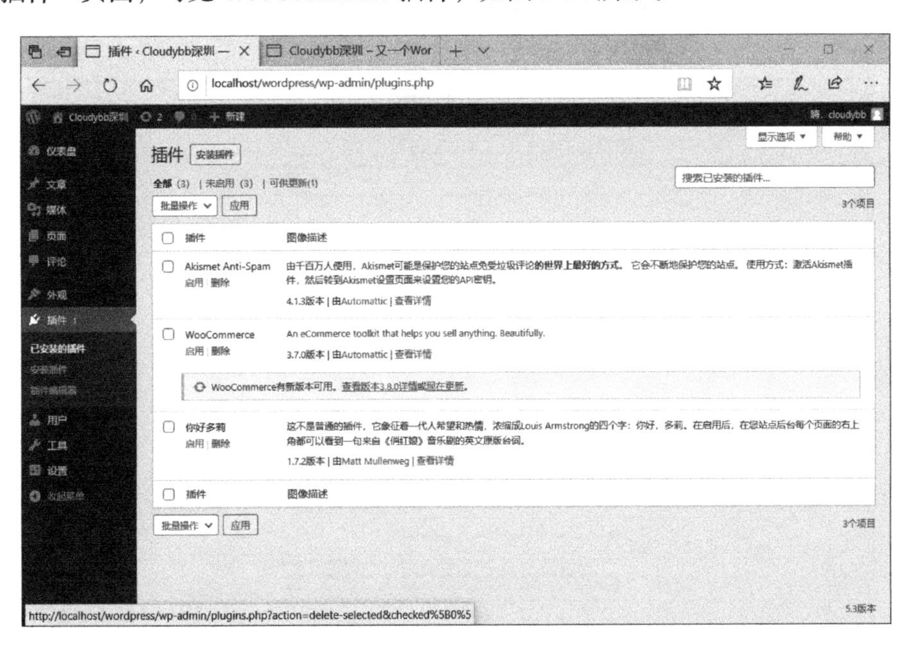

图 2-34　“已安装的插件”页面

（6）单击“启用”按钮，网上商店系统正式安装。此处需要填写国家、地址、邮政编码、货币、实体商品或虚拟商品的内容，如图 2-35 所示。

（7）填写国家、地址、邮政编码、货币、实体商品或虚拟商品的内容，示例数据如图 2-36 所示。

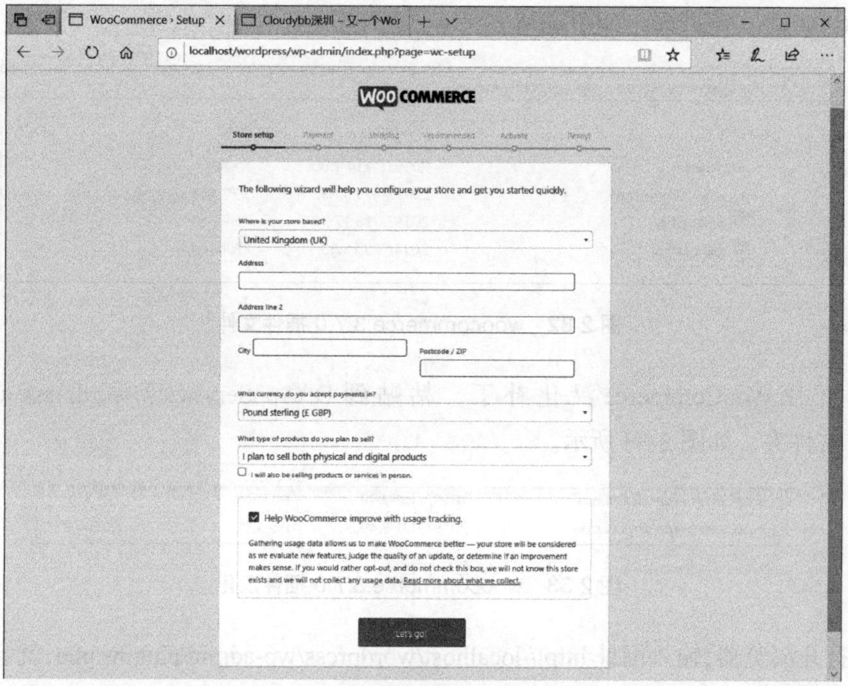

图 2-35　WooCommerce 安装页面（一）

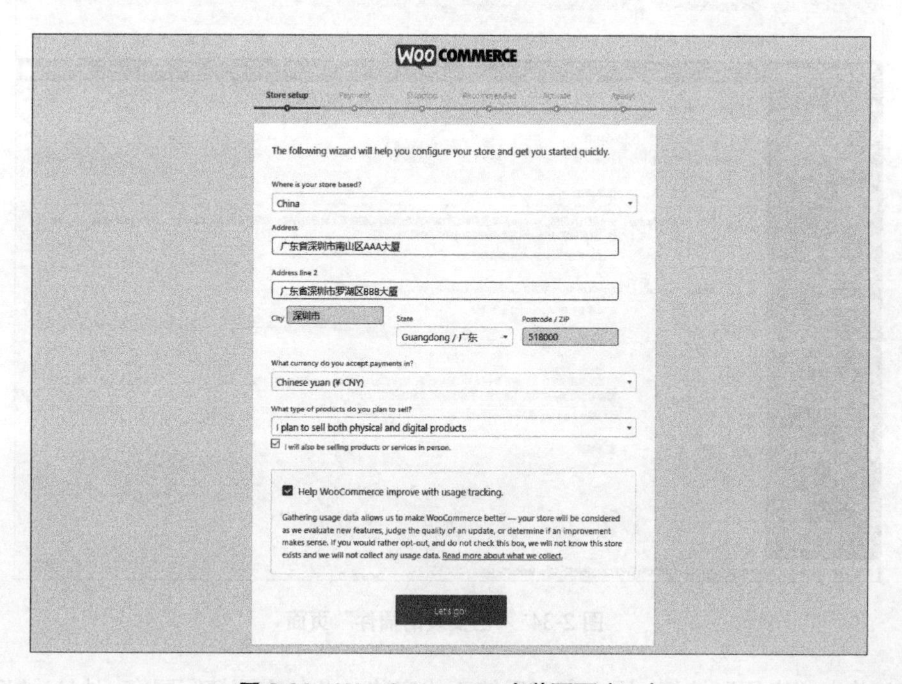

图 2-36　WooCommerce 安装页面（二）

（8）支付方式设置，默认为关闭，如图 2-37 所示。

（9）支付方式打开支票付款、转行转账、货到付款，如图 2-38 所示。

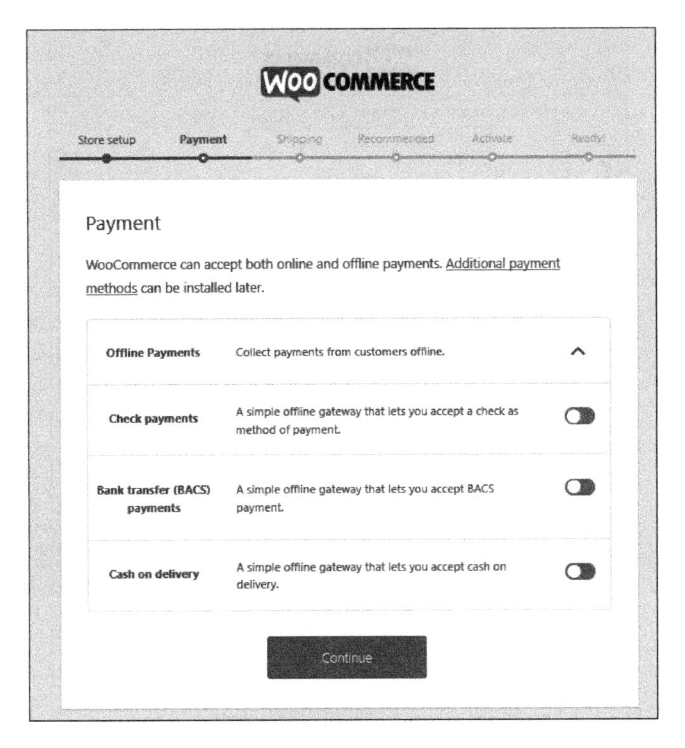

图 2-37　WooCommerce 安装页面（三）

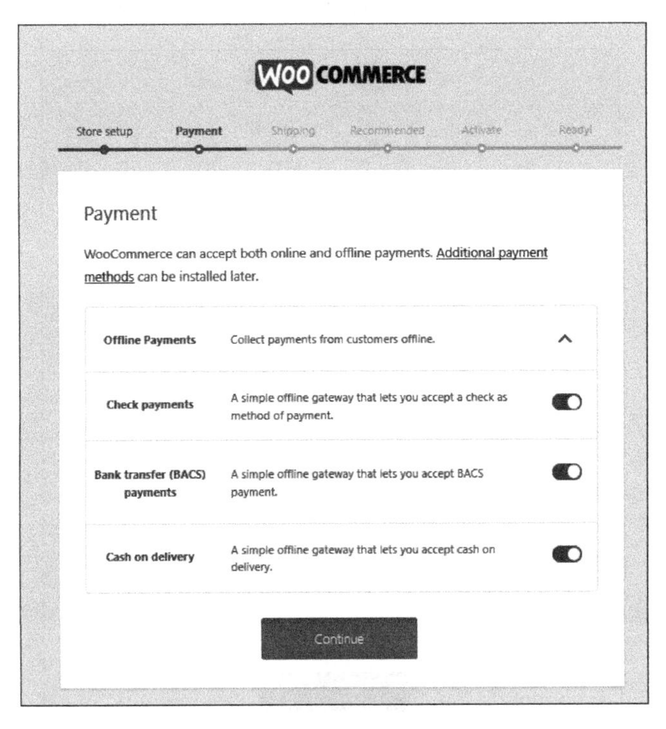

图 2-38　WooCommerce 安装页面（四）

（10）物流费用设置，设置中国为免邮费，其他国家为固定价格 100，如图 2-39 所示。

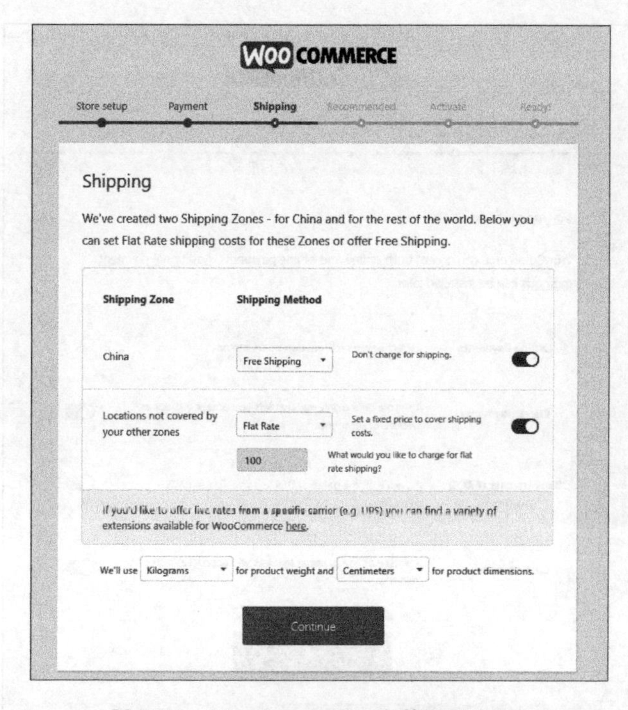

图 2-39　WooCommerce 安装页面（五）

（11）推荐插件安装，勾选 Storefrond Theme 模板，如图 2-40 所示。

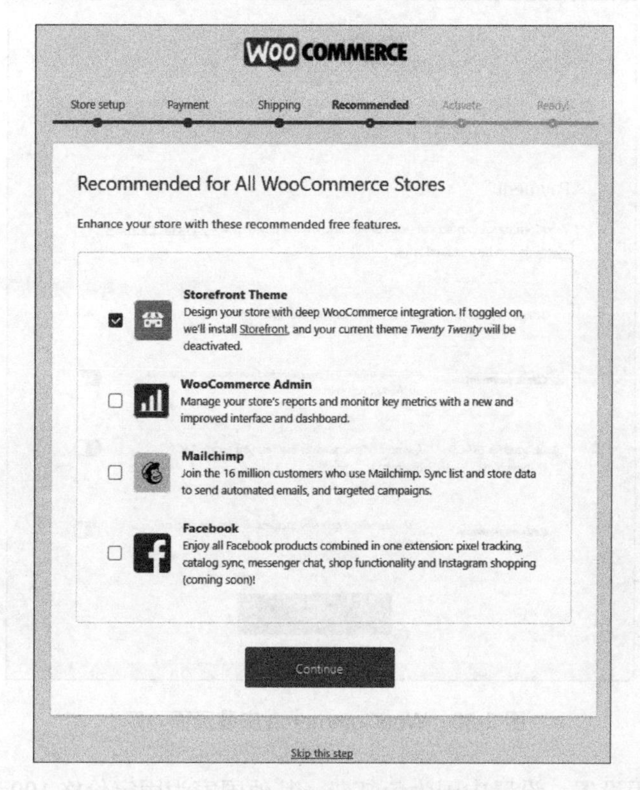

图 2-40　WooCommerce 安装页面（六）

（12）启用设置，Jetpack 组件不启用，单击 Skip this step 按钮，如图 2-41 所示。

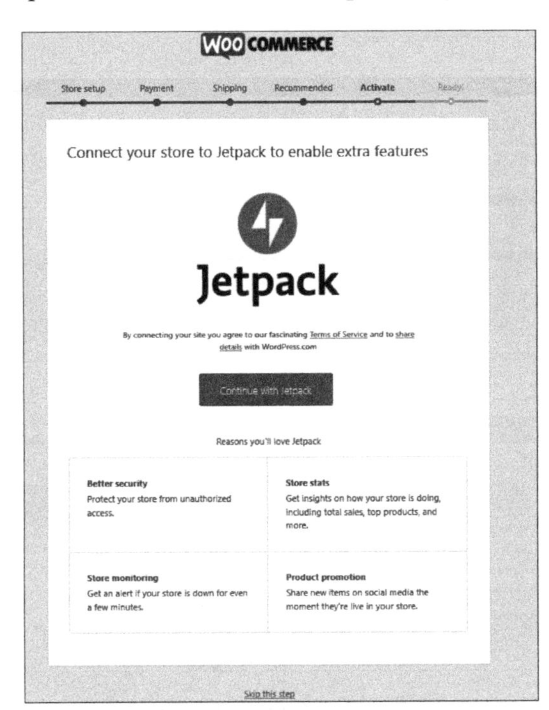

图 2-41　WooCommerce 安装页面（七）

（13）准备好后，输入管理员的邮箱地址，如图 2-42 所示。

图 2-42　WooCommerce 安装页面（八）

（14）单击“访问控制面板”按钮，可见后台管理面板左栏已经显示 WooCommerce 栏目，如图 2-43 所示。

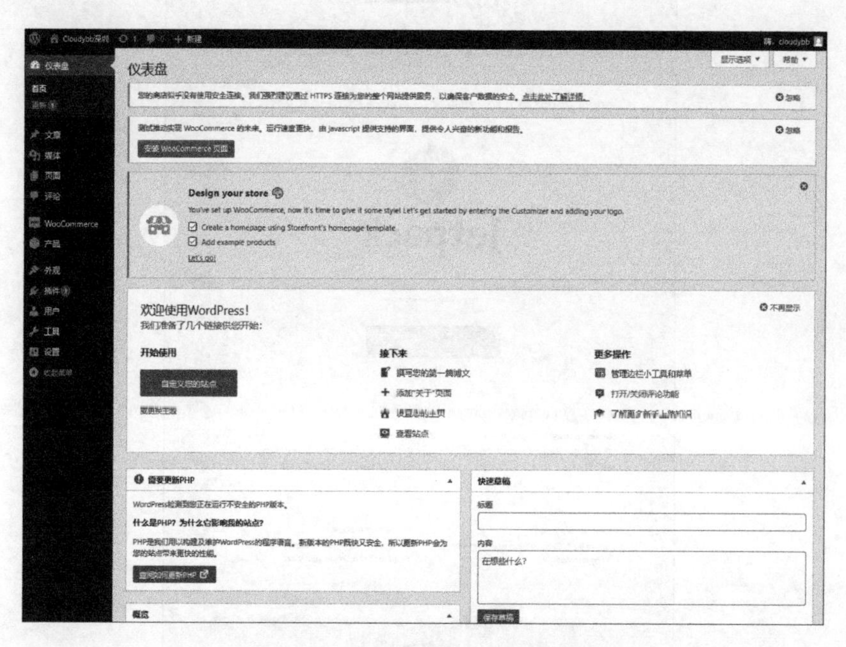

图 2-43　WooCommerce 后台页面

（15）验证是否安装成功，在浏览器输入 localhost/wordpress/shop/，前台用户页面可见商店的功能，如图 2-44 所示。

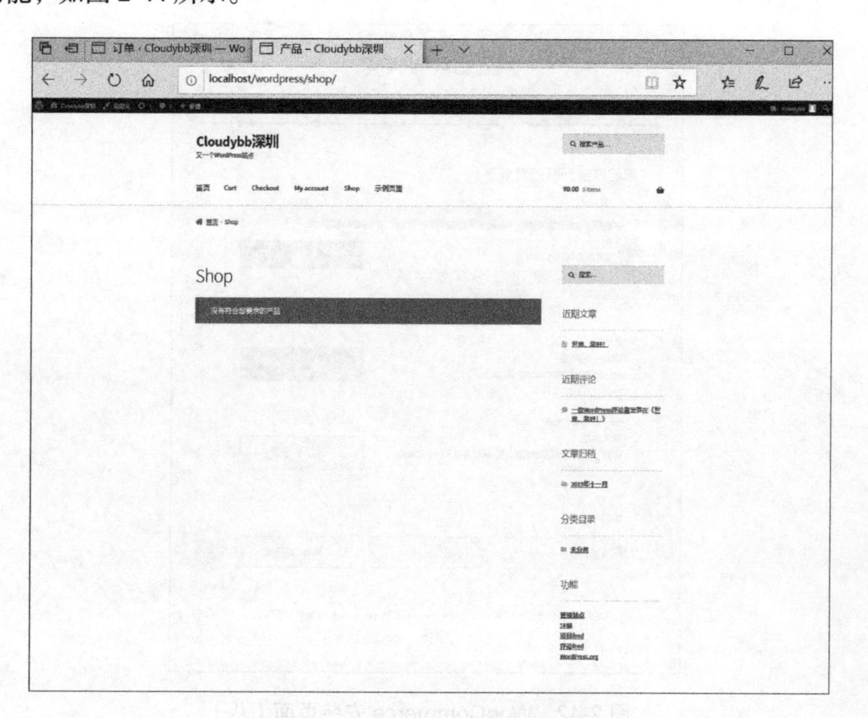

图 2-44　WooCommerce 前台页面

WordPress

功能使用篇

第3章
“文章”功能

本章主要讲解 WordPress“文章”功能中所有文章、写文章、分类目录、标签四个功能模块的前台和后台的关系。管理员需要懂得如何运用和管理这些功能。“文章”功能如图 3-1 所示。

图 3-1 “文章”功能

管理员可以先添加分类目录和标签，再撰写文章。文章里面可以选择分类目录和标签，最后可以查看到所有文章。由于有太多文章，管理员可以通过分类目录和标签，快速地查找到相应的文章。用户在前台页面可以按分类目录、标签快速搜索到需要的文章。

3.1 所有文章

概念

所有文章指用户和管理员发布的全部文章，这些文章在后台管理面板都可以查询出来。文章的标题、作者、分类目录、标签、评论数量、日期和详细内容信息都可以通过查询得到。

实例

【实例 3.1】 在后面页面查看“所有文章”里面标题为“世界，您好！”的文章。

（1）管理员可以从后台管理面板“所有文章”功能模块里面查找已经发布的文章内容。管理员在后台页面可以查看到文章的标题、作者、分类目录、标签、评论数量、日期等信息。

标　题	作　者	分类目录	标　签	评论数量	日　期
世界，您好！	cloudybb	未分类	—	1	已发布3小时前

（2）选择“文章”→“所有文章”选项，就可以显示所有的文章。目前，只有一个文章内容，文章的标题为“世界，您好！”、作者为 cloudybb、分类目录为“未分类”、标签为“—”、评论数量为 1、日期为“已发布 3 小时前”，该文章如图 3-2 所示。

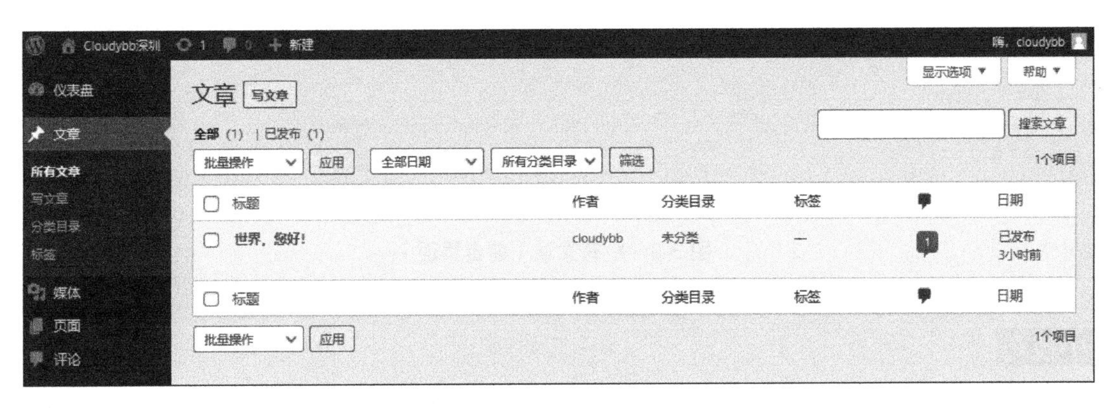

图 3-2 所有文章（后台页面）

【实例 3.2】 在前台页面找到并查看标题为“世界，您好！”的文章。

（1）所有用户在前台页面可以查看到文章的标题、作者、分类目录、标签、评论数量、日期等内容。

标　题	作　者	分类目录	标　签	评论数量	日　期
世界，您好！	cloudybb	未分类	—	1	2019年11月20日

（2）进入文章首页，显示所有的文章。目前只有一个文章内容，文章的标题为“世界，您好！”、作者为 cloudybb、分类目录为“未分类”、标签为“—”、评论数量为 1、日期为“已发布，3 小时前”，详细内容为“欢迎使用 WordPress。这是您的第一篇文章。编辑或删除它，然后开始写作吧！”，文章如图 3-3 所示。

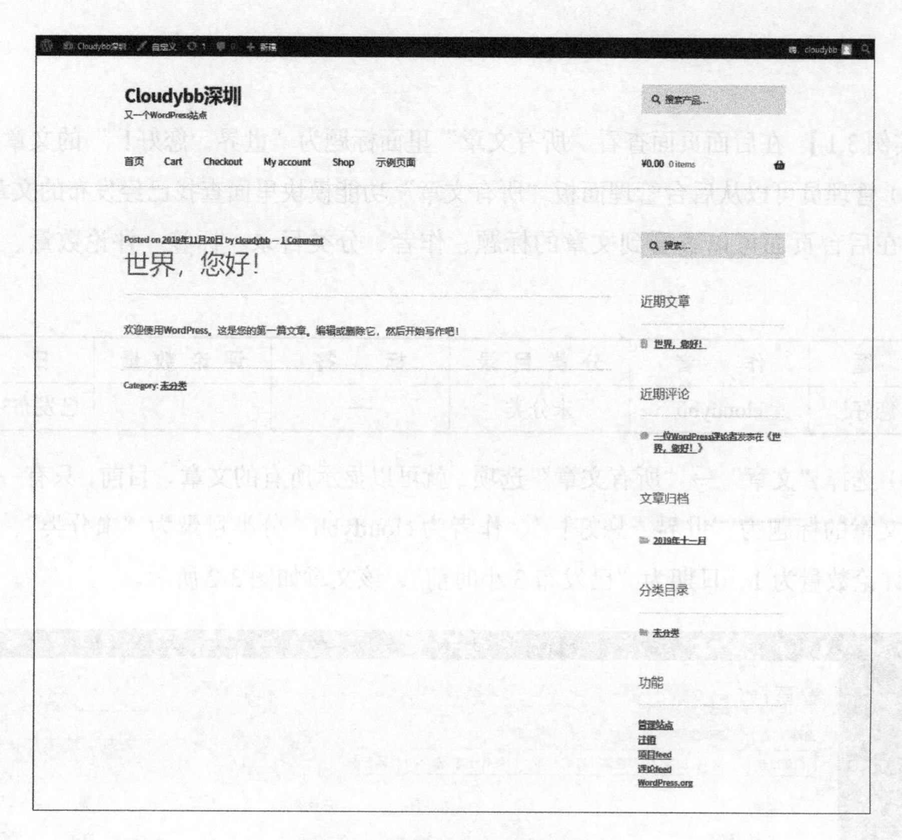

图 3-3　所有文章（前台页面）

小技巧

电商运营技巧 1：通过以下对话可以了解，通常是运营专员查询系统有多少篇文章，每月、每周、每日都要统计好数据汇报给运营经理。

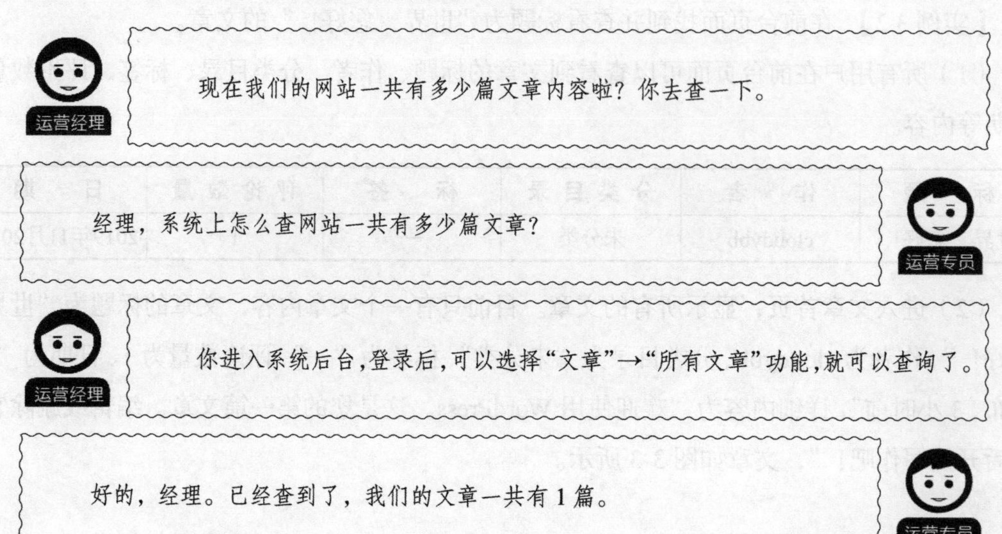

运营经理
现在我们的网站一共有多少篇文章内容啦？你去查一下。
运营专员
经理，系统上怎么查网站一共有多少篇文章？
运营经理
你进入系统后台，登录后，可以选择“文章”→“所有文章”功能，就可以查询了。
运营专员
好的，经理。已经查到了，我们的文章一共有 1 篇。

电商运营技巧 2：通过以下对话可以了解，公司领导需要知道系统上线运营前是否准备充足，是否达到上线标准。运营经理需要拆分任务并给各个运营专员安排任务。电商运营系统中需要有如何购买、付款、查快递等指引类文章。

现在我们系统每天能有几篇文章？

现在每天能有 20 篇文章，2 个运营专员，平均每人一天写 10 篇文章。

电商网站马上对外运营了，需要在网站中放常用问题、教导用户购物的文章，其中都包括了怎样购买、怎样付款、怎样查收货信息的内容吗？

都已经撰写好了，随时可以上线。

3.2 写文章

概念

写文章指用户和管理员可以撰写文章，撰写完成后可以将文章发布在系统上，这样前台的用户才能查看到文章。只有当有人写文章时，前台的用户才能查看到文章。

博客网站首页需要让用户查看文章，那么就需要管理员先写文章。管理员可以从后台管理面板的“写文章”功能模块里面写文章。管理员在后台页面写文章需要输入标题、文章详细内容、可见性、发布时效设置、标签等内容。

实例

【实例 3.3】 在后台页面查看并了解“写文章”功能。

（1）管理员可以进入后台管理面板“文章”→“写文章”功能模块里面开始撰写文章。管理员在后台页面可以查看到写文章需要填写的标题、文章详细内容、可见性、发布时效设置、标签等内容。

（2）写文章需要管理员添加标题和内容，单击“添加标题”文字，就可以输入标题内容；单击“开始写作或按 / 来选择区块”文字，就可以输入详细内容，如图 3-4 所示。

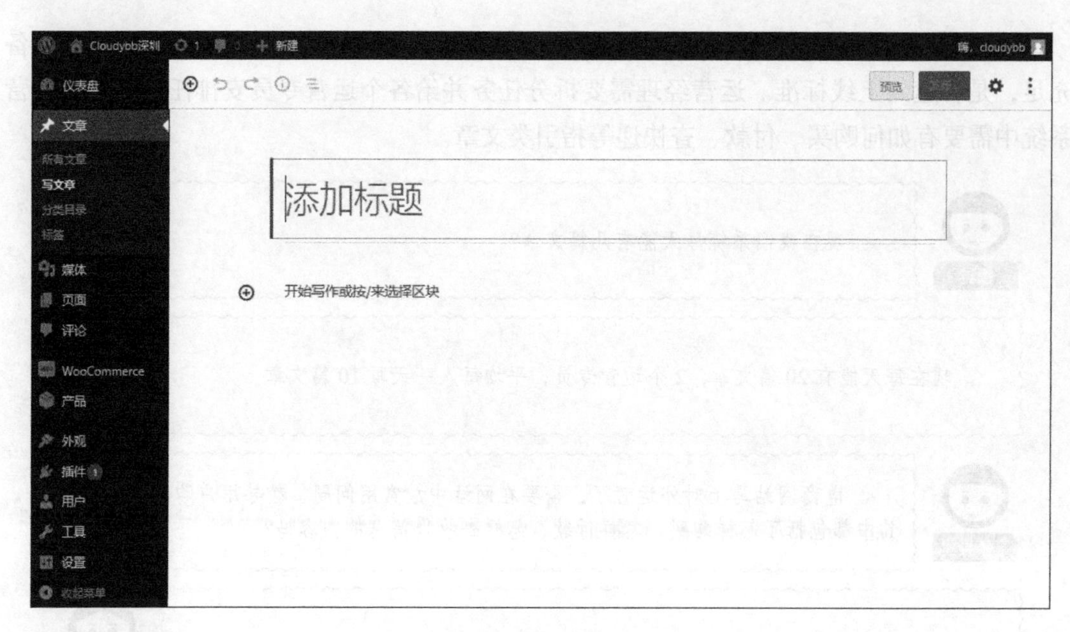

图 3-4 “写文章”页面（未写）

【实例 3.4】 添加一篇文章，题目为“努力学习”。

管理员输入标题“努力学习”，内容“努力学习，天天向上！”。添加图片R，此时页面如图 3-5 所示。

图 3-5 “写文章”页面（已写）

【实例 3.5】 发布文章前的设置。

单击“发布”按钮后，WordPress 会弹出右边栏提示管理员是否准备好发布文章，此时管理员需要检查标题和内容,并且可以选择性设置“可见性”“发布”“推荐”,如图 3-6 所示。

各项属性详细说明如下。

- 可见性：可见性有 3 个选项，“公开”指文章发布后所有人可见，“私密”指文章发布后只有站点管理员和编辑可见,“密码保护”指文章受文章发布者设定的密码保护,只有持有密码的人士可查看此文章，如图 3-7 所示。
- 发布：发布，可以设置为“立即”或“定时”发布，“立即”指当前日期和时间发布，“定时”指文章在管理员指定的日期和时间发布，如图 3-8 所示。

图 3-6 发布设置

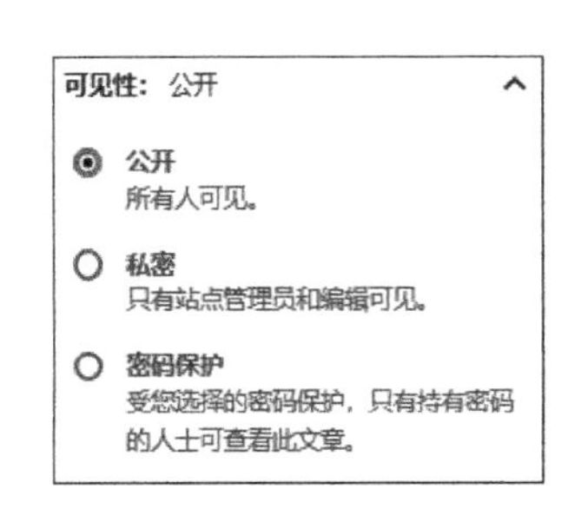

图 3-7 “可见性”设置

图 3-8 “发布”设置

- 推荐：管理员可以为文章添加标签，标签能够帮助用户和搜索引擎浏览网站的站点并快速找到内容。管理员输入内容就可以添加标签，不同标签间用逗号或回车分隔。如添加“管理”和“设计”标签,只需在输入“管理”后输入回车。接着继续输入“设计”即可，如图 3-9 所示。

【实例 3.6】 发布文章，使后台页面显示“已发布”。

发布设置完成后,单击“发布”按钮,文章正式发布,即发布文章成功,右上角显示文字“已发布”，如图 3-10 所示。

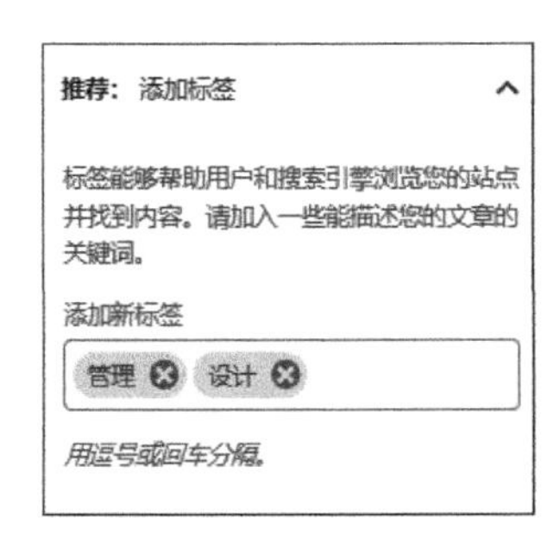

图 3-9 “推荐”设置

图 3-10 文章已发布

【实例 3.7】 验证并查看文章是否发布成功。

（1）管理员发布成功后，用户就可以在前台页面查看到文章的内容。此时可看到文章的标题为“努力学习”，内容为“努力学习，天天向上！”，图片为，如图 3-11 所示。

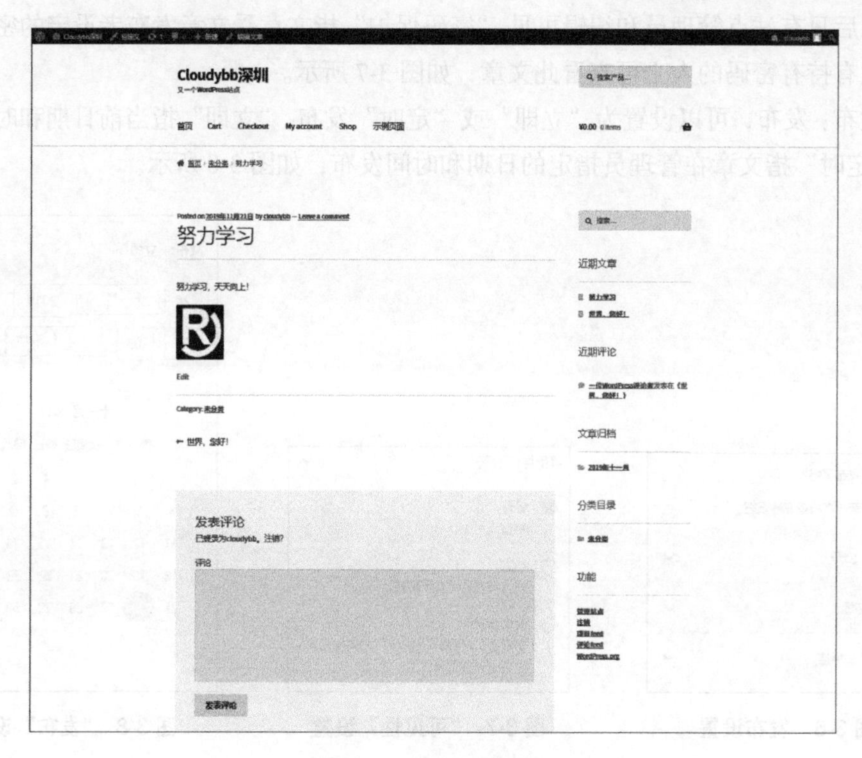

图 3-11　前台查看文章

（2）文章发布成功后，在后台页面的“文章”→“所有文章”模块功能中，有一行记录，标题为“努力学习”，作者为 cloudybb，分类目录为“未分类”，标签为“—”，评论数为“—”，日期为“已发布 6 分钟前”，如图 3-12 所示。

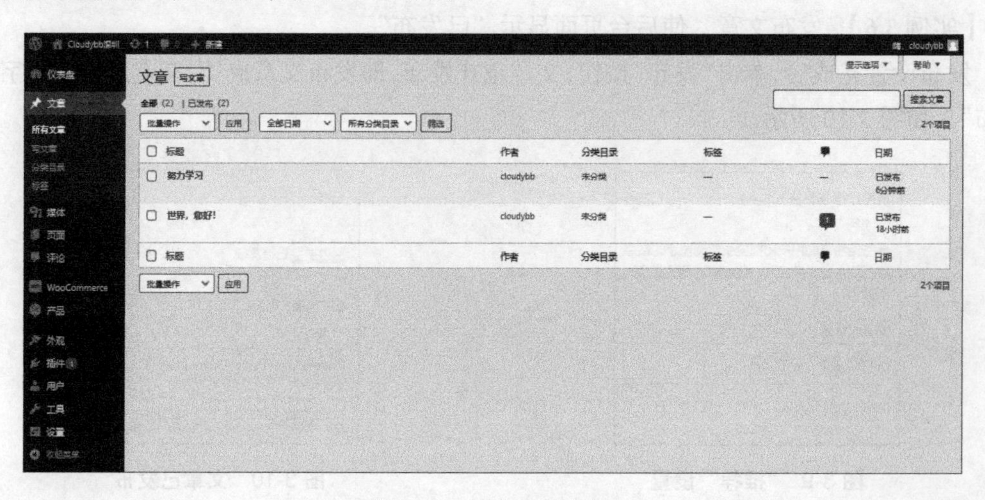

图 3-12　后台查看文章

管理员怎么验证文章是否发布成功？

管理员需要在前台页面查看文章是否显示，内容是否正确。在后台页面“所有文章”模块里，需要查询是否有一行显示“已发布”的内容。只有当前台和后台的数据都正确，那么写的文章才算发布成功。

小技巧

电商运营技巧1：通过以下对话，可以了解电商运营文章的优势，一篇文章能够解决成千上万个客户的问题，电商运营的文章显示了客户经常遇到的问题及其解决方案。

经理，写文章有什么作用呢？

我们是做电商运营的，写的文章是给购物客户查看的。当有1000个客户问怎么付款，如果你逐个解答，可能要1周才能解答好。如果你写一篇文章《如何付款》，那么一篇文章就可以解决1000个客户的问题，同时也解决后面客户付款问题。

好的，经理。我马上去撰写《如何付款》的文章。

小张，要自己实际操作一遍，边操作边撰写。要确保与实际操作的流程一致。

电商运营技巧2：电商运营文章最易懂的方式是图文并茂，每一篇文章发布前和发布后都需要核对。

经理，文章怎么样才能写好，让客户看得懂？

现在时代变了，是互联网的年代，人们更喜欢看图跟着操作。文章用两句话写一些操作方法，后面放一张操作完成的图片，客户就会一看就懂。

放的图片也要保证清晰度、完整度，图片也不要放错步骤了，做电商运营要细心。

3.3 分类目录

概念

垃圾分类的目的主要有三个：减少垃圾的处理量；回收可利用垃圾中的有用物质，循环再用；尽量减少环境污染。

文章分类的目的主要也有三个好处：减少用户查找内容的时间，快速找到需要的资源；便于让搜索引擎收录和查找；尽量让一个管理员能够管理数以千万的文章内容。

文章分类成功后，用户和管理员都可以快速查找到需要的文章。管理员需要先将文章添加分类，用户才可以按分类查找到文章。

实例

【实例 3.8】 查看并了解“分类目录”功能。

管理员可以从后台管理面板“文章”→“分类目录”功能模块里面查找到分类目录。管理员在后台页面可以查看到已有的分类目录，或添加新的分类目录。分类目录包括名称、图像描述、别名、父级分类目录。

选择“文章”→“分类目录”选项，即进入“分类目录”模块功能页面，可见“添加新分类目录”窗口，需要输入“名称”“别名”“父级分类目录”“图像描述”等内容，如图 3-13 所示。

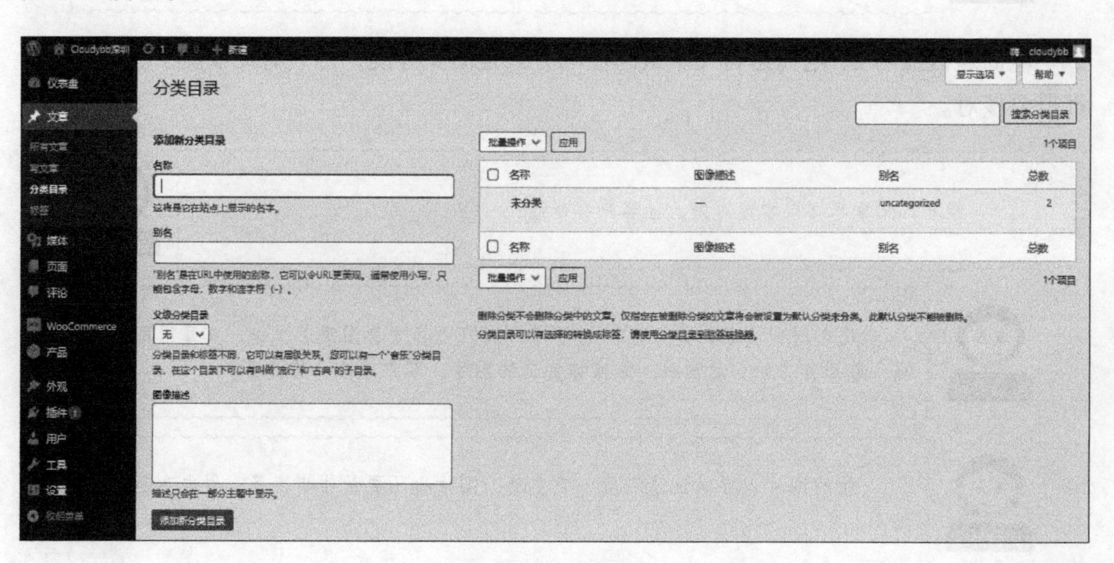

图 3-13 分类目录

各项属性详细说明如下。

- 名称：站点上显示的名字。如果名称为“未分类”，那么前台页面的“分类目录”就会显示“未分类”，如图 3-14 所示。
- 别名：URL 网址中使用的别称，它可以令 URL 更美观。通常只能包含小写字母，数字和连字符（-）。如果别名为“uncategorized”，那么前台页面的网页地址就包括“uncategorized”字样，如图 3-15 所示。
- 父级分类目录：分类目录和标签不同，它可以有层级关系。网站可以有一个“设计”分类目录，在这个目录下可以有一个“平面设计”子目录，如图 3-16 所示。

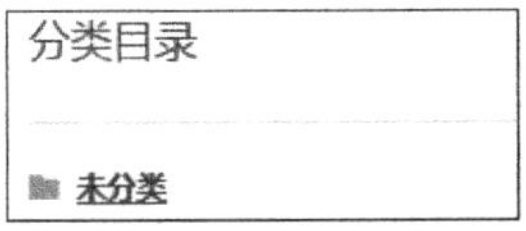

分类目录

未分类

图 3-14 分类目录为“未分类”

localhost/wordpress/category/uncategorized/

图 3-15 别名

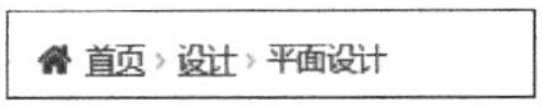

首页 › 设计 › 平面设计

图 3-16 父级分类目录与子目录

- 图像描述：图像描述分类的内容，内容显示在该分类的网页里。图像描述内容为“设计图像描述内容”的文本如图 3-17 所示。

图 3-17 图像描述

【实例 3.9】 添加一个分类目录“设计”。

（1）创建分类目录，输入名称“设计”，别名为 design，父级分类目录选择“无”，图像描述不填写，如图 3-18 所示。

（2）单击“添加新分类目录”按钮后，添加分类成功，右栏将会显示一条名称为“设计”，图像描述为“—”，别名为 design，总数为 0 的内容，如图 3-19 所示。

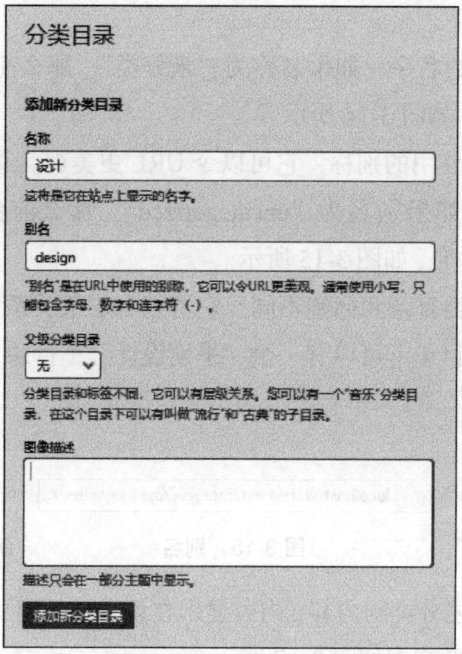

分类目录

添加新分类目录

名称

设计

这将是它在站点上显示的名字。

别名

design

"别名"是在URL中使用的别称，它可以令URL更美观。通常使用小写，只能包含字母，数字和连字符（-）。

父级分类目录

无

分类目录和标签不同，它可以有层级关系。您可以有一个"音乐"分类目录，在这个目录下可以有叫做"流行"和"古典"的子目录。

图像描述

描述只会在一部分主题中显示。

添加新分类目录

图 3-18　分类目录添加中

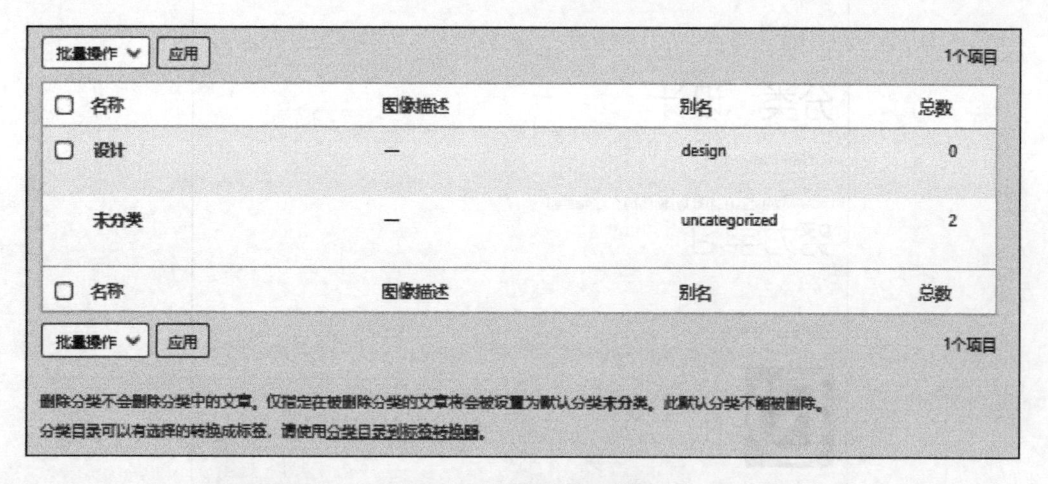

图 3-19　分类目录已添加

【实例 3.10】 使用添加成功的“设计”为文章分类。

（1）首先需要选择“文章”→“所有文章”模块，进入“所有文章”页面，如图 3-20 所示。

（2）单击标题“努力学习”下面的“快速编辑”按钮。

（3）进入“快速编辑”页面，将“分类目录”从勾选“未分类”复选框改为勾选“设计”复选框，单击“更新”按钮，如图 3-21 所示。

（4）更新成功后，分类目录已经从“未分类”变更为“设计”，如图 3-22 所示。

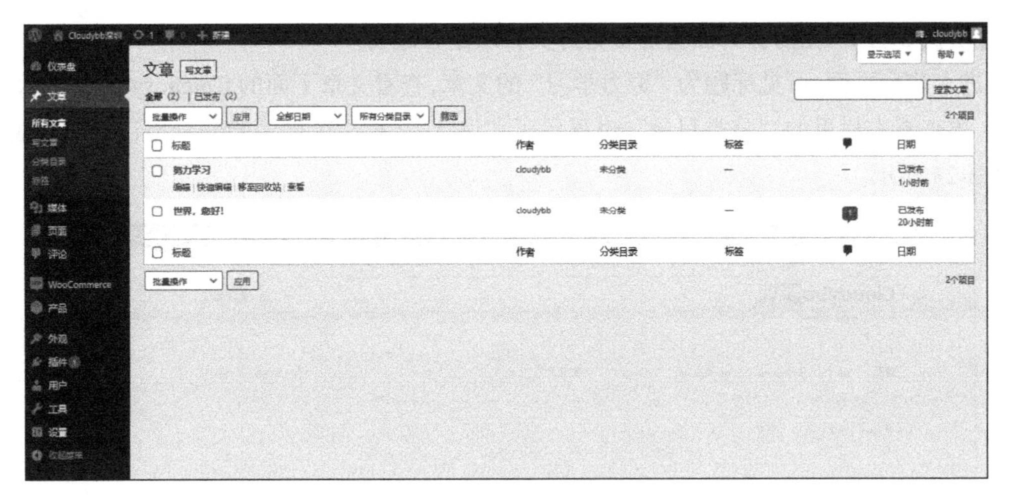

图 3-20 “所有文章”页面

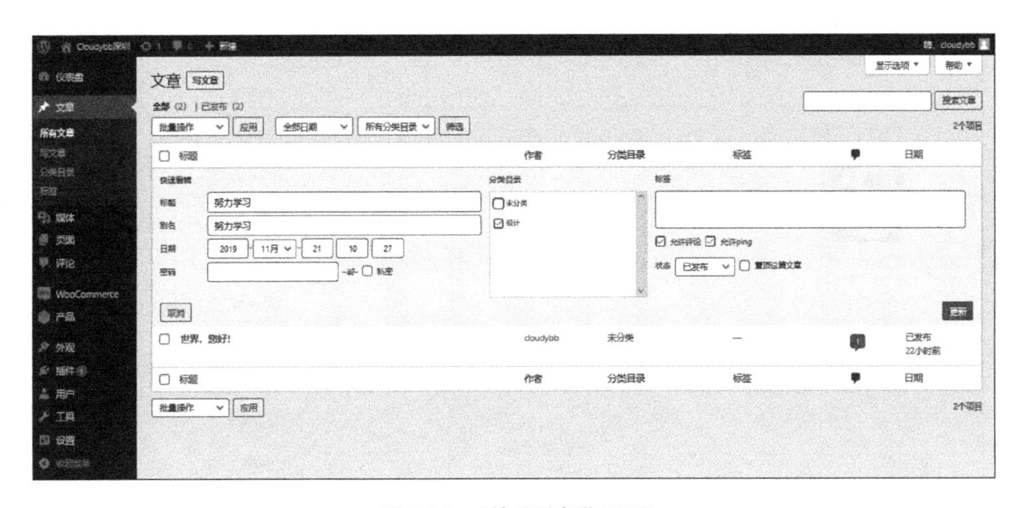

图 3-21 “快速编辑”页面

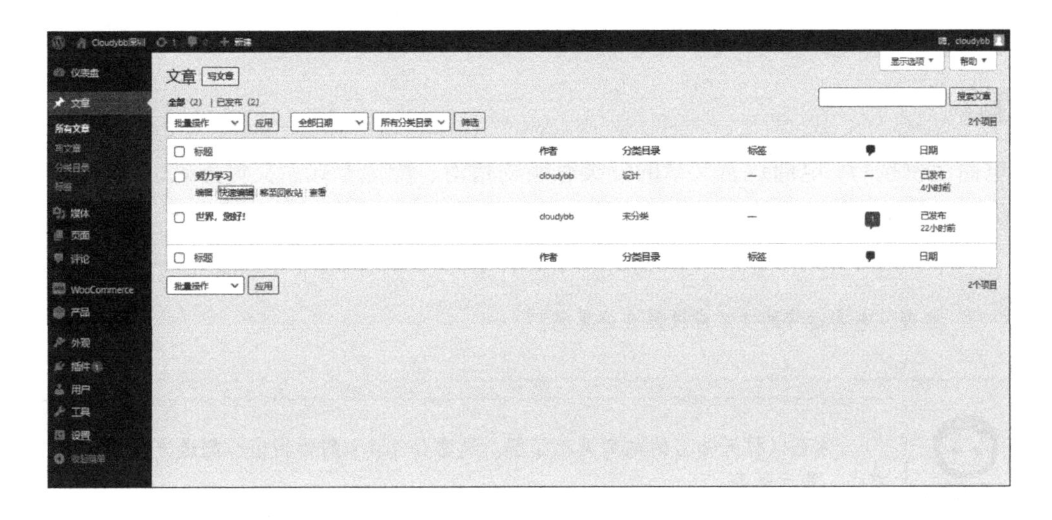

图 3-22 分类目录

【实例 3.11】 在前台页面验证变更分类目录是否成功。

进入前台页面,可见标题为“努力学习”的文章,查看文章下面的 Category 部分显示“设计”,再查看右栏里的“分类目录”也显示了“设计”,那么就已经验证分类目录更新成功,如图 3-23 所示。

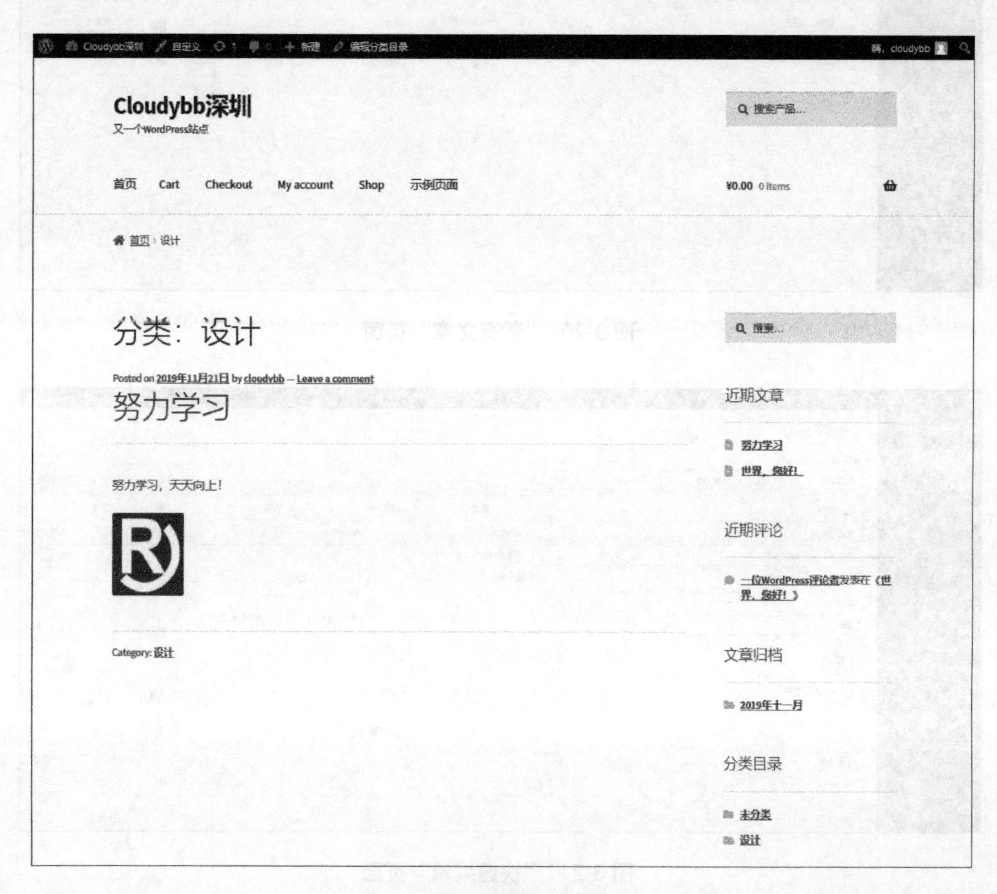

图 3-23 前台页面分类目录

小技巧

电商运营技巧：电商运营文章的分类有购物指南、配送方式、支付方式、售后服务等，分好类别能够帮助客户更快找到需要找的文章，快速帮客户解决问题。

经理，电商运营的文章应该怎么分类呢？

你可以打开知名的电商网站了解。通常分 4 类：购物指南、配送方式、支付方式、售后服务。

经理，购物指南是不是显示注册、登录、加入购物车、填写收货信息等内容？配送方式是不是显示配送费用、上门自提、配送时效等的内容。支付方式是不是显示货到付款、在线支付、分期付款等内容？售后服务是不是显示取消订单、售后政策、退换货等内容？

对。要赶紧，电商平台2周后上线。分好类别，客户才能更容易查看对应的文章内容。

3.4 标签

概念

标签用于标明文章的相关信息内容，是一种互联网内容的组织方式，是相关性很强的关键字，它能够帮助人们轻松地搜索和分享相关信息内容。已经成为网站的重要元素。

拥有标签的文章，用户和管理员都可以根据对应的标签快速查找到。管理员需要先将文章添加标签，这样用户就可以快速查找到对应标签的文章。

实例

【实例 3.12】 添加新标签。

（1）管理员在后台页面可以查看到已有的标签，也可以添加新标签。标签的内容包括名称、别名、图像描述。添加一个新标签，输入名称“图标设计”，别名为 icon design，图像描述为“icon design is beauty!”，效果如图 3-24 所示。

（2）单击“添加新标签”按钮后，新标签添加成功，显示在右栏上。此时在右栏可见名称为“图标设计”，别名为 icon design，图像描述为“icon design is beauty!”的标签，表明添加标签成功，如图 3-25 所示。

【实例 3.13】 为文章“努力学习”添加标签。

（1）在后台页面选择“文章”→“所有文章”功能，即可查看到所有的文章，如图 3-26 所示。

（2）在标题“努力学习”下面单击“快速编辑”按钮，即显示“快速编辑”页面，在“标签”里输入“图

图 3-24 标签添加

标设计”的内容，并单击“更新”按钮，如图 3-27 所示。

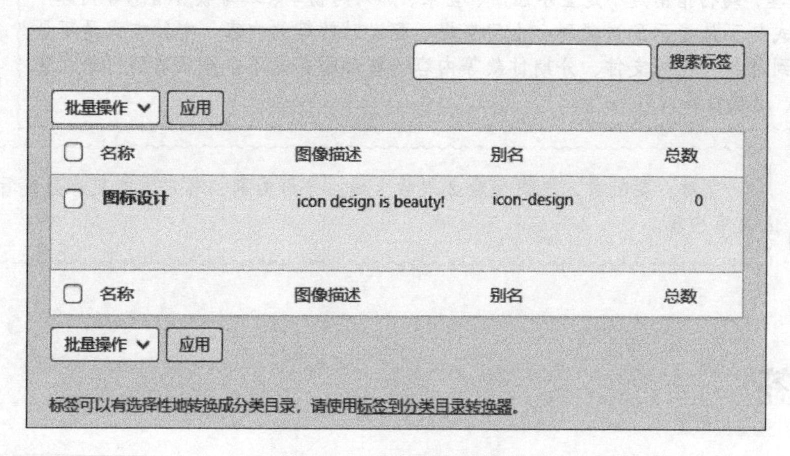

图 3-25　标签添加成功

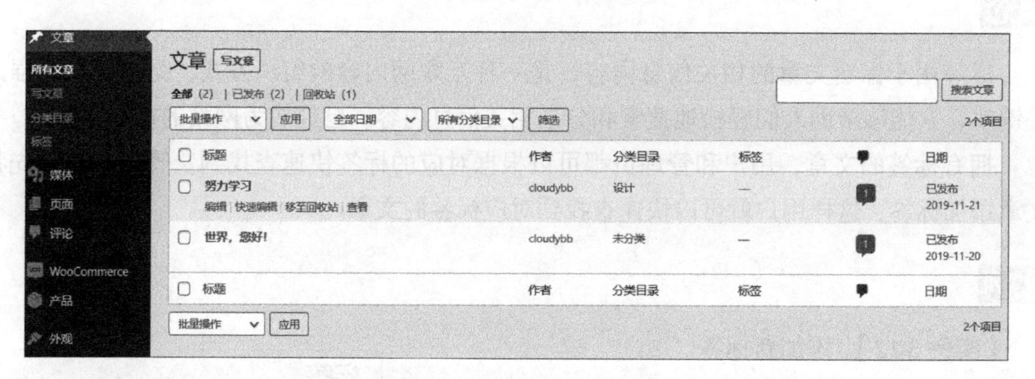

图 3-26　所有文章及其标签

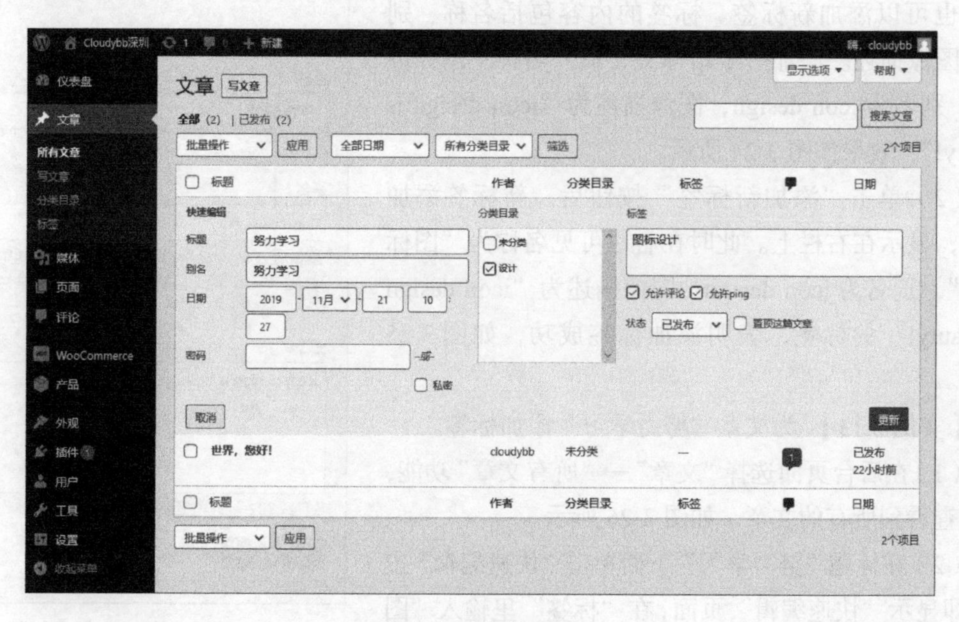

图 3-27　标签录入

【实例 3.14】 验证标签是否已经成功应用。

打开前台页面,进入文章“努力学习”的详情页面,可见 Tag(即标签)已经显示为“图标设计”,说明标签已经成功应用,如图 3-28 所示。

图 3-28 标签验证

小技巧

电商运营技巧 1:电商运营分类和标签的使用方法基本一致。标签也可以带来流量。

经理，分类和标签使用方法好像都一致，有什么不同吗?

分类和标签使用方法确实一致，但标签可以定义客户买家喜欢的信息。例如黄色、蓝色、绿色。

经理，相当于分类目录和标签是同一级别的，相互不影响使用吗?

对，通过分类目录和标签也可以给搜索引擎引来大量流量。

电商运营技巧 2：通过以下对话，可以了解电商运营标签的实际使用方式，我国最常用的在线支付方式有微信支付、支付宝支付等。

经理，“微信支付”是常用的支付方式，我想将其定义为标签可以吗？

很好。你在分类目录“支付方式”发布一个《关于微信支付》的文章，标签可以设置为“微信支付”。客户可以直接找到标签，更快地学会在线付款。

好的。那我也再写一个《关于支付宝支付》的文章，就可以满足很多客户在线支付的需求了。

行，想做得更好，可以花点时间看一看大的电商平台还设置了哪些标签。

第4章
“媒体”功能

本章主要讲解 WordPress“媒体”功能中媒体库、添加两个功能模块的前台和后台的关系，管理员需要懂得如何添加媒体数据和管理媒体数据，如图 4-1 所示。

图 4-1 “媒体”功能

管理员可以将文章中添加的图片、视频和音频等媒体数据保存在媒体库里，管理员可以从媒体库里快速找到媒体数据。除了在文章功能里添加媒体数据，管理员还可以直接在“添加”功能里添加媒体数据。

4.1 媒体库

概念

在 WordPress 中，多媒体项目指图像、音频、视频、文档、试算表、存档的文件内容，通常是由管理员和用户上传的文件内容数据，如图 4-2 所示。

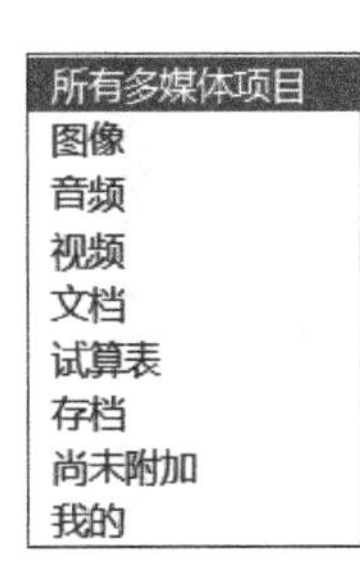

图 4-2 所有多媒体项目

媒体库就是存放所有多媒体项目的地方，管理员在此处可以统一管理多媒体文件内容。管理员可以查询到上传人，查询到哪些文章使用了哪些媒体文件，以及查询到发布的日期。

实例

【实例 4.1】 查看并了解“媒体库”功能。

管理员可以从后台管理面板“媒体”→“媒体库”功能模块里面查找到媒体库。管理员在后台页面可以查看到所有多媒体项目内容。

在后台页面选择“媒体”→“媒体库”功能后，即可进入“媒体库”页面，当前媒体库共有一张图片，如图 4-3 所示。

图 4-3 “媒体库”页面

【实例 4.2】 查看媒体库图片的“附件详情”。

单击媒体库中的图片，弹出“附件详情”的功能页面，此时可查看图片的详情，如图 4-4 所示。

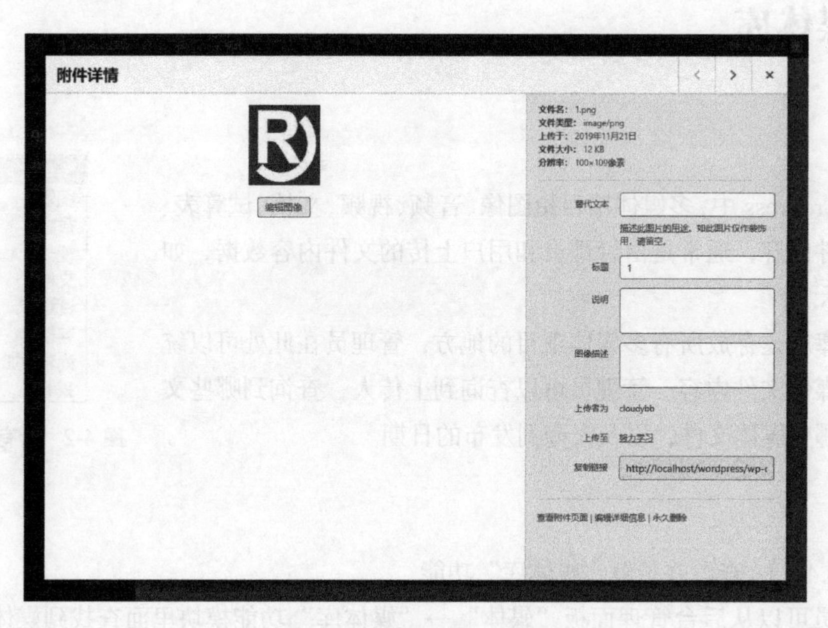

图 4-4 “附件详情”页面

【实例 4.3】 查看媒体库图片的前台页面。

在图 4-4“附件详情”的右栏单击“查看附件页面”按钮后，会自动跳转到使用该附件的前台页面，如图 4-5 所示。

图 4-5 媒体库图片显示在前台页面

【实例 4.4】 查看并了解“编辑媒体”页面。

在图 4-4“附件详情”的右栏单击“编辑详细信息”按钮后，会进入“编辑媒体”页面，管理员可以编辑图片的名称、替代文本、说明、图像描述等信息内容，如图 4-6 所示。

图 4-6 “编辑媒体”页面

小技巧

电商运营技巧：通过以下对话，可以了解媒体库的替代文本、说明、图像描述的属性使用，更要了解企业制定的规则，不乱用媒体库属性。

经理，媒体库发布时，其中有替代文件、说明、图像描述，这些内容填写后会显示在哪里呢？

设置替代文本为“从黄色渐变蓝色”、说明为“《有丝柏的道路》”、图像描述为“现位于：库勒穆勒美术馆”。

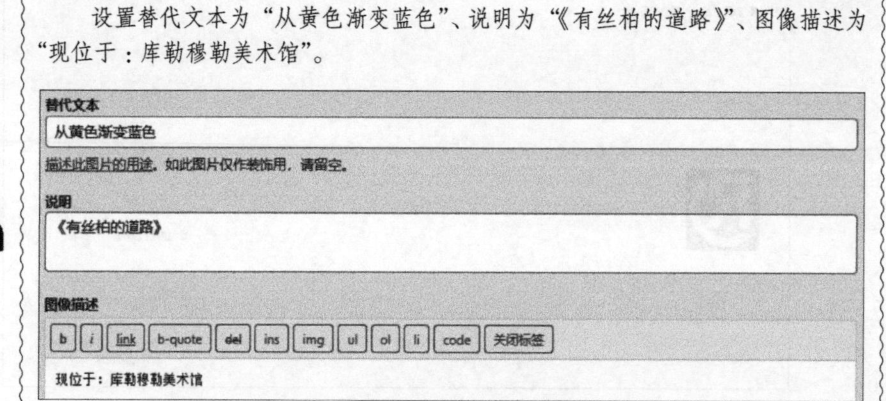

运营经理

在图片的网页地址上可以看见图像描述。替代文本和说明是不可见的，当图片无法显示时，才会显示替代文本和说明。目前，我们电商企业规定文本、说明、图像描述必须为空。

4.2 添加

概念

“添加”指添加媒体库的内容，包括添加图像、音频、视频、文档、试算表、存档等文件内容。

管理员除了可以维护原有的媒体库内容，还可以添加新的媒体信息内容。

实例

【实例 4.5】 查看媒体库的“添加”功能页面。

管理员可以从后台管理面板“媒体”→“添加”功能模块里面查找到“添加”功能。管理员在后台页面可以添加媒体项目内容。

选择“媒体”→“添加”功能后，即可进入“添加”页面，也称“上传新媒体文件”页面，如图 4-7 所示。

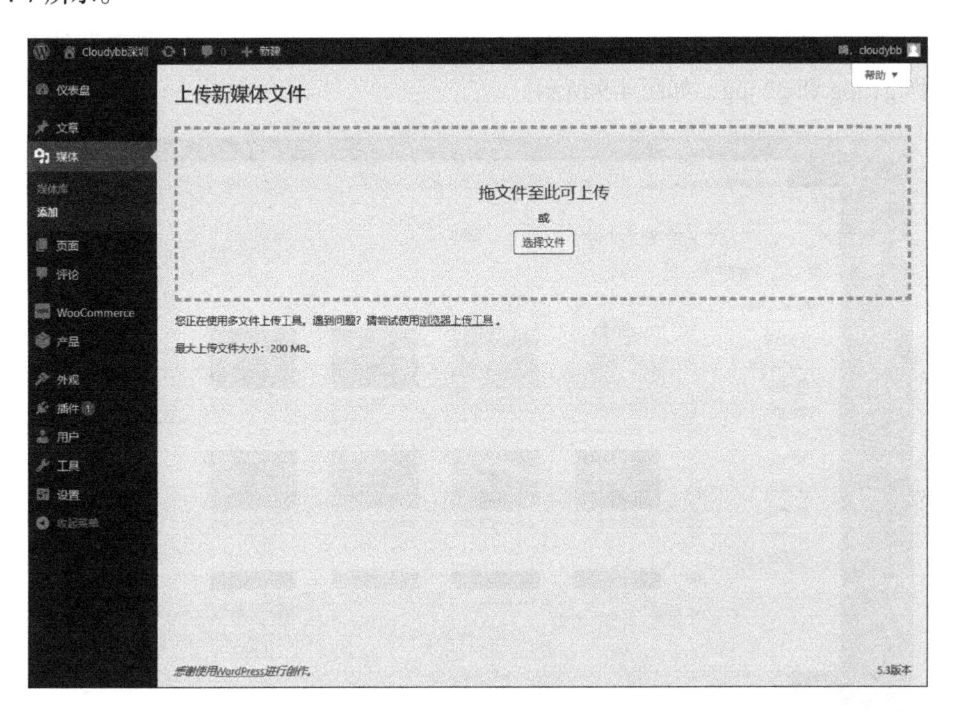

图 4-7 “上传新媒体文件”页面

【实例 4.6】 添加媒体图片 g1.jpg 和 g2.jpg。

（1）在“上传新媒体文件”页面中单击“选择文件”按钮，就会弹出“打开”窗口，管理员可以从本地计算机中选择文件上传，如图 4-8 所示。

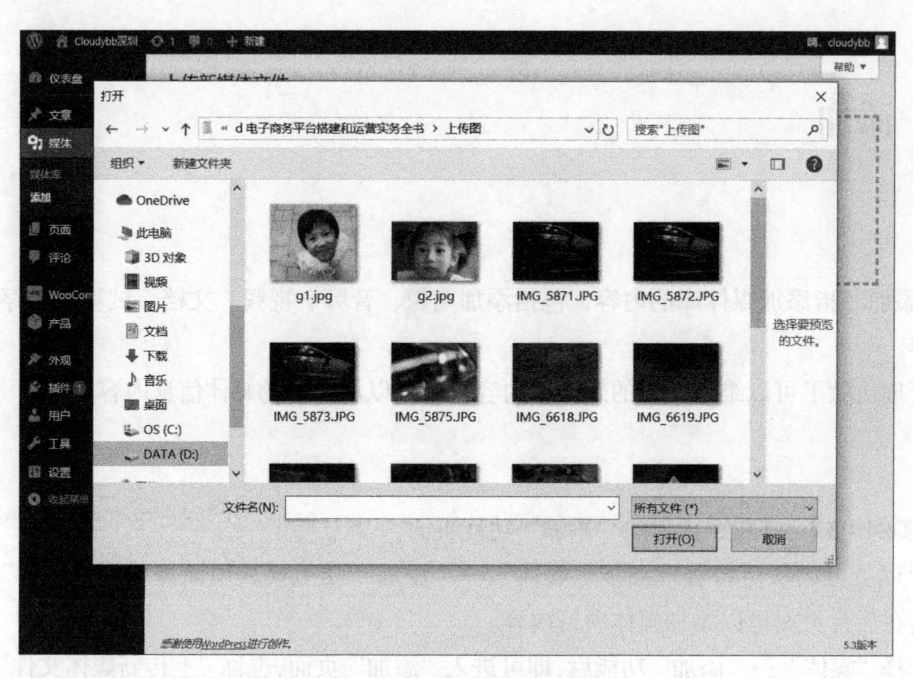

图 4-8　新媒体文件上传选择

（2）按住 Ctrl 键同时单击 g1.jpg 和 g2.jpg，即选中此 2 张图片，“文件名”处也显示了图片名称 g1.jpg 和 g2.jpg，如图 4-9 所示。

图 4-9　新媒体文件已选择

（3）单击“打开”按钮，图片自动上传，g1 和 g2 的图片已显示，说明新媒体图片上传成功，如图 4-10 所示。

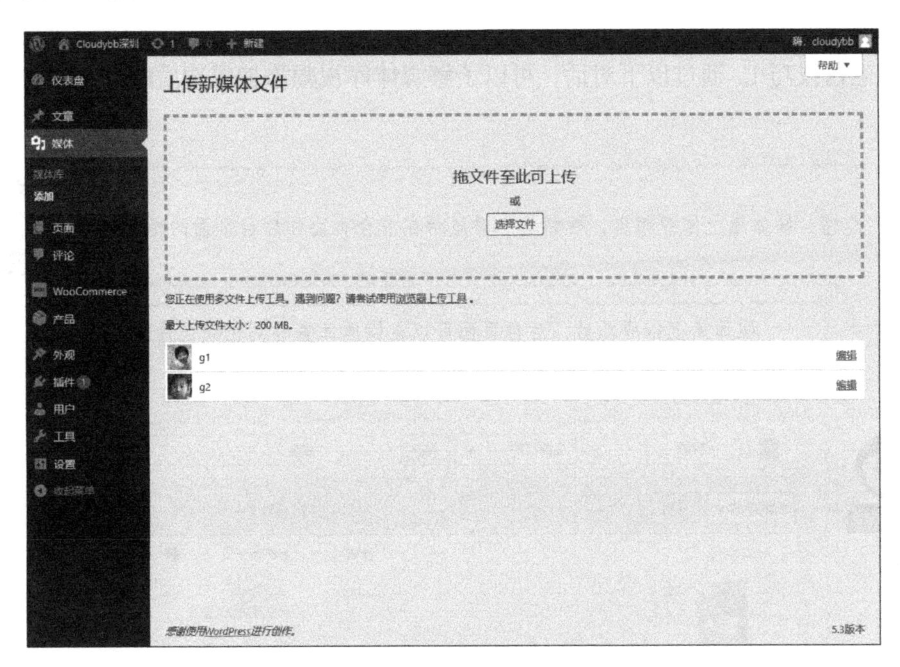

图 4-10　新媒体文件上传完成

【实例 4.7】 验证添加媒体图片 g1.jpg 和 g2.jpg 是否上传成功。

在后面页面选择“媒体”→“媒体库”功能后，可见上传的图片已经可以在媒体库看到，即代表图片已上传成功，如图 4-11 所示。

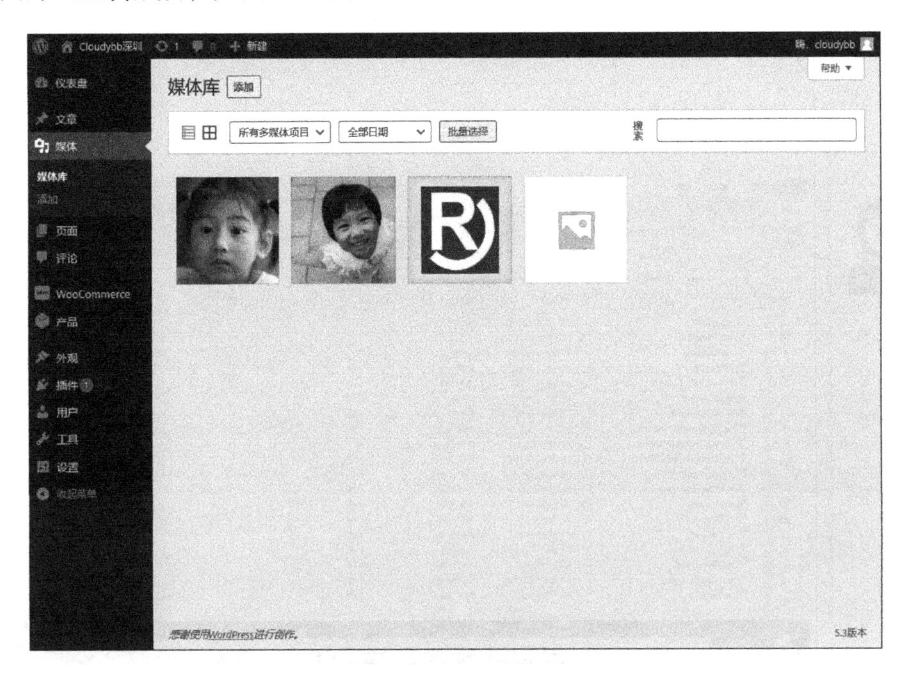

图 4-11　验证媒体文件已上传

小技巧

电商运营技巧1：通过以下对话，可以了解媒体库视频添加成功后前台页面和后台页面如何显示。

经理，媒体库上传视频后，视频是怎样显示在前台页面和后台页面的呢？

运营经理

媒体库上传成功后，后台页面可以在媒体库查看到视频文件。如2.2.mp4。

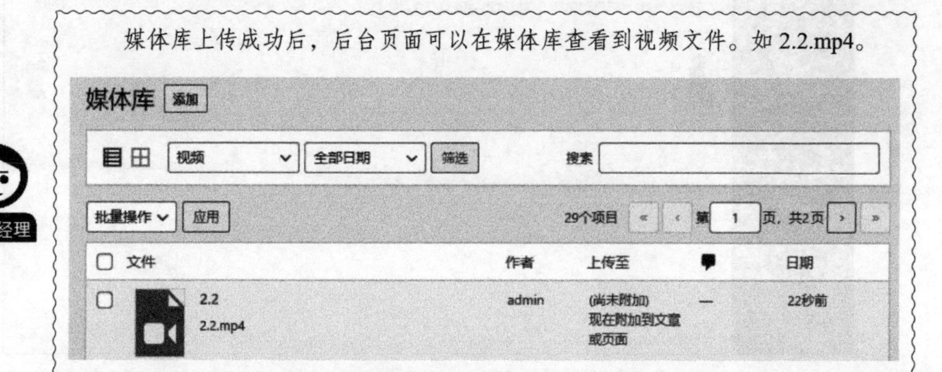

前台页面可以直接在线播放视频文件2.2.mp4。通常系统会按照上传时文件是.mp4、.mp3、.jpg等格式自动分类到各多媒体项目里面。

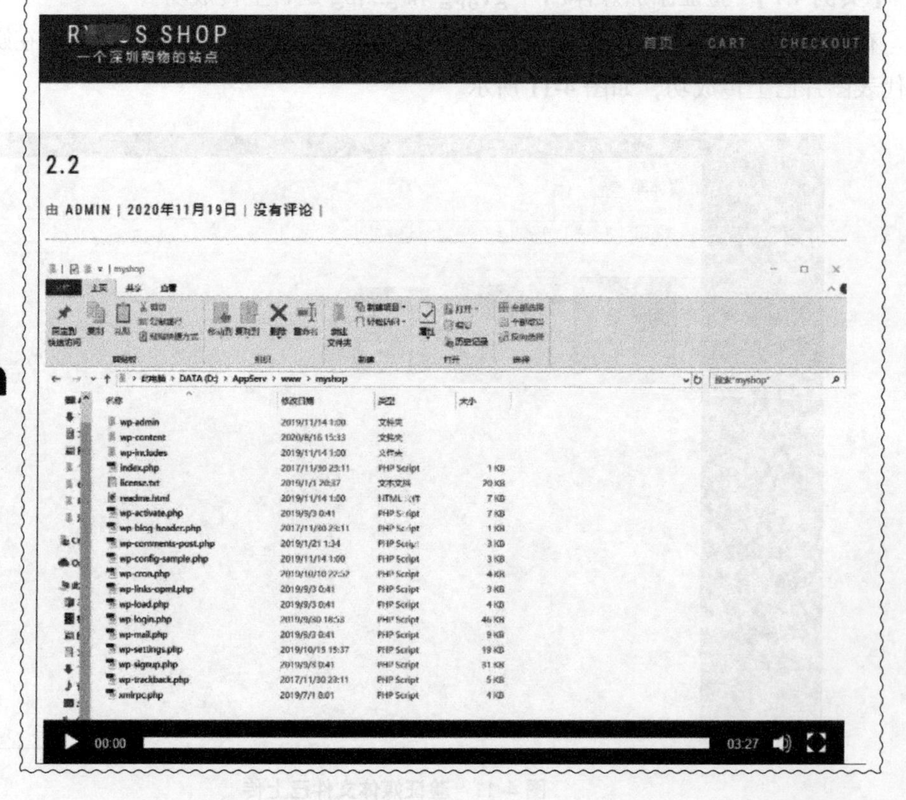

电商运营技巧 2：通过以下对话，可以了解媒体库视频文件还包括哪些信息。

经理，媒体库上传视频后，除了查看视频外，还可以查看视频文件的信息吗？

媒体库上传成功后，可以查看视频的上传时间、视频文件的 URL、文件名、文件类型、文件大小、长度、音频格式、音频编码器、分辨率等信息。

上传于：2020年11月19日 15:19

文件URL：

http://localhost/cart/wp-content/uploa

文件名：2.2.mp4

文件类型：MP4

文件大小：15 MB

长度：3:27

音频格式：mp4

音频编码器：ISO/IEC 14496-3 AAC

分辨率：1480 × 896

经理，这条信息对我们非常有用！尤其知道了视频文件大小和长度后，可以给到代理商推广。

赶紧找几个代理商沟通合作意向，用于推广商品。

第5章
“页面”功能

本章主要讲解 WordPress“页面”功能中所有页面、新建页面两个功能模块的前台和后台的关系，管理员需要懂得如何新建页面和管理页面，如图 5-1 所示。

图 5-1 “页面”功能

管理员可以新建页面，新建页面成功后，页面可以在“所有页面”里面查看到。管理员可以使某个页面标题显示在首页导航栏。

5.1 所有页面

概念

使用 WordPress 做电子商务运营，涉及的页面通常包括购物车页、结算页、我的账户页、商店页面、示例页面、隐私政策页。管理员可以对每一个页面进行编辑、快速编辑、移至回收站和查看的维护操作，除了可以维护原有的页面内容，还可以添加新的页面内容。

其他在电子商务运营中可能用到的“页面”功能还有关于我们、联系我们、友情链接、公司简介、业务架构、企业动态。

实例

【实例 5.1】 查看并了解“所有页面”功能页面。

管理员可以从后台管理面板“页面”→“所有页面”功能模块里面查找到“所有页面”功能。管理员在后台页面可以查看全部页面内容，包括了已发布页面和草稿页面。

选择“页面”→“所有页面”功能后，即可进入“所有页面”页面，查看到全部页面的内容，每一条内容都包括标题、作者、评论数量、日期等信息，如图 5-2 所示。

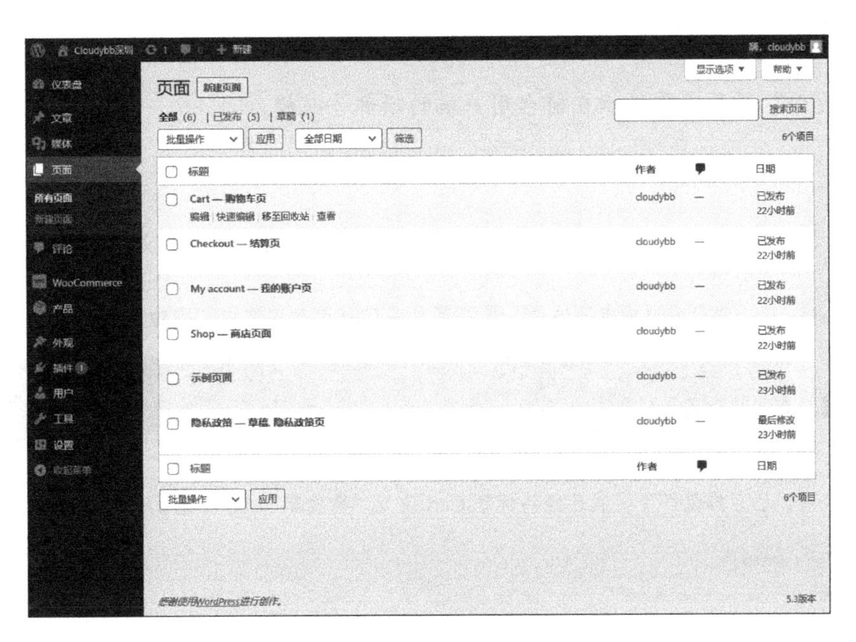

图 5-2 “所有页面”页面

【实例 5.2】 查看“页面”功能显示的前台位置。

用户进入首页（前台页面），在顶部的导航栏就可以查看已发布的页面内容。

在浏览器上网址栏输入 localhost/wordpress 内容，按下回车键，用户即可查看到“所有页面”页面，查看到已发布全部页面的标题，如：Cart、Checkout、My account、Shop、示例页面，如图 5-3 所示。

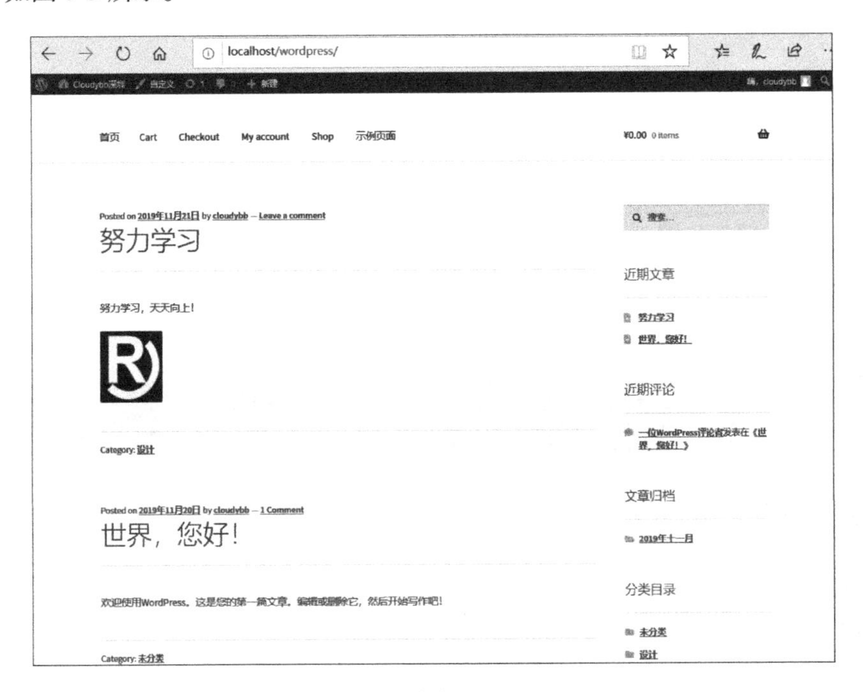

图 5-3 前台显示页面

“所有页面”页面通常显示在前台用户端的顶部导航栏。

小技巧

电商运营技巧 1：通过以下对话，学会将页面的英文标题改为中文。

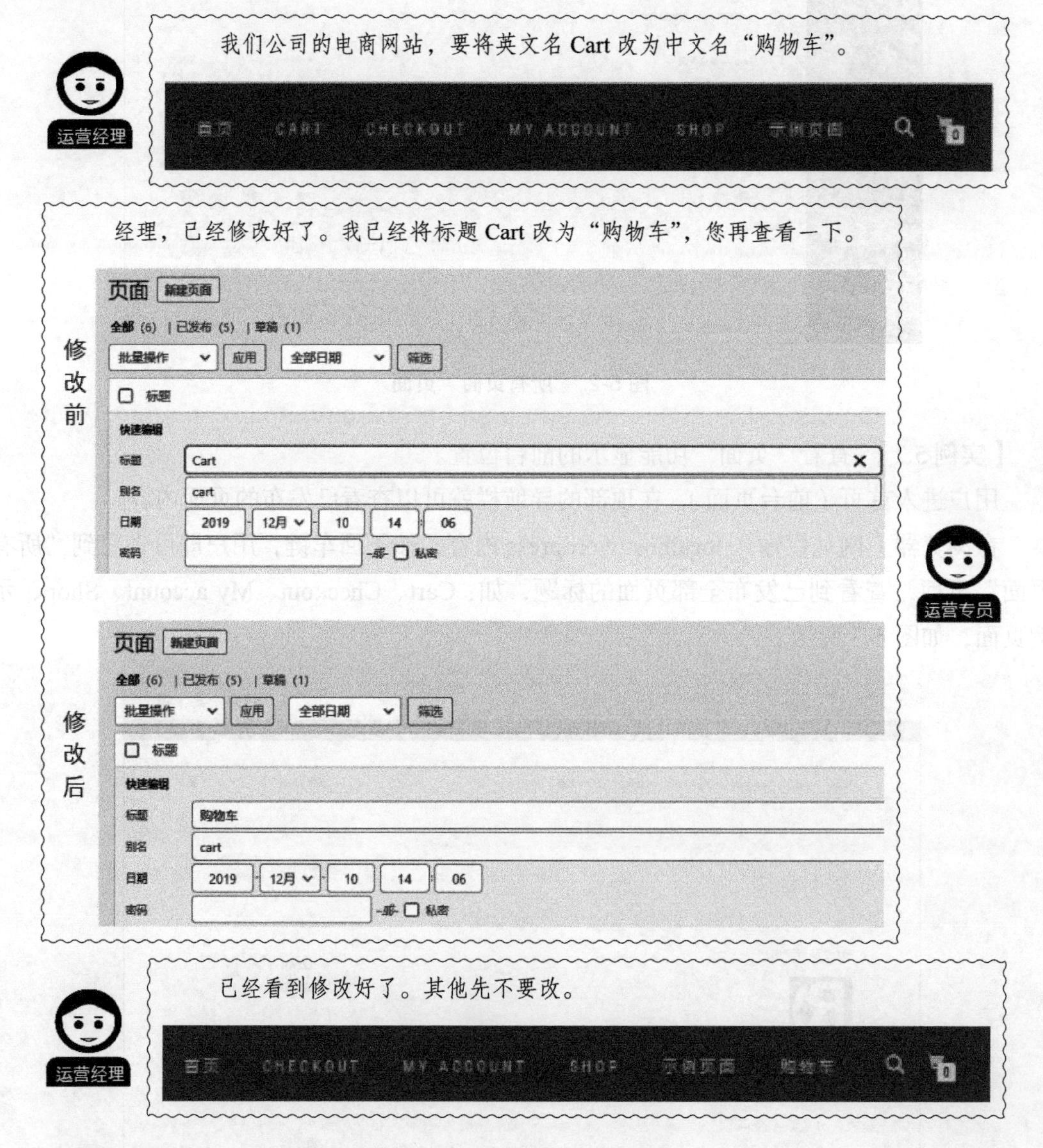

电商运营技巧 2：通过以下对话，学会给页面设置密码。

我们公司的电商网站，在“购物车”页面设一个密码，“123456”。

5.2 新建页面

概念

“新建页面”指创建一个新的页面，页面的内容包括标题和详细内容。

实例

【实例 5.3】 查看并了解“页面”→“新建页面”的功能页面。

管理员可以从后台管理面板“页面”→“新建页面”功能模块里面查找到新建页面功能。管理员在后台页面可以添加标题和详细内容。

选择“页面”→“新建页面”功能后，即可进入“新建页面”页面，管理员可以添加标题和详细内容，如图 5-4 所示。

【实例 5.4】 添加一个功能页面，标题为“关于我们”。

（1）在“新建页面”功能中输入标题“关于我们”，内容“我们来自深圳。我们要好好学习！”，如图 5-5 所示。

（2）单击“发布”按钮后，显示发布前设置的功能，设置包括“可见性”和“发布”，如图 5-6 所示。

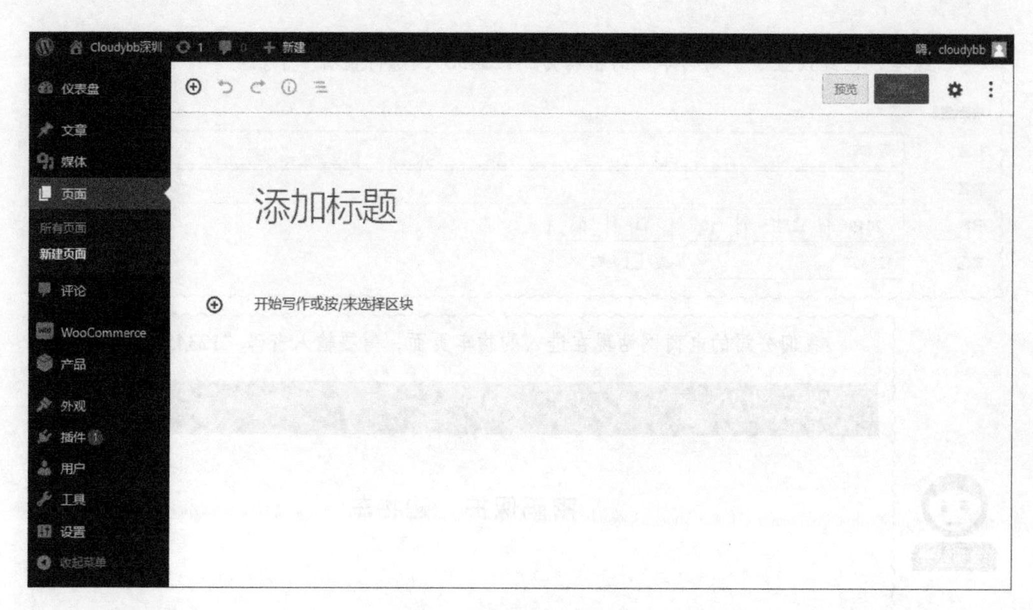

图 5-4 “新建页面”页面

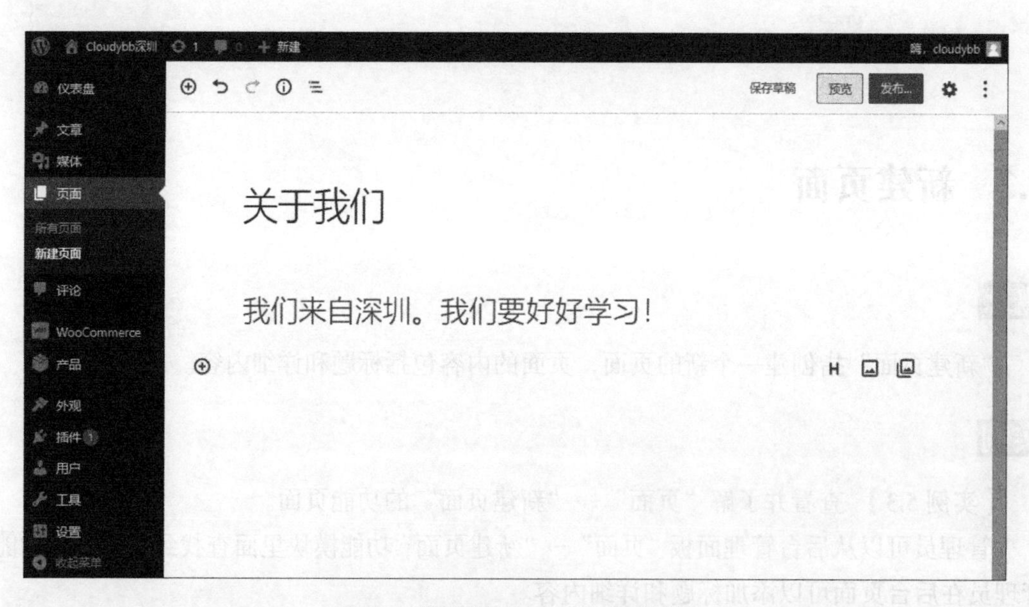

图 5-5 新建页面——“关于我们”

（3）单击“可见性”按钮，显示选择项：“公开”“秘密”和“密码保护”，如图 5-7 所示。单击“发布”按钮，显示选择项：“立即”和“日期 / 时间”，如图 5-8 所示。

（4）在后台页面将“可见性”选择为“公开”，“发布”选择为“立即”，再次单击“发布”按钮，页面就发布成功了，显示“已发布”，同时自动显示页面地址“http://localhost/wordpress/ 关于我们”，管理员可以单击“查看页面”按钮，直接查看页面，也可以单击“复制链接”按钮，快速复制链接发送给用户，如图 5-9 所示。

图 5-6 新建页面发布设置　　图 5-7 可见性设置　　图 5-8 发布时间设置

图 5-9 新页面发布完成

【实例 5.5】 查看和验证标题为“关于我们”的页面是否新建成功。

在新页面发布后单击“查看页面”按钮或在浏览器输入页面地址“http://localhost/wordpress/关于我们”，就可以在前台页面查看到“关于我们”页面的标题和详细内容，如图5-10所示。

图5-10　在前台页面查看新建的页面

小技巧

电商运营技巧1：掌握电商平台“关于我们”功能页面的书写方式。“关于我们”的内容通常包括关于电商、产品和服务、联系我们、公司地址等信息，示例如下。

关于我们

关于Rysos电商

Rysos电商成立于2020年，致力于打造国际化、销售世界名画的电商平台。成立以来，Rysos以帮助企业和家庭变得舒适为使命，业务涵盖油画和印刷画两大版块。Rysos电商先后获得国内外机构投资。

产品和服务

Rysos电商销售名画的风格包括印象派、新印象派和后印象派风格。虽然买不到真正收藏在博物馆的名画，但是客户可以通过复制的画品，了解到几百年前的画家作品，甚至可以通过画获得好心情。

联系我们

电话：13X88888888

地址：广东省深圳市罗湖区 ×× 工业区 ×× 路 ×× 室

联系人：林某某

公司地址

深圳办公室：深圳市罗湖区 ×× 工业区 ×× 路 ×× 室

北京办公室：北京市海淀区 ×× 大厦 ×× 室

电商运营技巧 2：掌握电商平台的“招聘”功能页面的书写方式。招聘员工主要需要展示公司的 5 个方面：①薪酬；②公司环境；③员工关系；④公司福利；⑤学习和进步。示例如下。

招聘信息

1. 薪酬：Rysos 企业拥有良好的薪酬体系制度，一年 14~18 个月薪，每年拥有 2 次调薪机会。

2. 公司环境：Rysos 企业位于城市的中心，甲级写字楼，拥有一流的软件设备和硬件设备，距离地铁站 5 分钟路程，便于员工上下班，公司主张弹性上下班制度，工作满 8 小时 / 天即可。

3. 员工关系：以企业文化为纽带，投入个人情感进行工作。在这里工作，不仅仅是因为一份薪水，更因为这份工作能够带领企业员工共同进步。

4. 公司福利：Rysos 企业每年免费安排员工到专业体检机构进行全面体检，提供健康咨询；为员工免费提供健身俱乐部付费会员资格，运动项目包括游泳、瑜伽、跑步、篮球、滑雪、足球、羽毛球等。

5. 学习和进步：Rysos 企业致力于互联网电商业务，积极学习产业互联网化，努力成为艺术行业名画的助手，通过连接，提升每一个人的生活品味。

第6章
“评论”功能

本章主要讲解 WordPress“评论”功能的前台和后台的关系，管理员需要了解评论的管理，如图 6-1 所示。

图 6-1 “评论”功能

“评论”包括用户对文章的评论和对商品的评论，所有的评论都被整合在评论模块功能里，管理员可以统一管理所有评论。

概念

评论指用户对页面内容的留言评论，用户可以输入文字内容，让管理员和所有用户查看。

实例

【实例 6.1】 在“努力学习”文章页面添加评论“大家都要加油！”。

（1）用户可以从前台页面单击文章标题为“努力学习”的文字链接按钮，则进入文章“努力学习”的详细内容页面，用户在登录的状态下可以输入评论内容。

（2）进入文章“努力学习”的详细页面后，用户在评论框里输入内容为“大家都要加油！”的评论，如图 6-2 所示。

（3）单击“发表评论”按钮后，评论就会显示出用户的评论内容“大家都要加油！”，所有用户都可以查看到用户的评论内容和回复用户的评论内容，评论者本人则可以回复和编辑自己的评论内容，如图 6-3 所示。

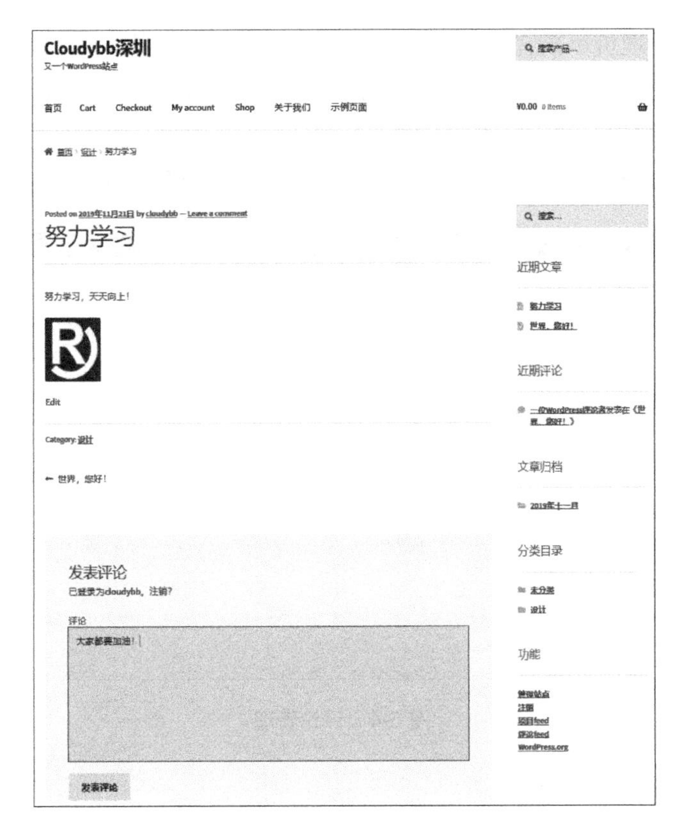

图 6-2 输入评论

图 6-3 评论完成

【实例 6.2】 管理员审核文章“努力学习”中的评论“大家都要加油！”。

单击“评论”按钮后，即可进入“评论”页面，管理员可以查看到所有的评论信息，包括刚才用户评论的内容“大家都要加油！”。对每一条评论，管理员可以操作的功能包括驳回、回复、快速编辑、编辑、垃圾评论和移至回收站，如图 6-4 所示。

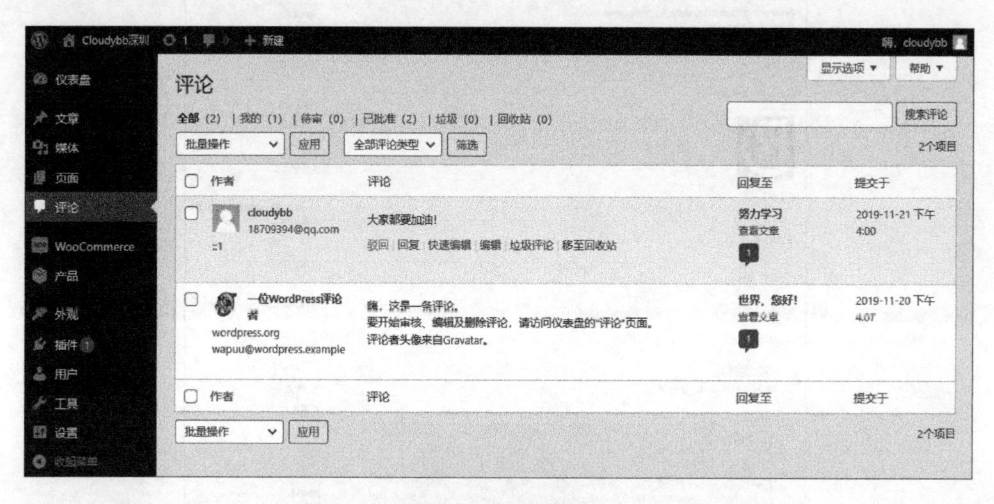

图 6-4 评论管理

各项属性的详细说明如下。

（1）驳回

单击“驳回”按钮后，当前页面功能“驳回”变为“批准”，即说明评论驳回成功。驳回成功后，前台页面的用户无法查看此评论（“大家都要加油！”），管理员可在后台页面查看已经驳回的评论，其背景颜色为浅红色，如图 6-5 所示。

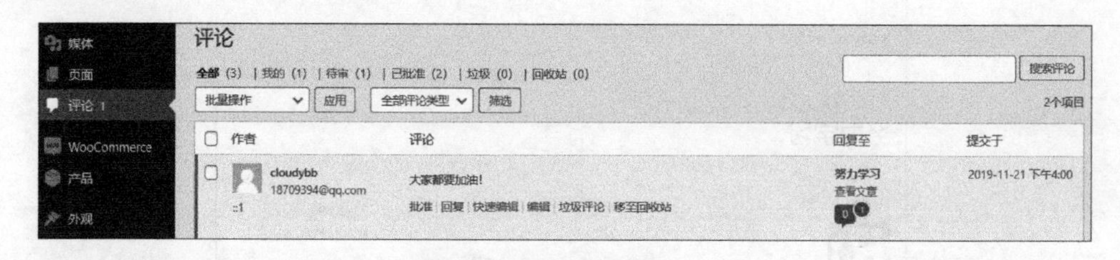

图 6-5 驳回评论管理

（2）回复

单击“回复”按钮后，当前页面直接弹出“回复评论”的功能页面，管理员可以直接回复评论，例如回复评论“我们会努力的！”，如图 6-6 所示。

单击“回复”按钮，管理员回复成功，可在原评论下看见“我们会努力的！”的回复，如图 6-7 所示。

管理员回复成功，管理员和用户均可见内容为“我们会努力的！”的回复，如图 6-8 所示。

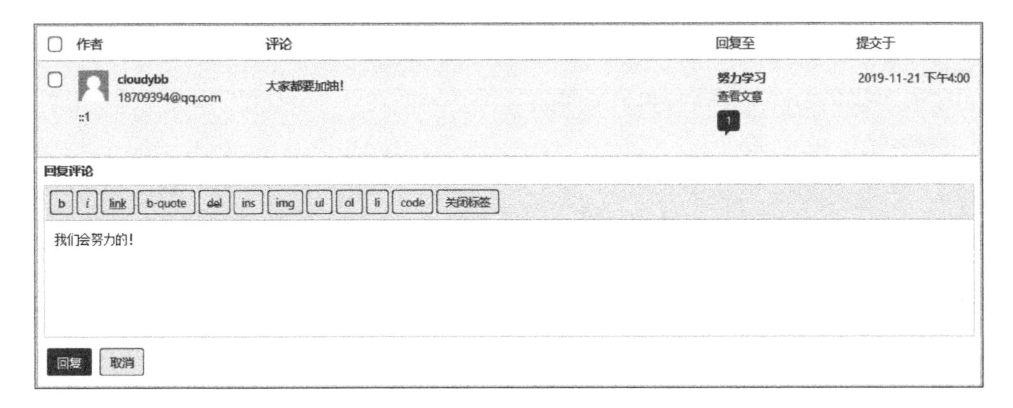

图 6-6 回复评论管理（一）

图 6-7 回复评论管理（二）

图 6-8 回复评论显示

（3）快速编辑

单击“快速编辑”按钮后，当前页面直接切换到快速编辑评论功能页面，管理员可以编辑修改评论的信息内容、用户姓名、用户电子邮件和网站 URL 的信息，如图 6-9 所示。

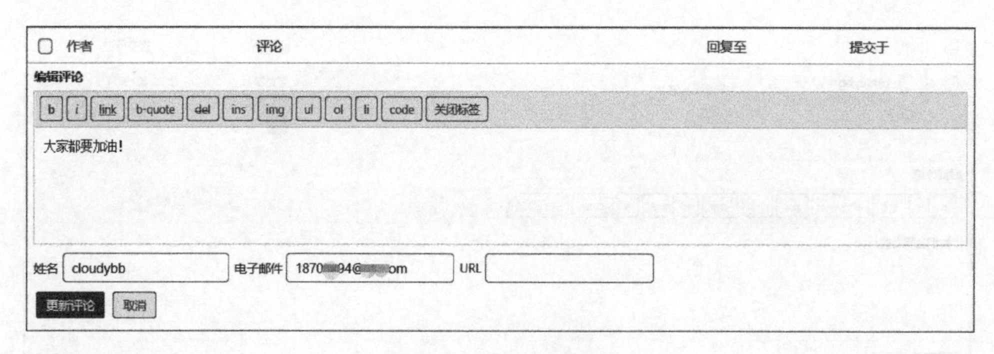

图 6-9　快速编辑管理

（4）编辑

单击“编辑”按钮后，即可跳转到“编辑评论”功能页面，管理员可以编辑修改作者评论的信息内容、姓名、电子邮件、网站地址等信息和状态，如图 6-10 所示。

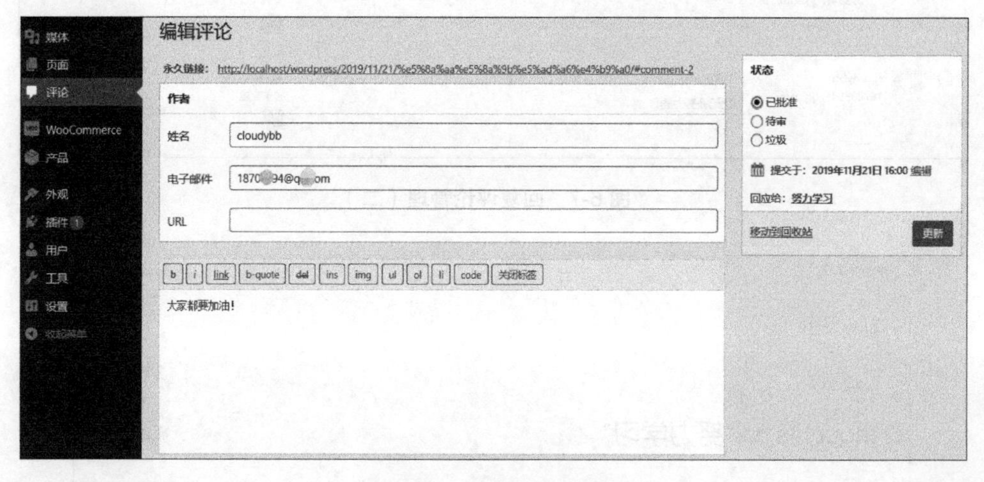

图 6-10　编辑评论管理

（5）垃圾评论

单击“垃圾评论”按钮后，此条评论就进入到“垃圾”栏目里，同时显示“cloudybb的评论已被标记为垃圾评论。撤销 ”的提示信息内容，管理员可以通过单击“撤销”按钮撤销垃圾评论的操作，此评论会恢复正常显示，如图 6-11 所示。

图 6-11　设为垃圾评论时的提示

管理员单击“垃圾”按钮后，在“垃圾”栏目里可见垃圾评论的内容，这些垃圾评论在前台页面是所有用户都无法查看的，只有管理员在后台页面可以看见，此时可见一条垃圾评论：“大家都要加油！”，如图 6-12 所示。

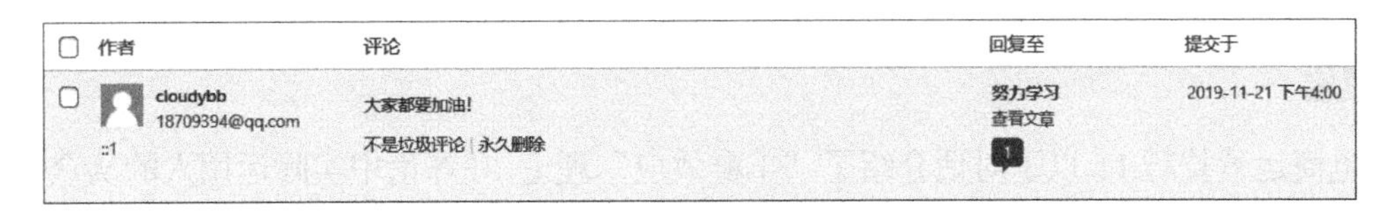

作者	评论	回复至	提交于
cloudybb 18709394@qq.com ::1	大家都要加油！ 不是垃圾评论 | 永久删除	努力学习 查看文章 1	2019-11-21 下午4:00

图 6-12 垃圾评论管理

单击“不是垃圾评论”按钮后，原来的垃圾评论“大家都要加油！”就恢复了正常，前台页面的用户都可以查看，在“已批准”的栏目里可以查看到评论为“大家都要加油！”的内容，如图 6-13 所示。

作者	评论	回复至	提交于
cloudybb 18709394@qq.com ::1	回复给cloudybb。 我们会努力的！	努力学习 查看文章 2	2020-02-18 下午12:18
cloudybb 18709394@qq.com ::1	大家都要加油！	努力学习 查看文章 2	2019-11-21 下午4:00
一位WordPress评论者 wordpress.org wapuu@wordpress.example	嗨，这是一条评论。 要开始审核、编辑及删除评论，请访问仪表盘的“评论”页面。 评论者头像来自Gravatar。	世界，您好！ 查看文章 1	2019-11-20 下午4:07
作者	评论	回复至	提交于

图 6-13 已批准评论管理

（6）移至回收站

单击“移至回收站”按钮后，此条评论“大家都要加油！”就会进入到“回收站”栏目里，同时显示“cloudybb 的评论已被移动到回收站。撤销”的信息提示内容，管理员也可以单击“撤销”按钮，则评论将恢复正常显示，如图 6-14 所示。

图 6-14 移至回收站后评论信息

单击“回收站”按钮后，在“回收站”栏目里可见回收站评论的内容，这些“回收站”中的评论在前台页面是所有用户都无法查看的，只有管理员在后台页面可见一条内容为“大家都要加油！”的回收站评论，管理员还可以对回收站的这条评论进行操作，操作功能包括“垃圾评论”“还原”和“永久删除”，如图 6-15 所示。

作者	评论	回复至	提交于
cloudybb 18709394@qq.com ::1	大家都要加油！ 垃圾评论 | 还原 | 永久删除	努力学习 查看文章 1	2019-11-21 下午4:00

图 6-15 回收站评论管理

小技巧

电商运营技巧 1：以下对话介绍了“羊群效应”理论，在评论中实际运用人的从众心理，销量总会有一点点提升。

经理，评论对用户有什么用吗？

评论是给用户看的。用户需要查看其他用户的评论，查看其他用户觉得商品的用户体验怎么样。如果各个用户都觉得不错，那么这个用户就有很大机会购买这个商品。

经理，我知道了。这个就是“羊群效应”的原理。用户看见很多人买了，好评也居多，就从众购买了。

电商运营技巧 2：通过以下对话，学习如何撰写好的评论。

你想一下有什么吸引用户的评论，然后自己购买商品，去评论商品。

经理，我想到了。“商品质量很好，物有所值，推荐购买。”和“本人175cm,60kg 穿的 M 码刚刚好，衣服也很漂亮，下次还会再来！”

评论挺吸引人的，连我都有购买欲望了！

谢谢经理，那我现在就去购买和评论。

第7章

WooCommerce功能

本章主要讲解 WordPress 中订单、优惠券、报表、设置、状态、扩展六个功能模块的前台和后台的关系，管理员需要懂得处理和管理订单，优惠券如何生成和使用，查看报表信息，管理好售前和售后的团队，设置好商店的常规、产品、配送、付款信息，通过状态和扩展的功能管理好服务器，扩展商店的功能，如图 7-1 所示。

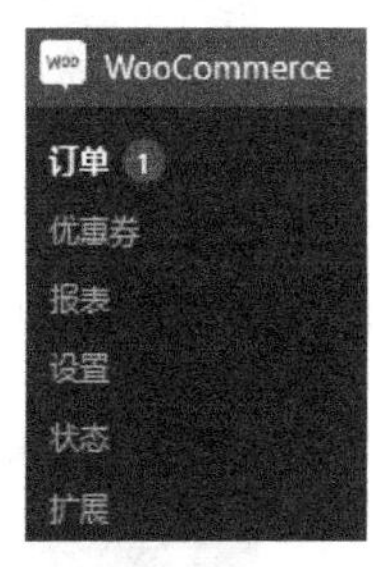

图 7-1　WooCommerce 功能

管理员可以处理订单，派发优惠券使得商品销量提高，根据报表数据可以更准确地进货，减少库存，保证有足够的现金流，最终轻松管理好电子商务系统，使业务能够按流程有顺序地完成。

7.1　订单

概念

“订单”指用户提交购买需求给商家，商家管理员在后台系统可以查看到所有订单，订单包括未付款的订单和已付款的订单。

实例

【实例 7.1】 查看并了解“订单”功能。

用户在前台页面提交订单成功后，管理员在后台页面“订单”功能里可以查看到所有订单。

单击“订单”按钮后，即可进入“订单”页面，管理员可以添加、查看和处理订单，无订单时页面显示“当您收到一个新订单时，它会显示在这里。”的文本内容，如图 7-2 所示。

图 7-2　订单管理——无订单时

有订单时，“订单”页面显示订单、日期、状态和费用合计，如图 7-3 所示。

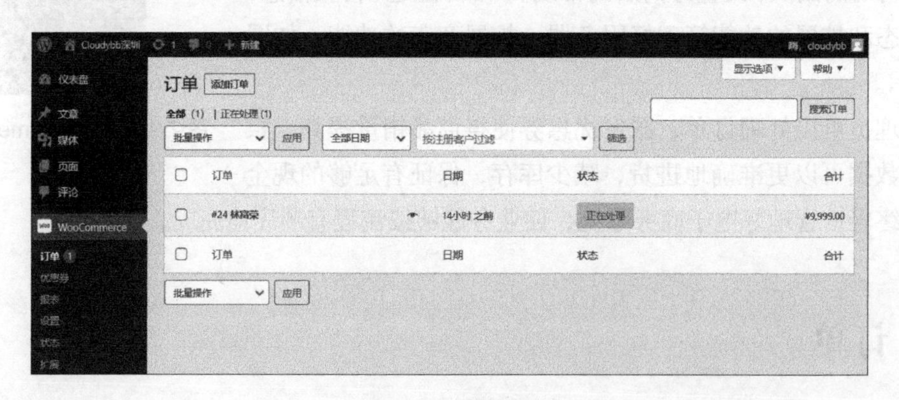

图 7-3　订单管理

【实例 7.2】 预览订单的详情。

单击待查看订单旁边的预览按钮，则弹出订单 #24 的详情内容，管理员可以预览订单的详情内容，包括电子邮件、电话、支付方式、配送方式、注意、产品、数量和合计等信息内容，如图 7-4 所示。

【实例 7.3】 编辑订单 #24 的详情。

在订单 #24 右下角单击“编辑”按钮后，进入“编辑订单”页面，管理员可以编辑订单的内容，包括创建日期、状态和顾客，正常流程的订单一般只修改“状态”即可，如图 7-5 所示。

图 7-4　预览订单

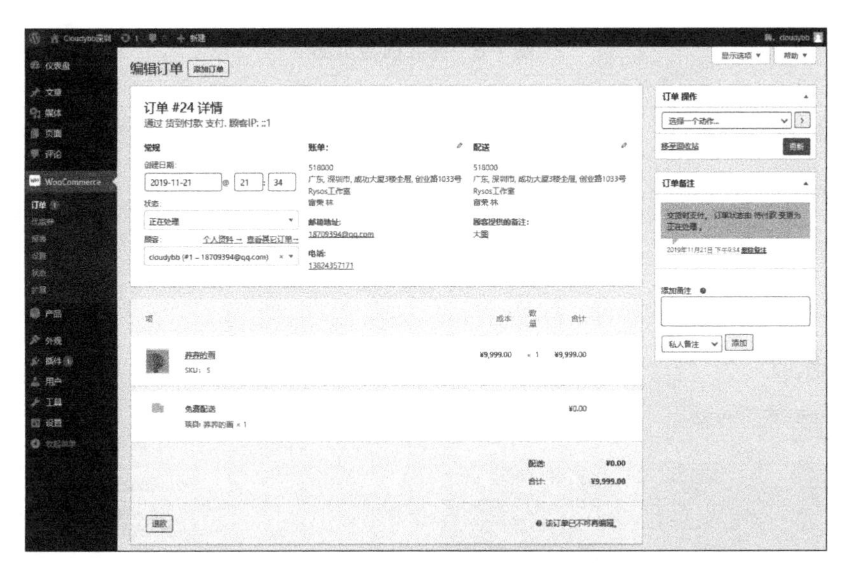

图 7-5　编辑订单

【实例 7.4】 用户提交订单。

（1）用户在浏览器网址栏输入 http://localhost/wordpress/shop/，即可浏览本机服务器的商店前台页面。右上角显示购物车的金额为￥0.00,0 items，如图 7-6 所示。

（2）单击第一个商品 people-cloudylin 下面的“加入购物车”按钮后，可见右上角显示购物车的金额为￥80.00,1 item，加入购物车后的商品多了一个“查看购物车→”功能按钮，如图 7-7 所示。

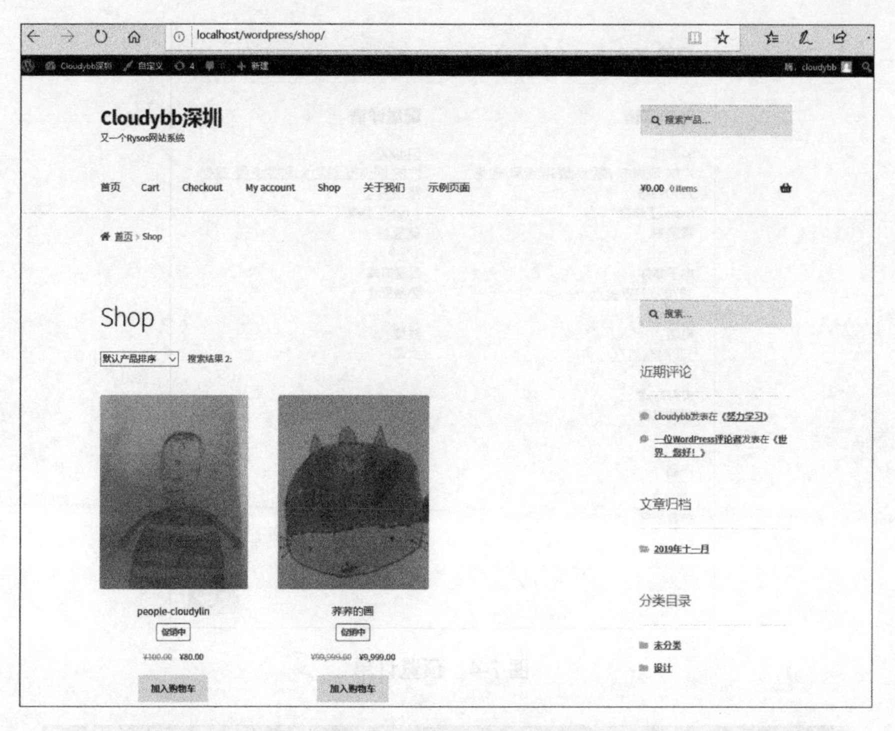

图 7-6　商店前台页面

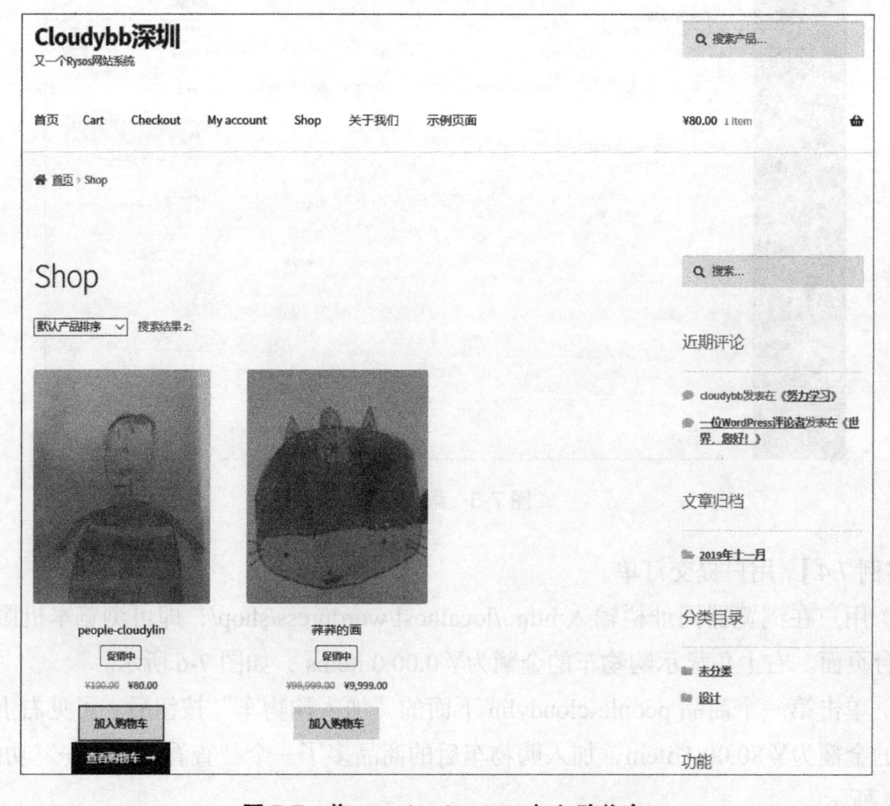

图 7-7　将 people-cloudylin 加入购物车

（3）单击“查看购物车→”按钮后，即可进入购物车（Cart）页面，用户可以在此页面查看购物车里面的商品信息，包括产品图片、名称、价格、数量和合计金额，如图 7-8 所示。

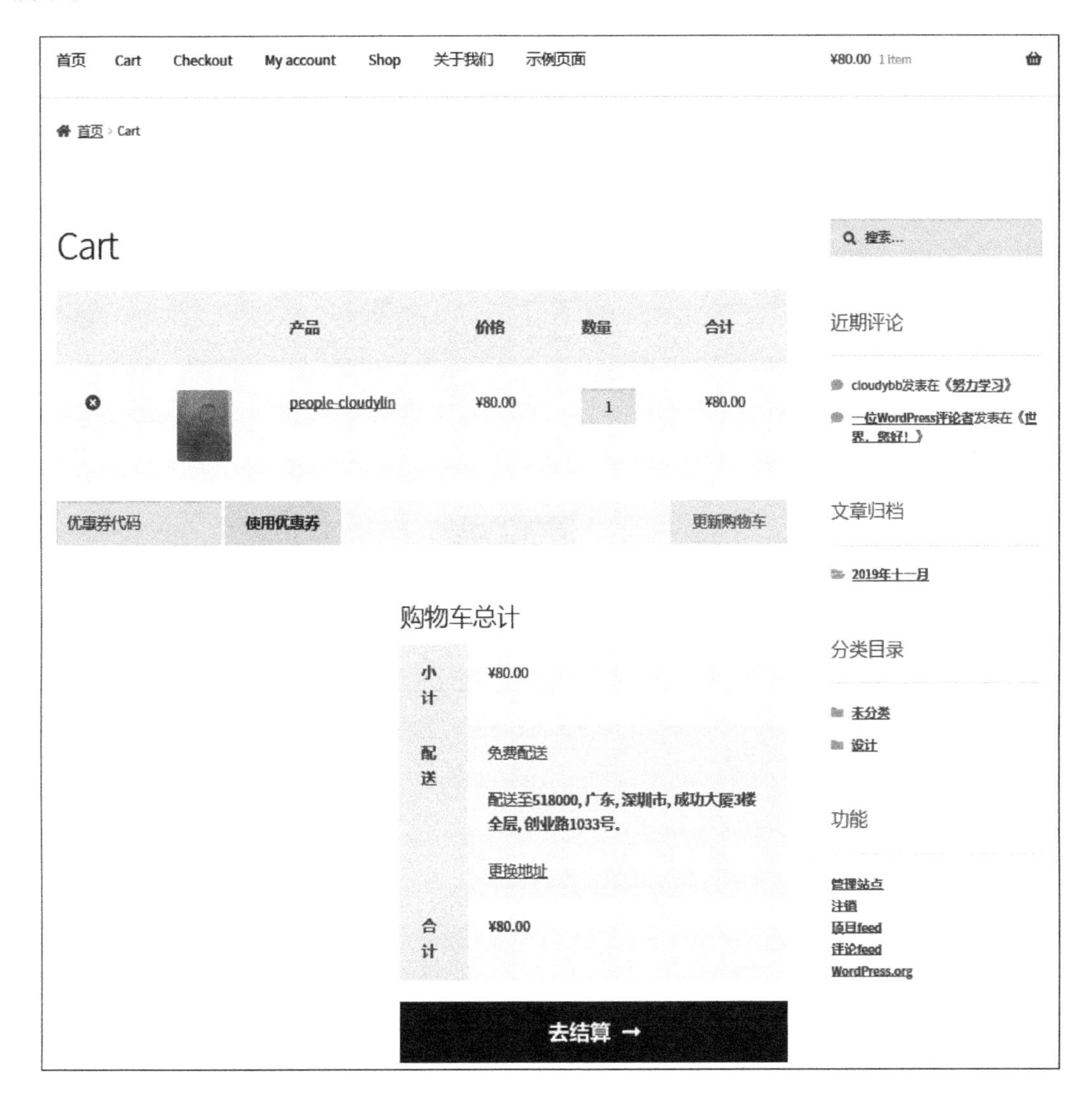

图 7-8　购物车页面

（4）单击“去结算→”按钮后，即可进入结账（Checkout）页面，用户需要填写账单详情、支付方式，并检查订单内容，如图 7-9 所示。

（5）单击“下单”按钮后，即可进入“已收到订单”页面，用户可以查看整个订单的信息内容，这一步用户就已经成功地发送订单给系统管理员了，系统自动生成的订单号码为 63，说明用户已经成功提交了订单，如图 7-10 所示。

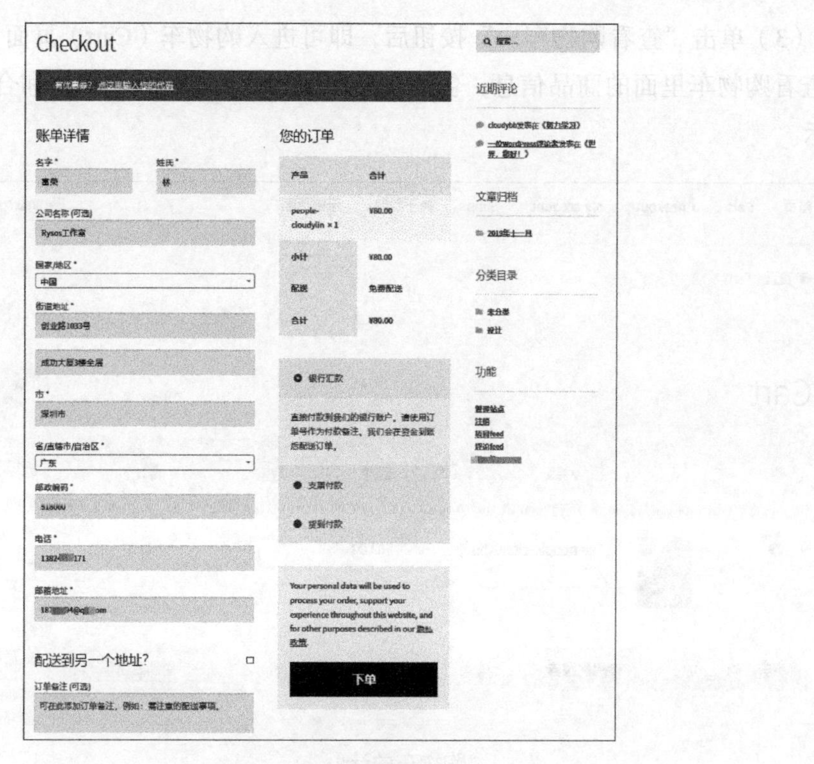

图 7-9　结账页面

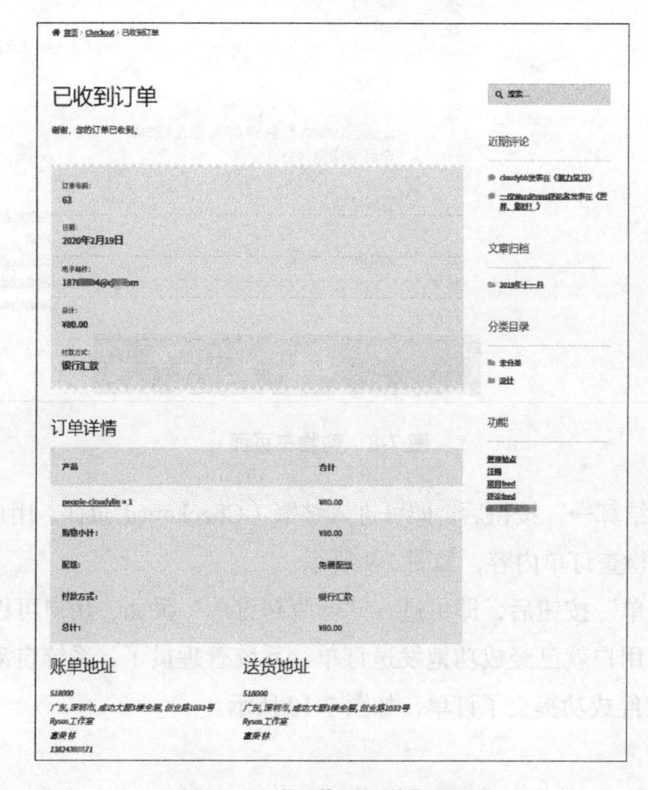

图 7-10　“已收到订单”页面

【实例 7.5】 验证提交的订单是否成功。

管理员在后台单击“订单”按钮后，即可进入“订单”页面，管理员可以查看用户提交的订单，订单号为 #63，如图 7-11 所示。

图 7-11　管理员在后台查看用户提交的订单

小技巧

电商运营技巧 1：电商平台遇上差评师，要不要进行处理呢？示例如下。

经理，订单里面有一个经常给差评的用户。

看见的订单，都需要按流程处理，只要来购买，就是朋友和师长。在生意面前没有敌人，差评师也是我们的朋友和师长。

经理，那这样其他用户看见差评可能不会买这个商品了。

人不能怯懦，但不能不知敬畏，我们要学会敬畏差评师。企业与企业之间，在生死时刻总能得以和解，通常是并购重组企业。

好的，经理。已经处理了订单。

电商运营技巧 2：电商平台可以按订单号快速找到指定的订单，示例如下。

帮我查看下订单号 #111 的收货地址，10 分钟后告诉我。

运营专员：经理，现在几万个订单了，#111 订单我要翻好久才能找到呢，要稍等半天吧。

运营经理：系统的右上角有一个搜索订单功能，你输入“111”单击“搜索订单”就出来了。

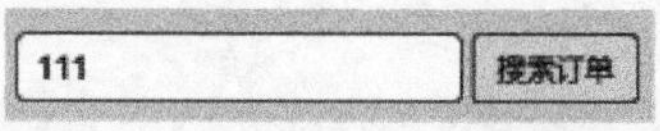

运营专员：经理，已经查到了，收货地址是：广东，深圳市，南山区创业路开心大厦10 楼。

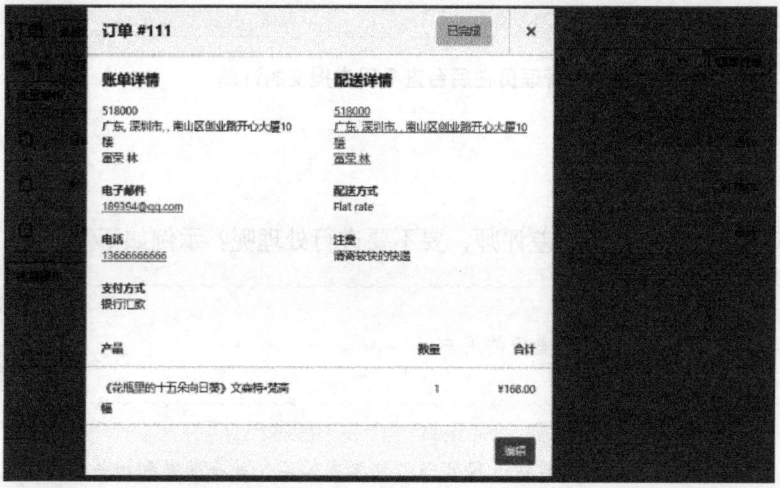

7.2 优惠券

概念

优惠券是卖家给买家用户提供的优惠形式，通常是金额上的优惠，或者免运费的优惠等。

实例

【实例 7.6】 了解“优惠券”页面。

用户在前台页面提交订单时，可以使用优惠券。管理员在后台页面的“优惠券”功能里可以查看到所有的优惠券信息，也可以添加优惠券。

选择“优惠券”功能后，进入“优惠券”的页面，管理员可以添加优惠券，无优惠券时显示的页面为“优惠券是一个提供折扣和鼓励顾客的好手段，它们将会在被创建后出现在这里。”，如图 7-12 所示。

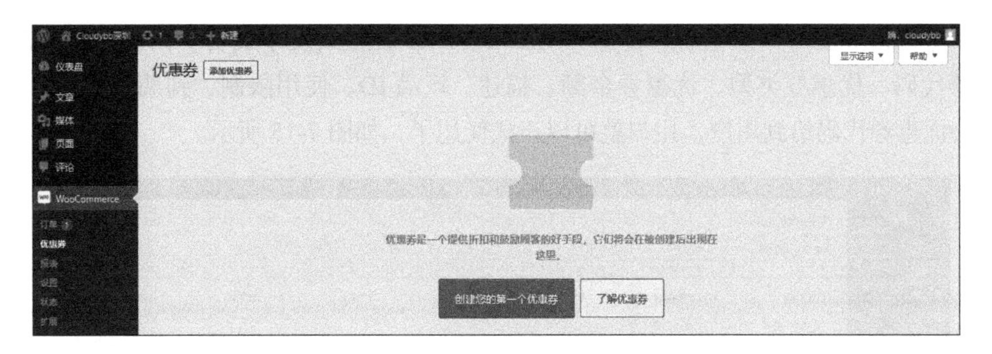

图 7-12　“优惠券”页面（无优惠券时）

【实例 7.7】 创建优惠券。

（1）管理员单击“创建您的第一个优惠券”按钮或者单击“添加优惠券”按钮后，进入“添加新优惠券”页面，如图 7-13 所示。

图 7-13　“添加新优惠券”页面

（2）单击“生成优惠券代码”按钮后，系统将自动生成优惠券代码，例如优惠券代码生成为 GKMAYDR9，将优惠券金额设置为 10，其他优惠券数据按默认值设置，如图 7-14 所示。

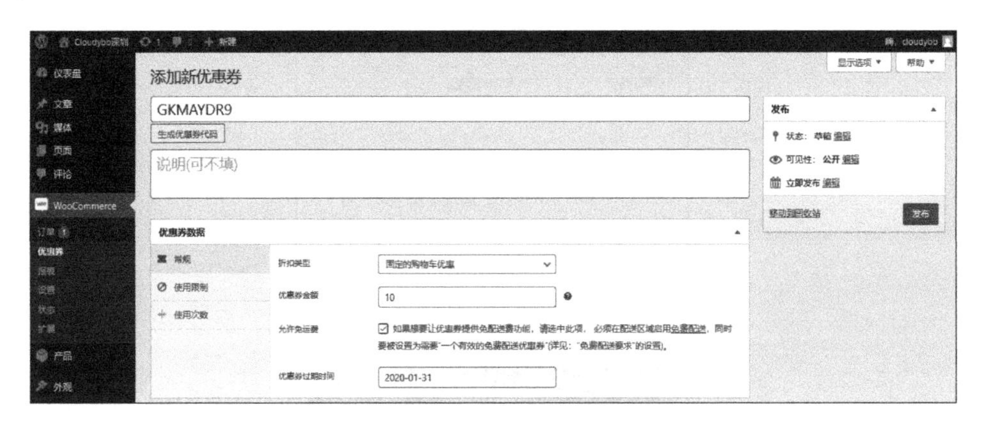

图 7-14　生成优惠券代码

（3）单击“发布”按钮后，优惠券 GKMAYDR9 就正式发布成功了，管理员可查看到优惠券代码、优惠券类型、优惠券金额、描述、产品 ID、使用限制、到期日等信息内容。将这个优惠券代码给到用户，用户就可以正式使用了，如图 7-15 所示。

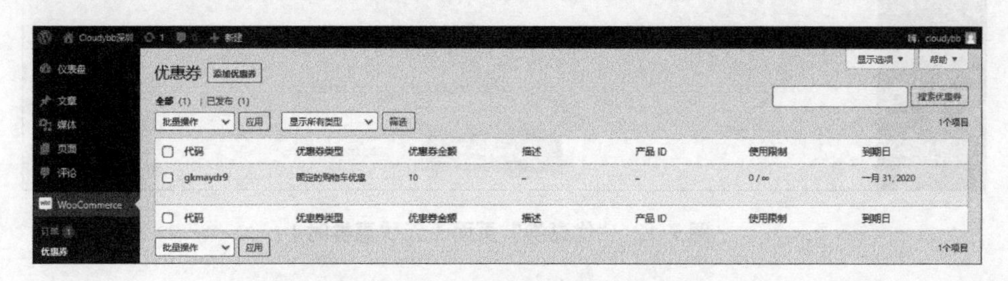

图 7-15　显示优惠券代码和其他信息

【实例 7.8】 用户在前台使用优惠券。

（1）在“购物车”页面，用户需要将优惠券的代码 GKMAYDR9 输入，如图 7-16 所示。

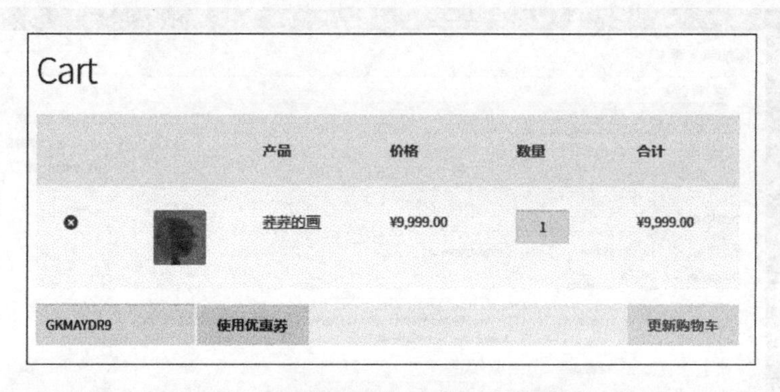

图 7-16　在“购物车”页面输入优惠券代码

（2）单击“使用优惠券”按钮，则用户使用 10 元优惠券成功，购物车总计栏目里显示合计 9989 元，如图 7-17 所示。

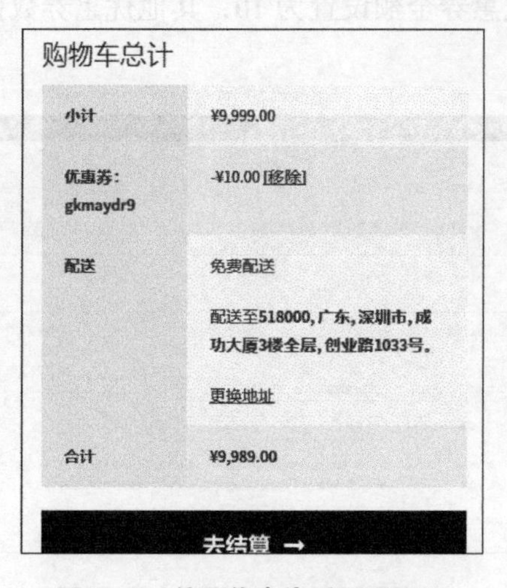

图 7-17　使用优惠券后页面显示

小技巧

电商运营技巧：优惠券需要设置使用条件，如下所示。

经理，100 元优惠券，买 100 元的商品，不就等于免费了吗？

公司的商品利润在 20%，100 元的商品，有 80 元是成本，20 元是利润。如果 100 元的优惠券客户就换走了 100 元的商品，那么公司就亏本了。

经理，那派发给用户的 100 元优惠券怎么使用好呢？

可以设置使用条件。例如：最低花费金额 1000 元，允许使用 100 元或以下的优惠券。最低花费金额 100 元，允许使用 10 元或以下的优惠券。也就是说，客户最多使用了 10% 的优惠，公司还有 10% 利润空间。

7.3　报表

概念

报表包括了订单报表、顾客报表和库存报表。订单的报表指产品的销售额、优惠券金额和数量，顾客的报表指顾客的注册数、顾客的销售额和访问消费额，库存指商品的库存不足、无货、库存充足的统计信息。

实例

【实例 7.9】 了解订单报表。

用户在前台页面完成提交订单、注册、消费、使用优惠券等操作时，报表数据都会发生变化。管理员在后台页面的“报表”功能里可以查看到所有报表的数据变化，也就是说，通过报表数据，可以知道整个电子商务系统运营的状况。

单击“报表”按钮后，即可进入“报表”页面，管理员可以查看到订单的报表数据，可以选择按日期分类销售额、按产品分类销售额、按类别分类销售额、按日期分类优惠券、客户下载等选项。管理员单击“按日期分类销售额”→“最近一周”按钮后，可以查询到在此一周期间的销售额、日平均销售额、在此一周期间的净销售额、日均销售、多少个订单、多少个产品已售出、退款订单的个数和金额（此处为 0 个订单的 0 个物品）、配送收入金额、优惠券折扣金额的报表数据，如图 7-18 所示。

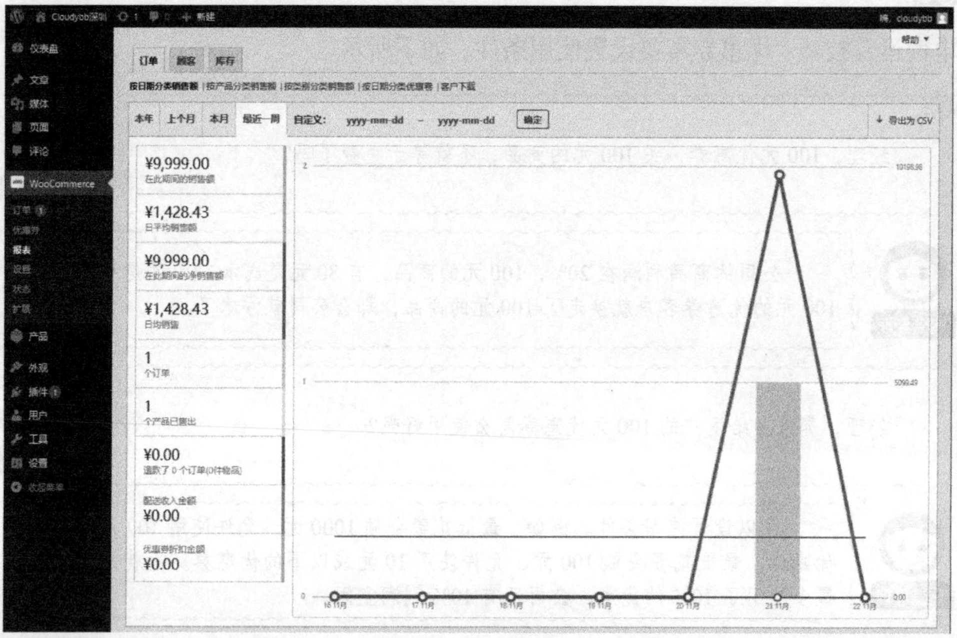

图 7-18　订单报表

【实例 7.10】 学习和了解顾客报表和库存报表。

（1）选择“报表”功能后，即可进入“报表”页面，再单击“顾客”按钮，管理员就可以查看顾客和访问的顾客报表数据，还可以查看到注册用户数量，如图 7-19 所示。

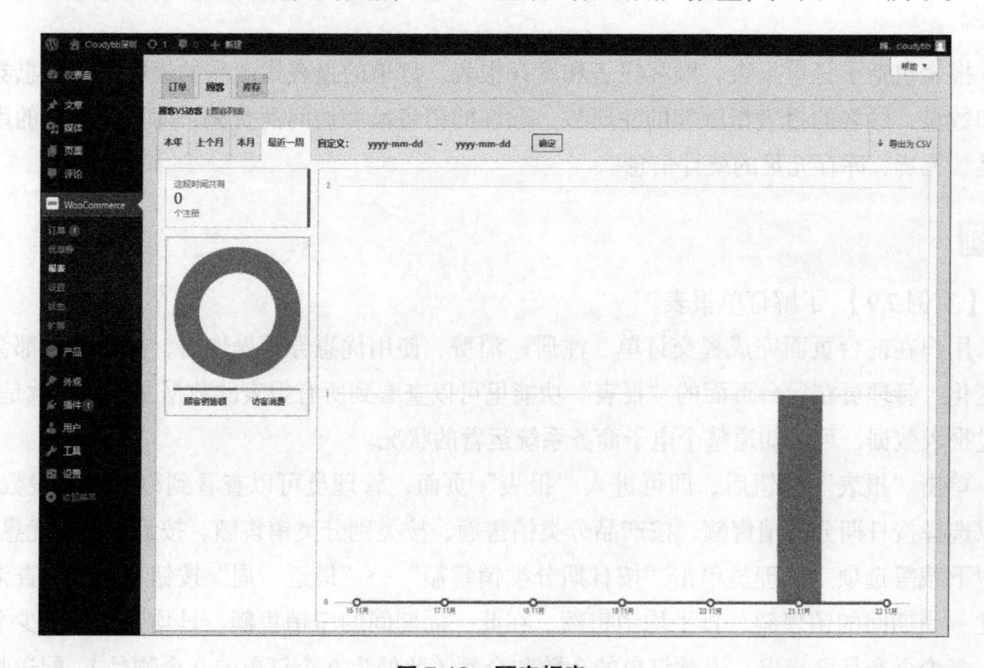

图 7-19　顾客报表

（2）选择“报表”功能后，即可进入“报表”页面，再单击“库存”按钮，管理员就可以查看到库存不足、无货、库存充足的商品库存数据，如图 7-20 所示。

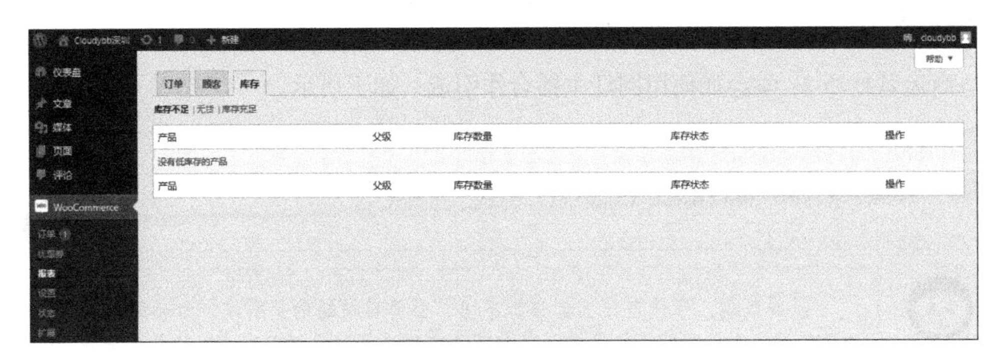

图 7-20　库存报表

小技巧

电商运营技巧 1：掌握分析报表的方法。

经理，电商系统推广了就有客户，不推广就没有客户，3 月和 8 月推广了才有一点销量。

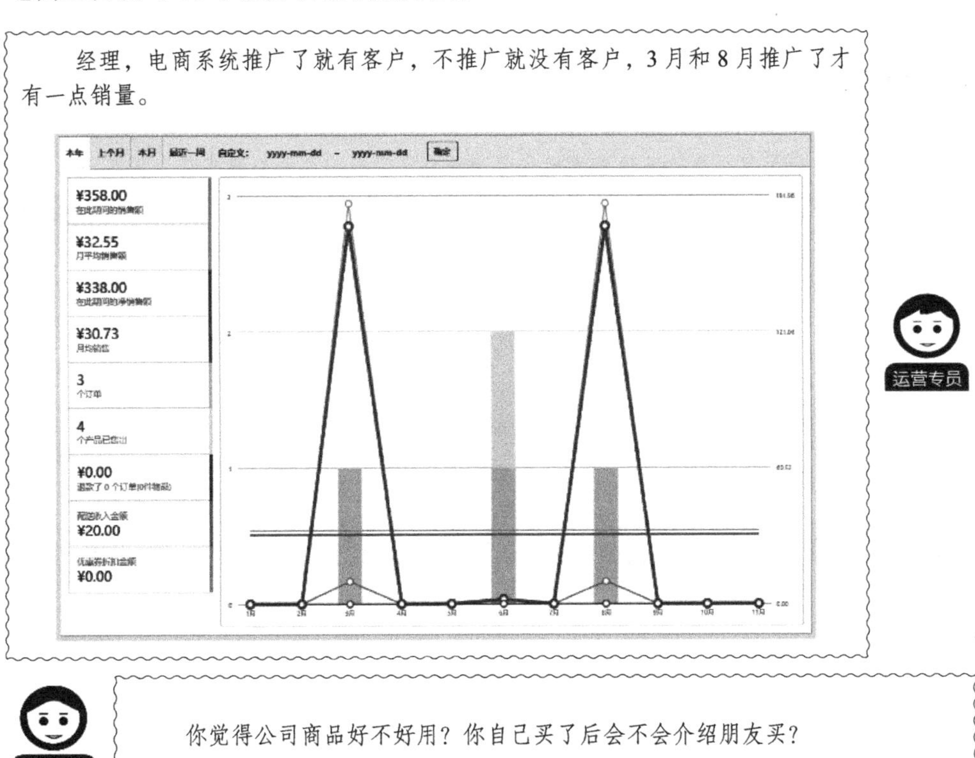

运营经理：你觉得公司商品好不好用？你自己买了后会不会介绍朋友买？

运营专员：经理，公司的商品不好用啊，而且又贵，其他电商平台同样商品还便宜一半。

那就对了，各管理层已经反馈给采购部，老板还查到采购部门拿回扣了。最近先不要浪费资金做推广，等待有优质商品上架再推广。

电商运营技巧 2：学会如何用网红主播合作引流，如下所示。

经理，公司刚开业，什么数据都没有，怎么分析数据？

没有数据，不代表什么都分析不出。公司目前缺的是引流，为公司网站带来流量就是我们运营部做的事情。现在不是有很多网红主播吗，可以找他们合作。

直播带货，我听说过了。朋友的公司做完直播带货卖出了 50 万元的货，给了主播 5 万元。但是主播收款后，卖出的 50 万元货，退了 48 万元。

制定一条规则，直播销售出去的商品，14 天内退货，不计主播的提成。

经理，这战术可以啊，不怕直播带货弄虚作假了。我们公司直播带货卖出 100 万元，14 天内也没有退货的，给了主播 5 万元。

7.4 设置

概念

设置包括常规、产品、配送、付款、账户和隐私、电子邮件、高级等内容的设置，如图 7-21 所示。

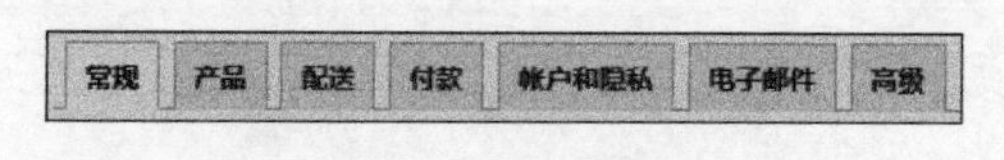

图 7-21 “设置”功能[1]

- “常规”设置包括商店地址设置、综合选项、币种选项；
- “产品”设置包括商店页、测量、评价；
- “配送”设置包括配送区域、配送选项、配送类型；

1 图7-21的“帐户和隐私”，在文中一般写作“账户和隐私”。

- “付款”设置包括银行汇款、支票付款、货到付款、Paypal；
- “账户和隐私”设置包括账户、隐私政策、个人数据保留；
- “电子邮件”设置包括邮件通知、电邮发件人选项、电子邮件模板；
- “高级”设置包括安装页面、“结算”页面的端点、账户端点。

实例

1. 常规

【实例 7.11】 学习和了解“设置”中的“常规”功能。

管理员通过“常规”功能设置商店地址、综合选项、币种选项的内容，这些选项对用户的影响包括：用户所在地是否能够购买商品、是否能够使用优惠券、用哪个国家或地区的币种计算金额等。

选择“设置”功能后，即可进入“设置”→“常规”页面，“设置”功能下默认显示“常规”的功能页面。管理员可以设置商店地址的地址行 1、地址行 2、城市、国家 / 地区、邮政编码，设置综合选项的销售位置、可配送的区域、默认的顾客位置、是否启用“纳税”功能、是否使用优惠券，设置币种选项的货币、币种的位置、千位分隔符、小数分隔符、小数点后的位数，如图 7-22 所示。

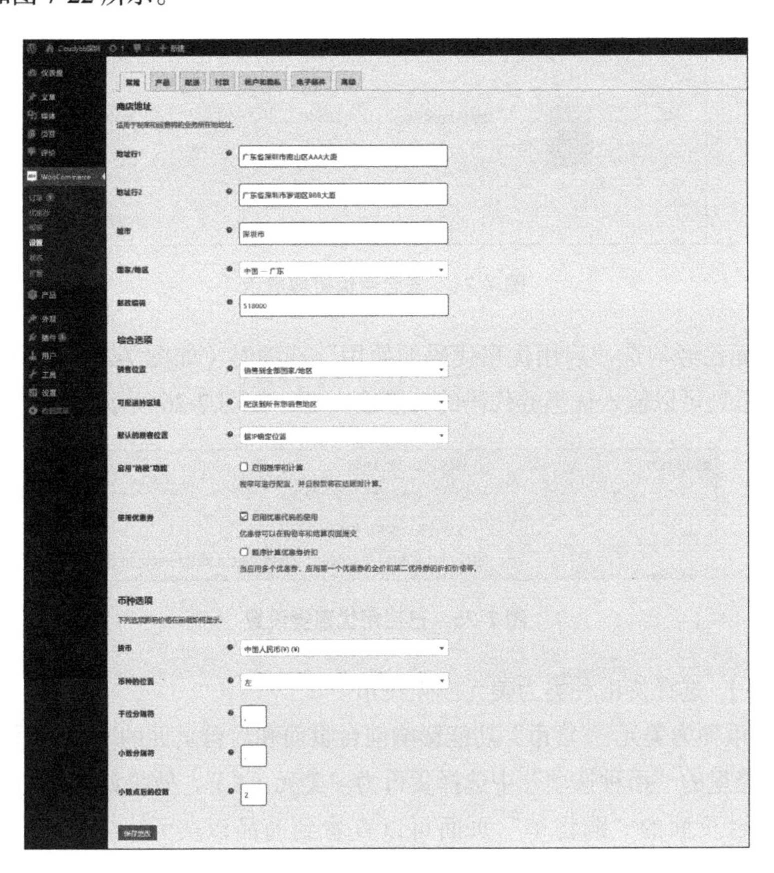

图 7-22 “常规”功能

【实例 7.12】 关闭和启用优惠券。

"常规"设置的功能大部分都是数据库与后台系统进行交互，用户看到的前台页面并未发生变化。其中"优惠券"功能影响前台页面和后台页面的设置，当后台页面没有勾选"启用优惠代码的使用"的选项时（如图 7-23 所示），用户在购物车页面无法查看到可以输入优惠券代码的功能框，如图 7-24 所示。

图 7-23　未启用优惠券设置

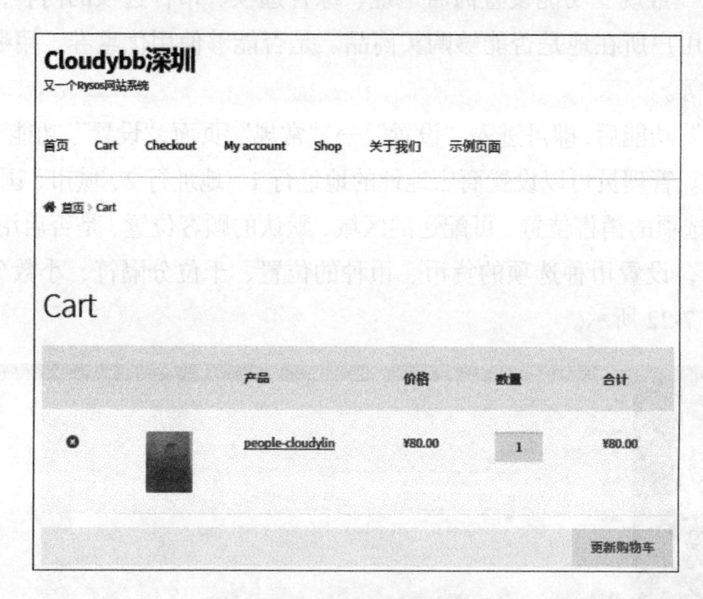

图 7-24　未启用优惠券显示

当后台页面已经勾选"启用优惠代码的使用"选项时（如图 7-25 所示），用户在购物车页面可以查看到可以输入优惠券代码的功能输入框，如图 7-26 所示。

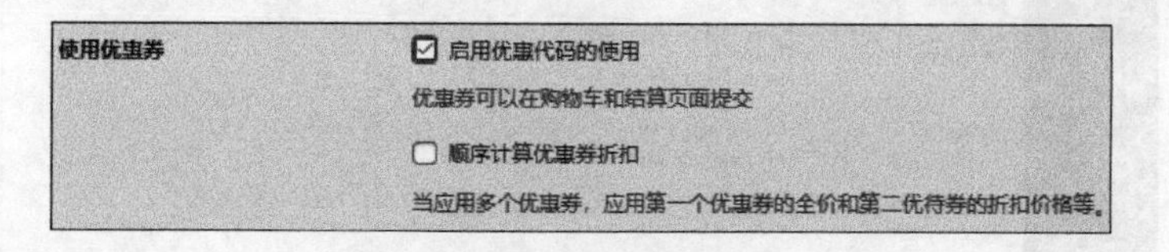

图 7-25　已启用优惠券设置

【实例 7.13】 选择货币种类为美元或人民币。

（1）设置币种为美元："货币"功能影响前台页面和后台页面的金额货币设置。管理员在"常规"功能里的"币种选项"中选择货币为"美元（$）"，效果如图 7-27 所示。

此时在前台页面的"购物车"页面可以查看到商品以美元（$）为单位的价格，如图 7-28 所示。

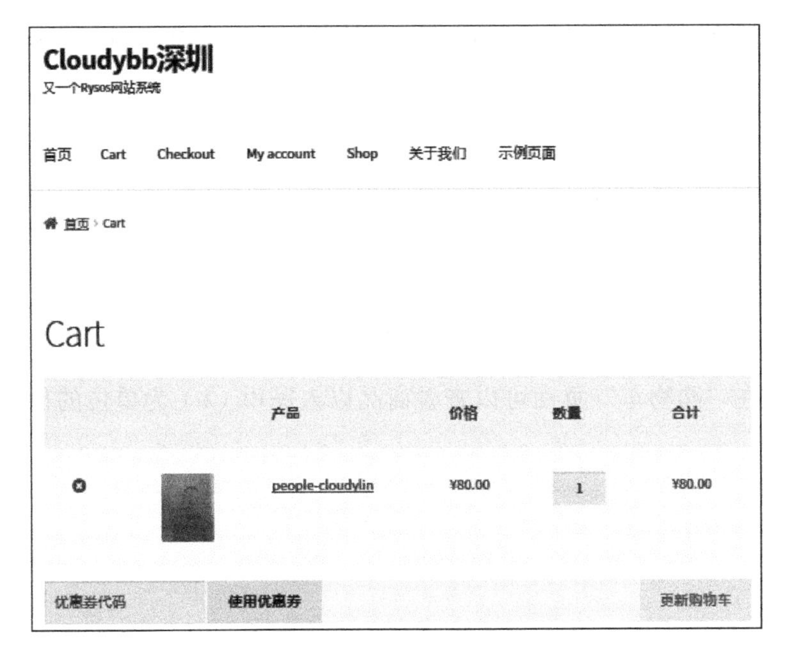

图 7-26　已启用优惠券显示

图 7-27　货币选项——美元（$）

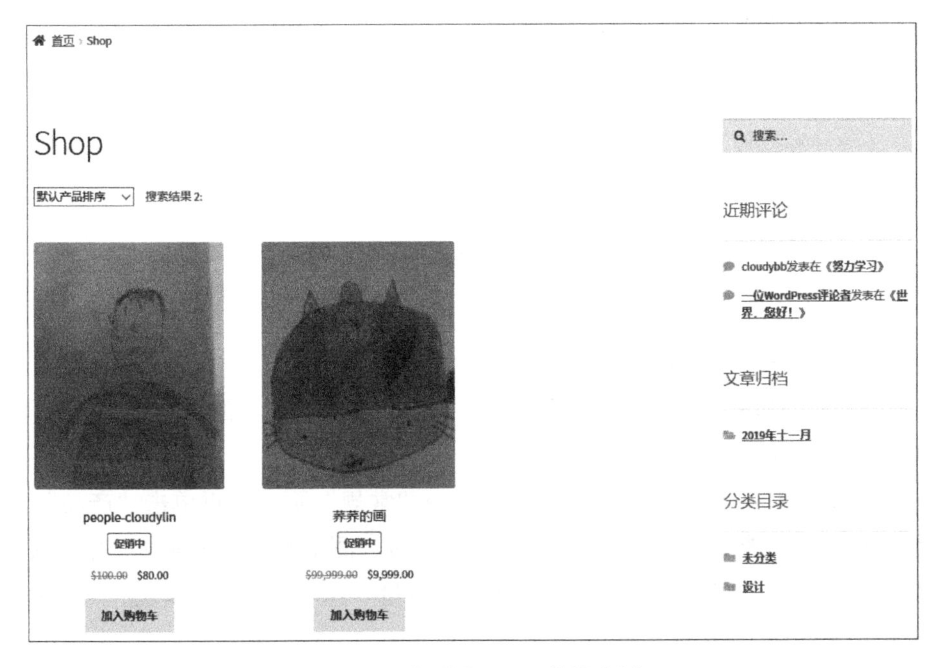

图 7-28　货币显示——美元（$）

（2）设置币种为人民币：管理员在“常规”功能里的“币种选项”中选择货币为“中国人民币（¥）”，如图 7-29 所示。

图 7-29　货币选项——人民币（¥）

此时用户在“购物车”页面可以查看商品以人民币（¥）为单位的价格，如图 7-30 所示。

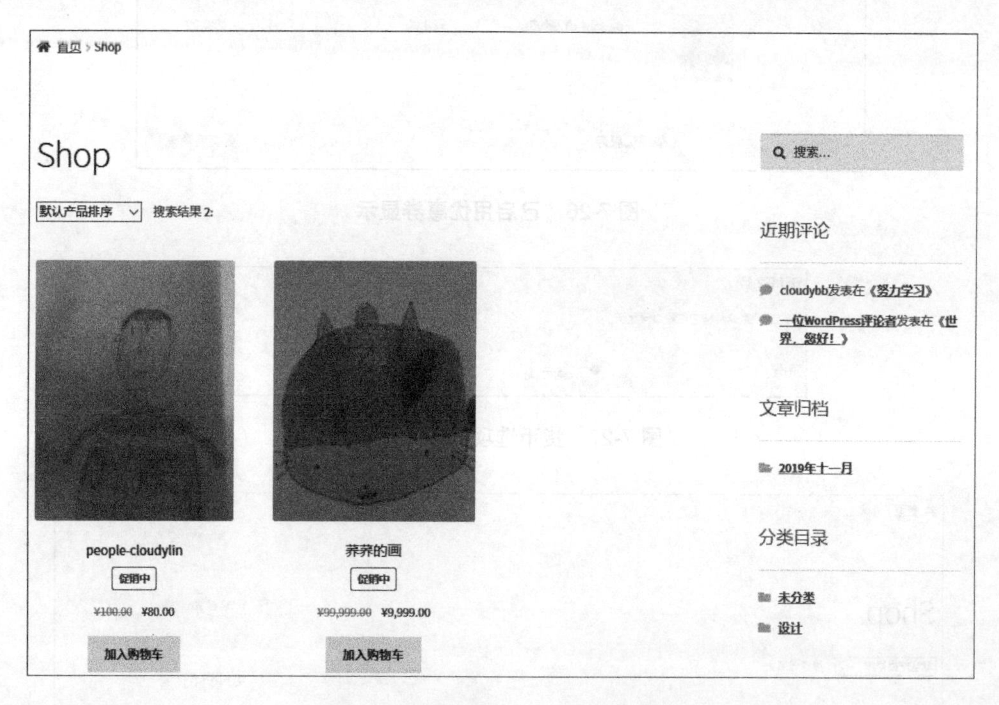

图 7-30　货币显示——人民币（¥）

2. 产品

【实例 7.14】 学习和了解“设置”中的“产品”功能。

管理员通过“产品”功能，能够设置商店页面、加入购物车的行为、测量的尺寸单位与重量单位、是否允许评论、产品评分等内容。

单击“设置”按钮后，即可进入“设置”→“常规”页面，再单击“产品”按钮后，即可显示“产品”功能页面。管理员可以设置商店页、测量和评价等信息。“商店页”功能包括商店页面、加入购物车的行为、占位符图片；“测量”功能包括重量单位和尺寸单位；“评价”功能包括允许评论和产品评分，如图 7-31 所示。

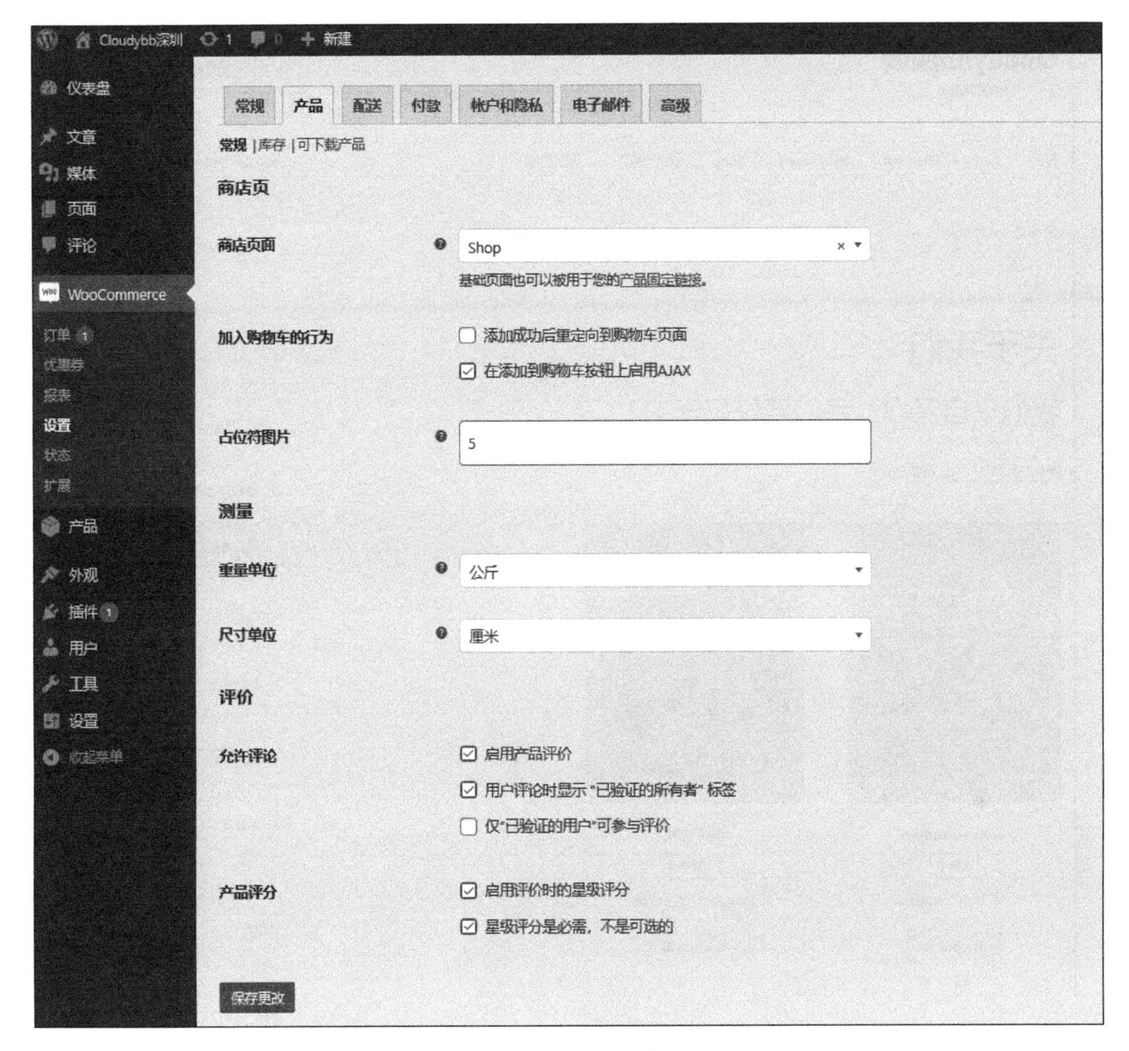

图 7-31　“产品”功能

【实例 7.15】 设置商店页面为“关于我们”或 Shop，观察前后台页面的变化。

（1）管理员在后台页面选择“设置”→“产品”功能后，即可将“商店页面”选项的 Shop 变更为“关于我们”，即表示“关于我们”详情页面用于显示商品，如图 7-32 所示。

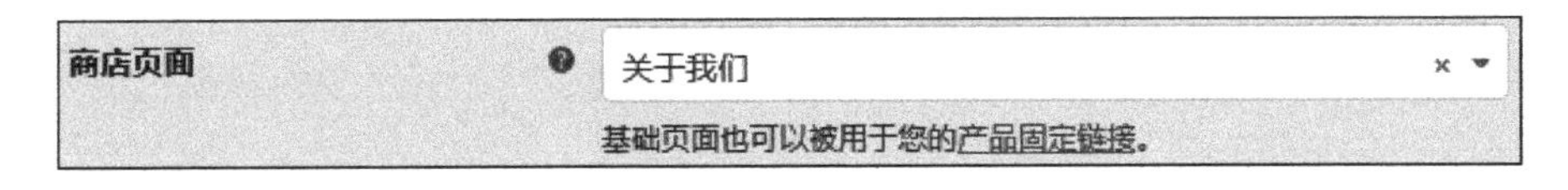

图 7-32　商店页面设置

（2）在前台单击“关于我们”按钮，用户就可以查看商店页面，如图 7-33 所示。

（3）管理员再次将“商店页面”选项的“关于我们”变更为 Shop，即表示在 Shop 页面显示商品，同时取消在“关于我们”页面显示商品，如图 7-34 所示。

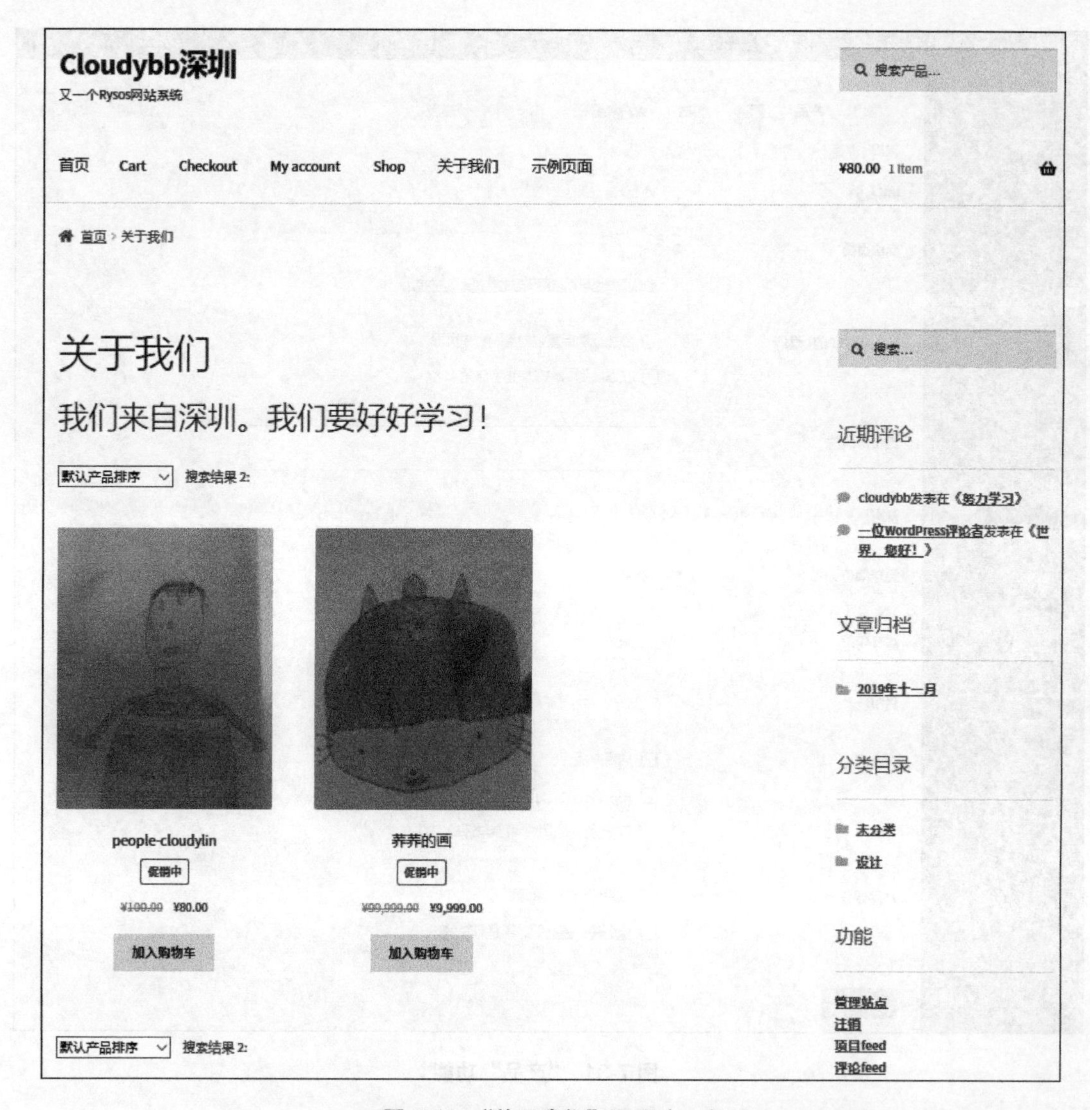

图 7-33 "关于我们"页面（一）

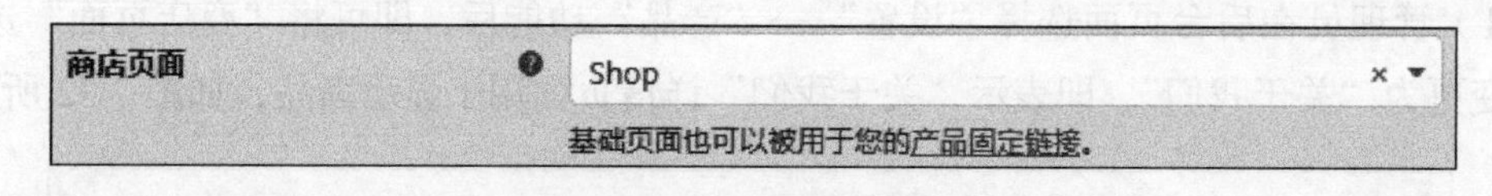

图 7-34 商店页面设置

（4）用户在前台单击"关于我们"按钮，"关于我们"详情页面就无法查看到商店页面，可见该页面已经不再显示商品，如图 7-35 所示。

【实例 7.16】了解"加入购物车的行为"复选框。

（1）观察如果两项都不选择的前台效果。管理员单击"设置"→"产品"按钮，两项"加入购物车的行为"的复选框都不勾选，如图 7-36 所示。

图 7-35 “关于我们”页面（二）

加入购物车的行为	☐ 添加成功后重定向到购物车页面
	☐ 在添加到购物车按钮上启用AJAX

图 7-36 “加入购物车的行为”设置功能

用户从前台进入 Shop 商店页面，可见每个商品下面都有“加入购物车”按钮，如图 7-37 所示。

用户单击第一个商品的“加入购物车”按钮后，当前页面将显示一行文字““people-cloudylin”已被添加到您的购物车。”，如图 7-38 所示。

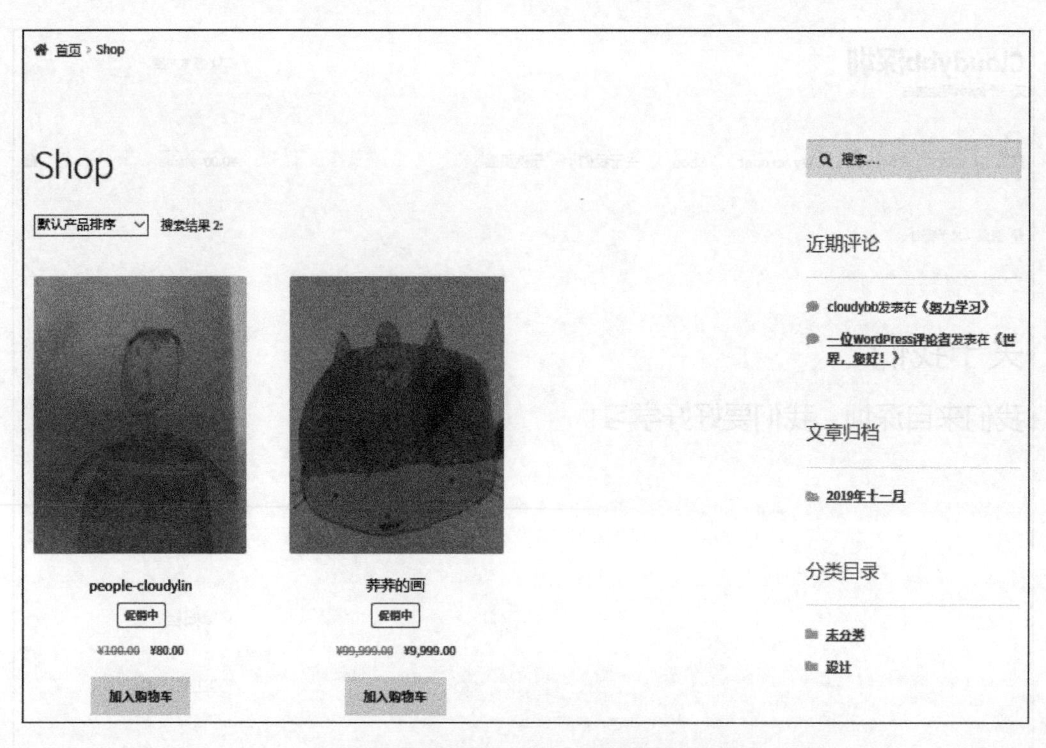

图 7-37　两项复选框均不勾选时的前台效果

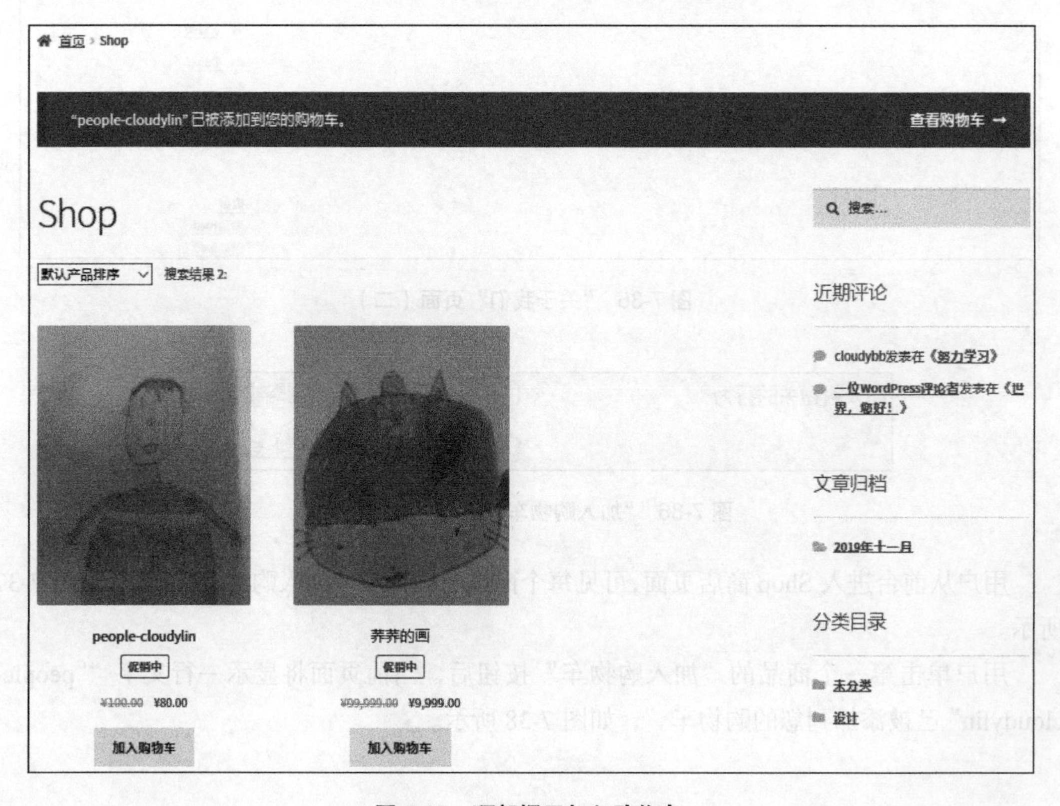

图 7-38　顶部提示加入购物车

（2）观察如果只勾选“在添加到购物车按钮中启用 AJAX”时，前台的变化。

管理员将“加入购物车的行为”的功能只勾选“在添加到购物车按钮上启用 AJAX”复选框，如图 7-39 所示。

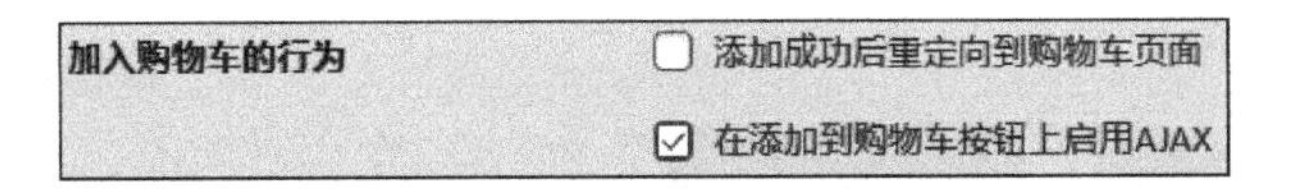

图 7-39 勾选“在添加到购物车按钮上启用 AJAX”复选框

用户进入 Shop 商店页面时，可见每个商品下面都有“加入购物车”按钮，如图 7-40 所示。

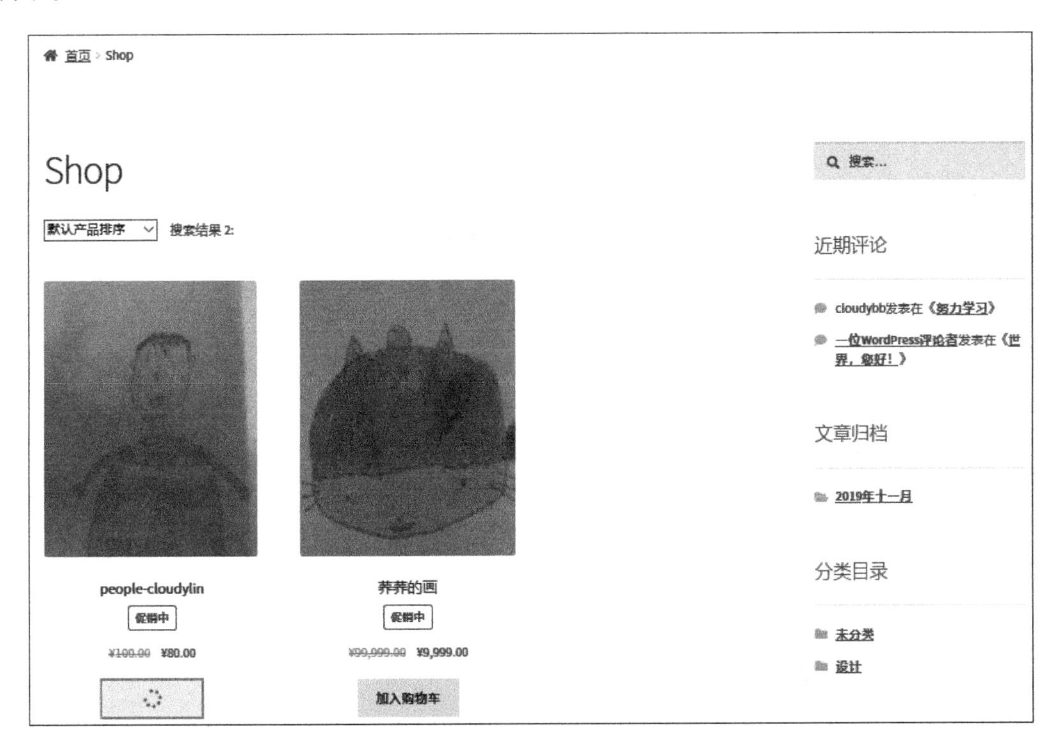

图 7-40 只勾选“在添加到购物车按钮上启用 AJAX”时的前台页面

用户单击第一个商品的“加入购物车”按钮后，在当前页面可见按钮上显示加载时的 AJAX 效果，如图 7-41 所示。

用户将商品加入购物车后，可见“加入购物车”按钮下面多了一个“查看购物车→”按钮，如图 7-42 所示。

（3）观察当仅勾选“添加成功后重定向到购物车页面”时的前台变化。

管理员将“加入购物车的行为”的功能只勾选“添加成功后重定向到购物车页面”，如图 7-43 所示。

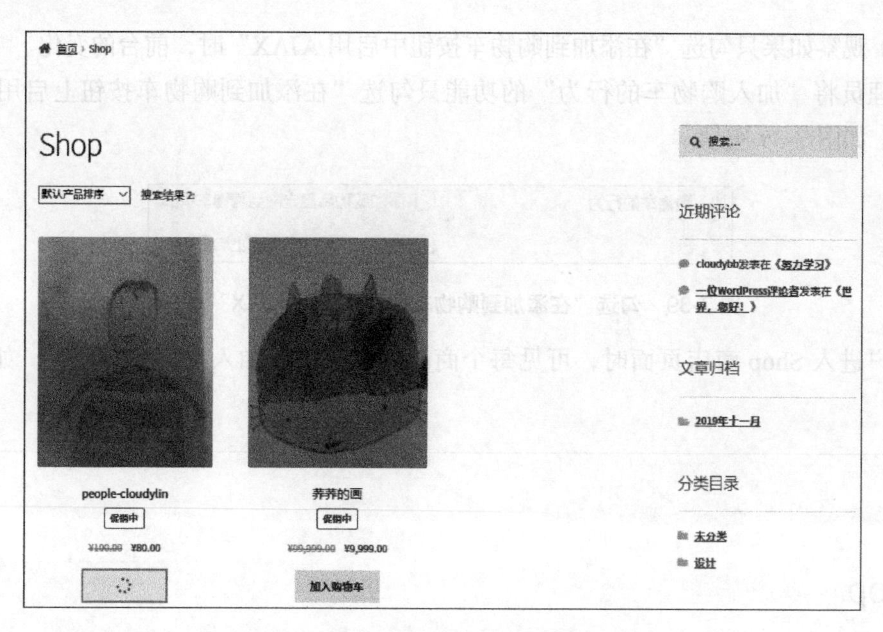

图 7-41 "加入购物车"按钮有加载效果

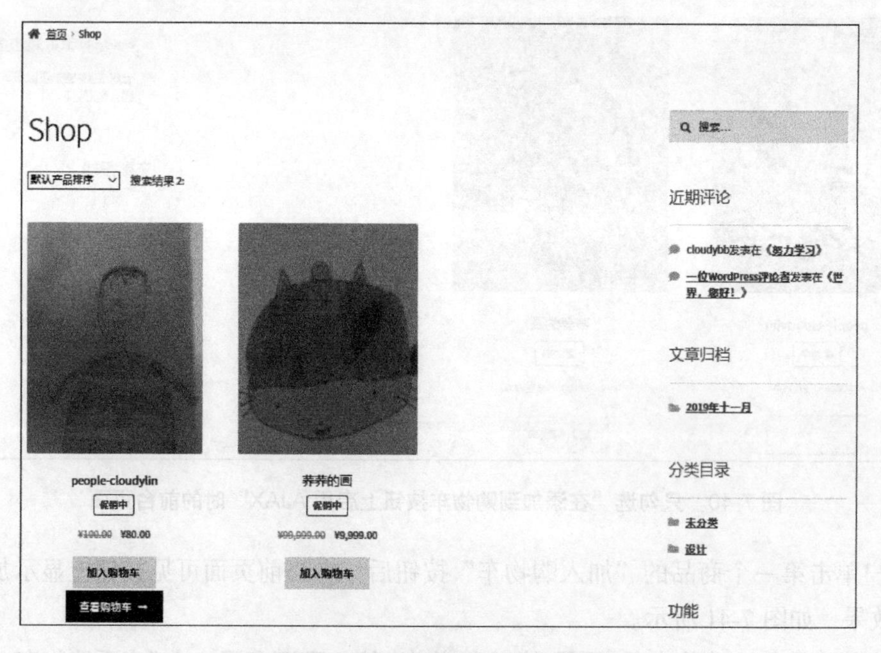

图 7-42 显示"查看购物车"的按钮

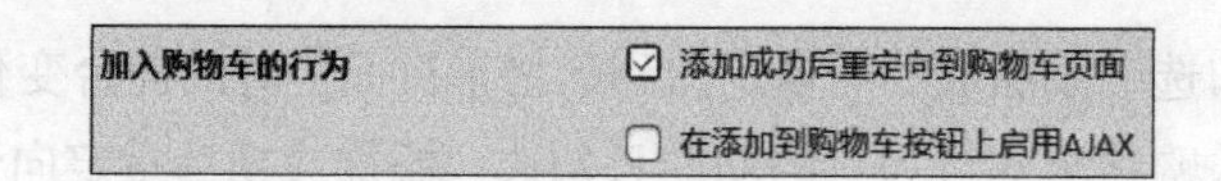

图 7-43 勾选"添加成功后重定向到购物车页面"复选框

用户进入 Shop 商店页面，可见每个商品下面都有"加入购物车"按钮，如图 7-44 所示。

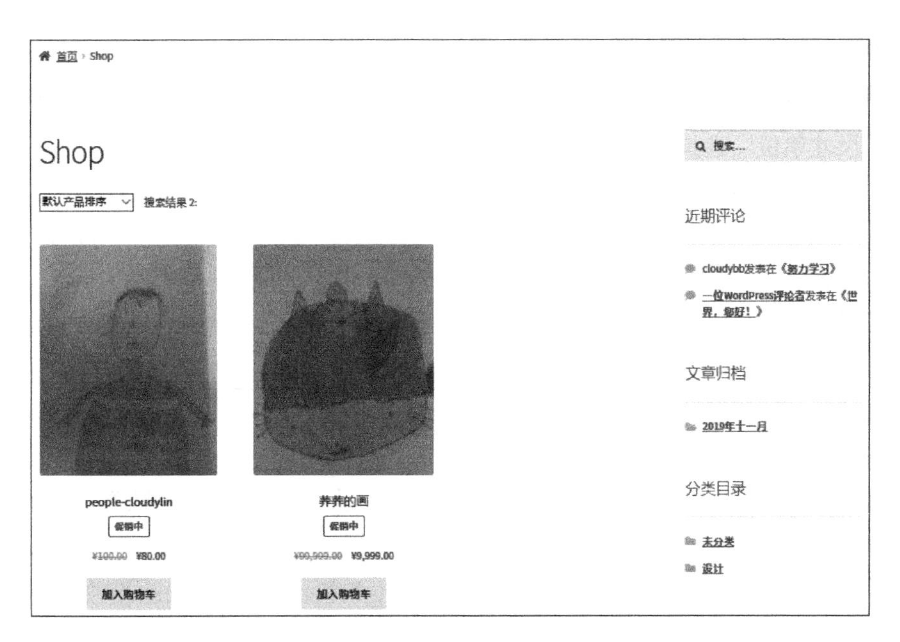

图 7-44 仅勾选“添加成功后重定向到购物车页面”时的前台效果

用户单击第一个商品下面的“加入购物车”按钮后，页面重定向到该商品的购物车页面，如图 7-45 所示。

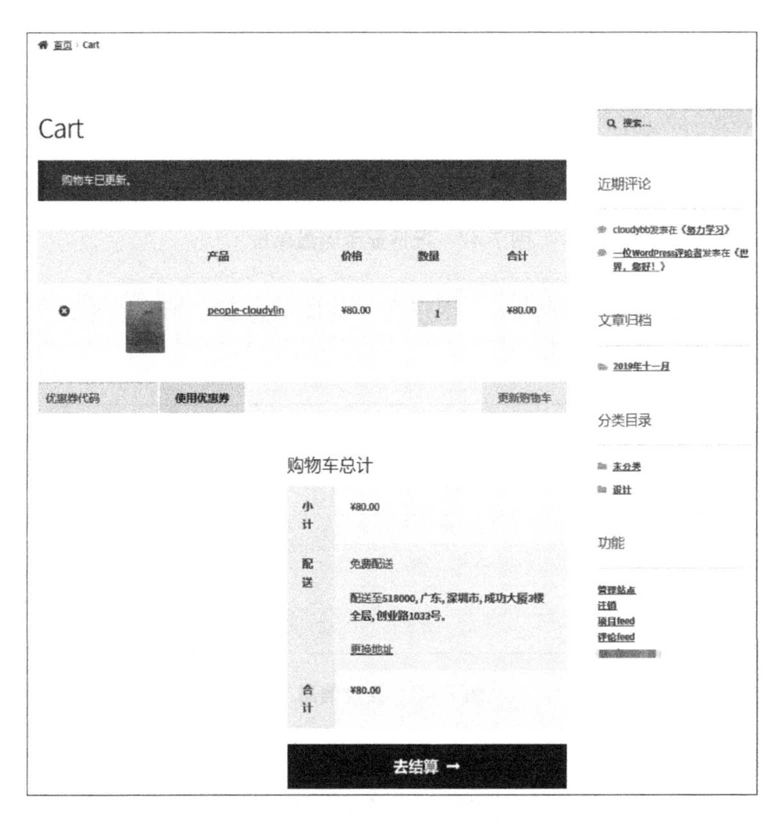

图 7-45 重定向至购物车页面

【实例 7.17】 使用“测量”功能。

（1）管理员在后台选择“设置”→“产品”功能后，将“测量”的“重量单位”选择为“公斤”，“尺寸单位”选择为“厘米”，如图 7-46 所示。

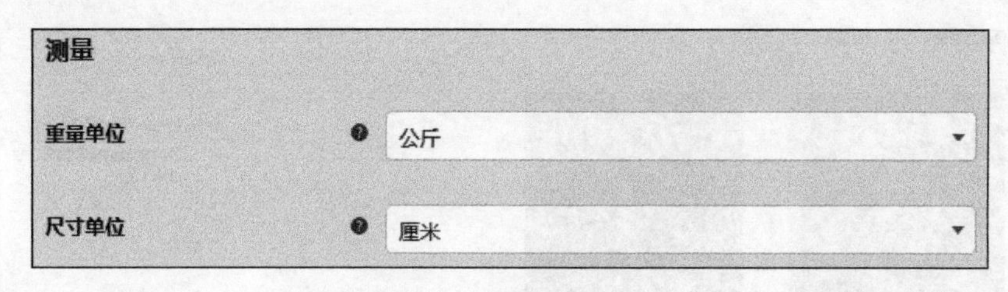

图 7-46　测量功能设置

（2）设置后，管理员在“产品”→“添加新的”页面里再单击“配送”按钮，就可以看到重量单位为公斤（kg），尺寸单位为厘米（cm）。

（3）放大“配送”页面，可清晰看到重量（kg）和外形尺寸（cm），如图 7-47 所示，正是刚才设置的测量单位。

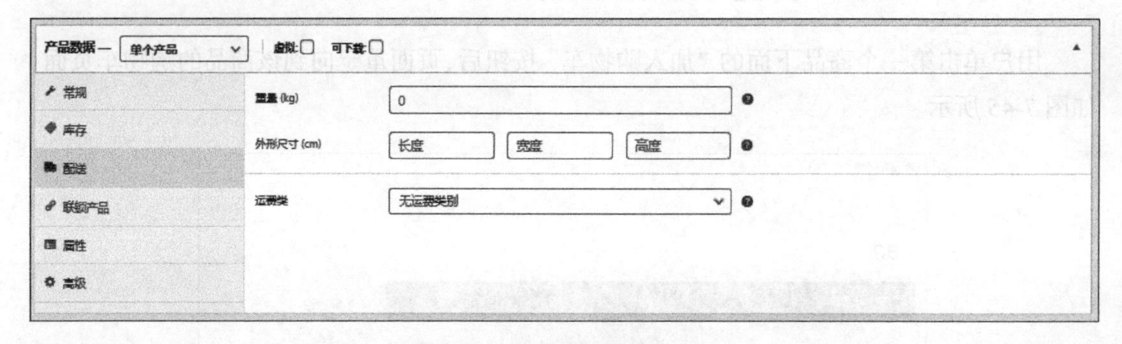

图 7-47　配送显示测量单位

（4）在前台页面进入商品详情页，用户在“其他信息”中可看到重量单位为 kg，尺寸单位为 cm，如图 7-48 所示。

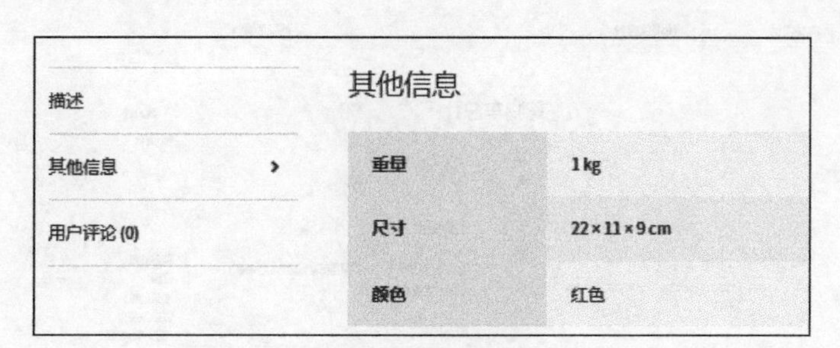

图 7-48　其他信息

【实例 7.18】 查看并使用“评价”功能。

（1）管理员在后台页面选择“设置”→“产品”功能，设置“评价”→“允许评论”和

“产品评分”的内容，设置后将影响用户的评论行为，如图 7-49 所示。

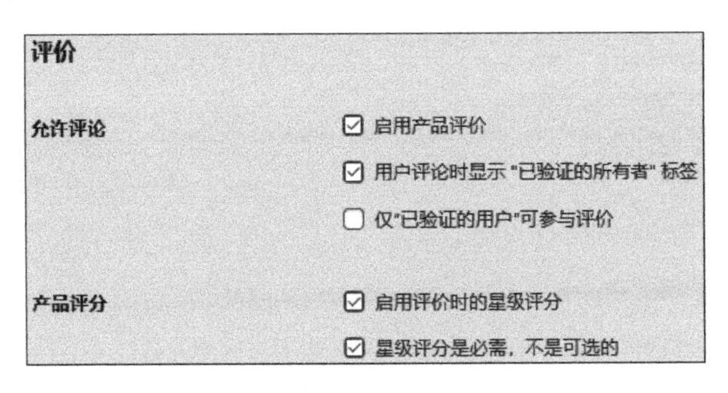

图 7-49 “评价”设置

（2）用户在前台页面的商品详情页的“用户评论”栏目里可以查看评价、选择评分和输入评价内容，具体效果要根据管理员在后台的设置，如图 7-50 所示。

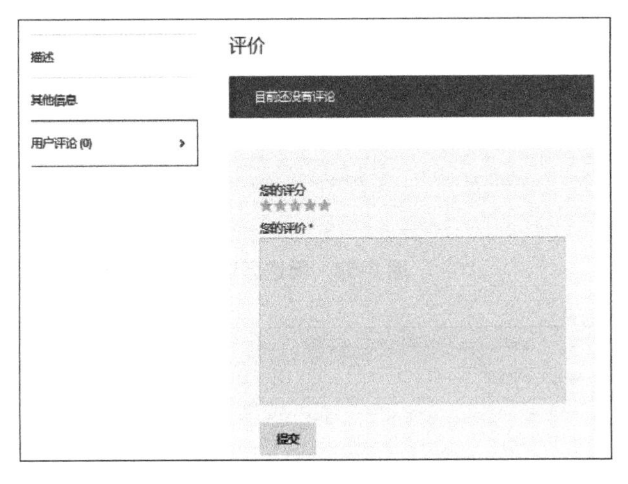

图 7-50 显示评价的内容

3. 配送

【实例 7.19】 学习和了解“设置”中的“配送”功能。

管理员可通过“配送”功能设置商品配送区域、配送选项和配送类型，影响用户所在地是否能够配送和配送的费用等。

单击“设置”按钮后，即可进入“设置”→“常规”页面，再单击“配送”按钮后，显示“配送”功能页面。管理员可以设置配送区域、配送选项和配送类型，如图 7-51 所示。

【实例 7.20】 设置中国地区免费配送。

（1）在后台页面单击“配送”按钮后，默认显示“配送区域”的功能，将鼠标指针放在“免费配送”的栏目里，显示功能“编辑”和“删除”，如图 7-52 所示。

（2）单击“编辑”按钮后，管理员可以设置“区域的名称”“区域范围”“配送方式”，如图 7-53 所示。

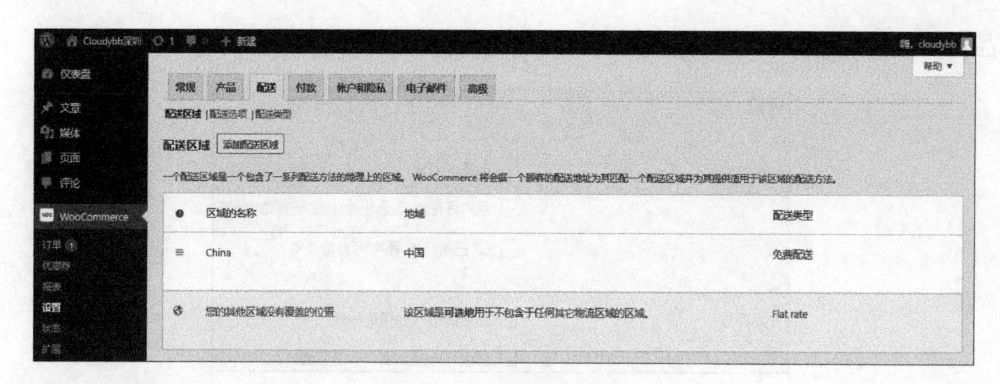

图 7-51 “配送”设置

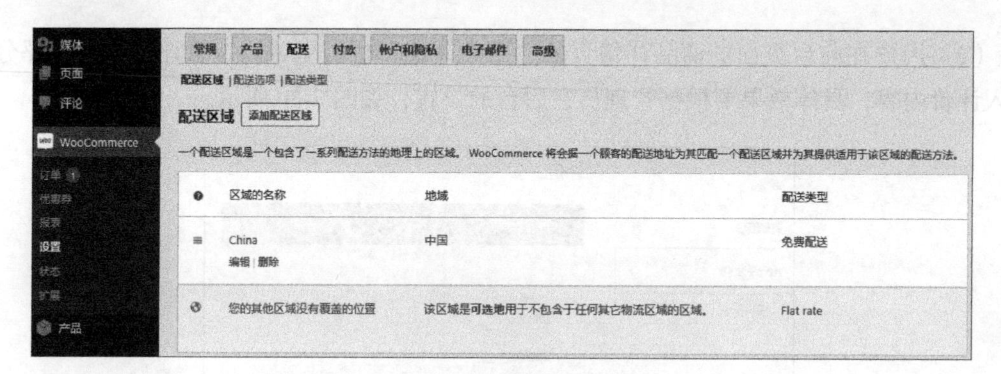

图 7-52 配送区域

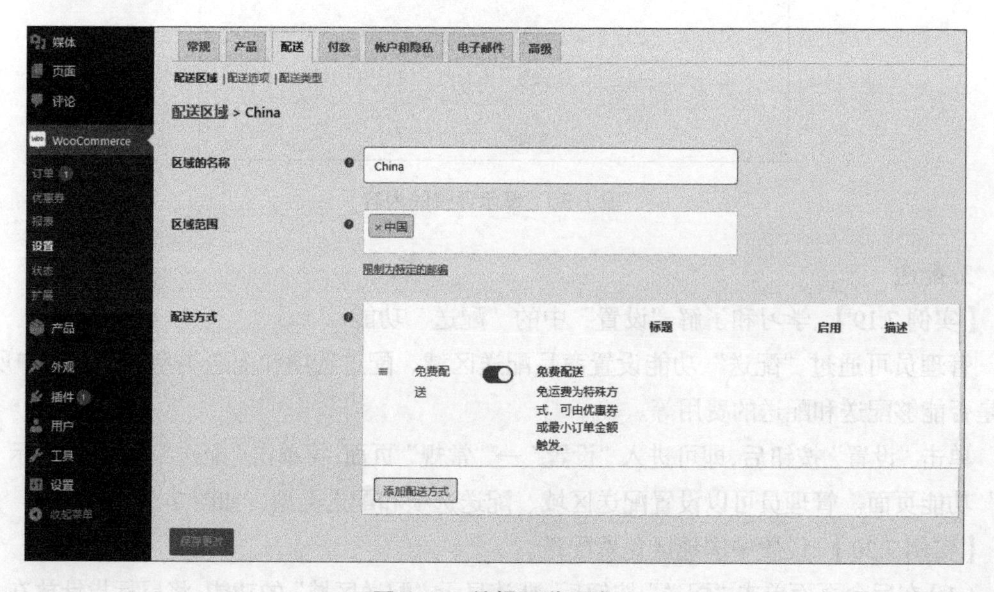

图 7-53 编辑配送区域

区域范围说明：包含在此区域的地区。这些地区的顾客将会匹配该区域。

（3）用户在前台页面进入购物车页面时，在“购物车总计”栏目里显示了配送方式和用户收货地址，如“免费配送，518000，广东，深圳市”，如图 7-54 所示。

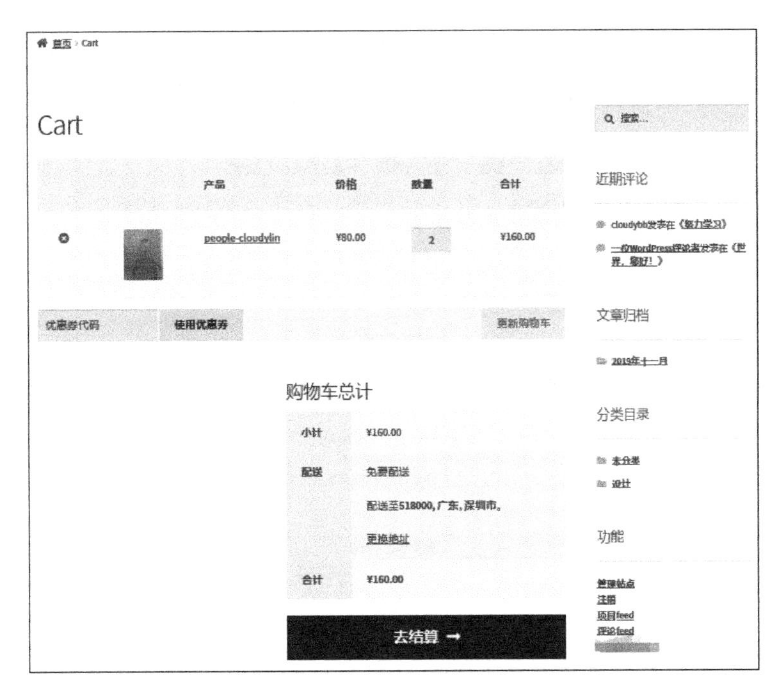

图 7-54　显示配送区域

【实例 7.21】 用户更换收货地址。

（1）用户在前台页面单击“更换地址”按钮后，可以变更收货的国家、省份和城市的信息内容，如图 7-55 所示。

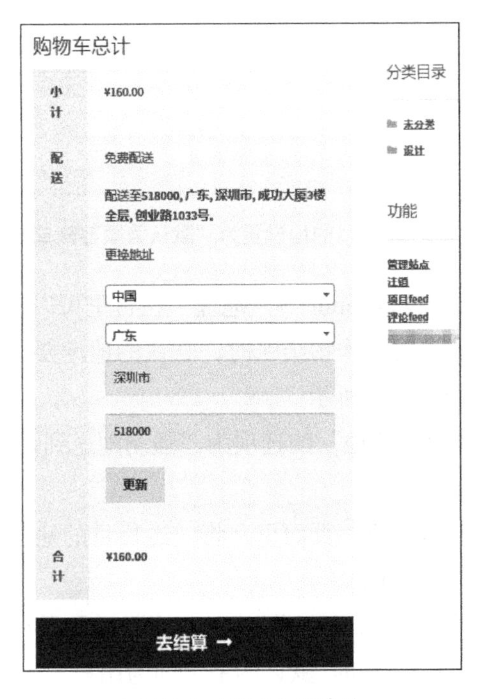

图 7-55　更换收货地址

（2）管理员在后台页面的“配送”页面里，单击“配送选项”按钮后，即进入“配送选项”功能页面。管理员可以设置计算、送货目的地、调试模式等内容，如图 7-56 所示。

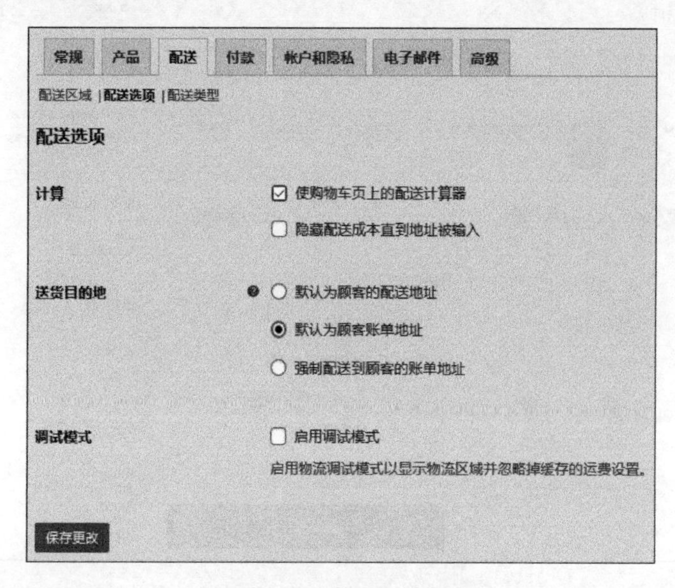

图 7-56 “配送选项”页面

【实例 7.22】设置“送货目的地”的选项为“默认为顾客账单地址”，观察前台页面和后台页面的变化。

（1）在后台页面的“配送选项”页面里，将“送货目的地”的选项设置为“默认为顾客账单地址”，如图 7-57 所示。

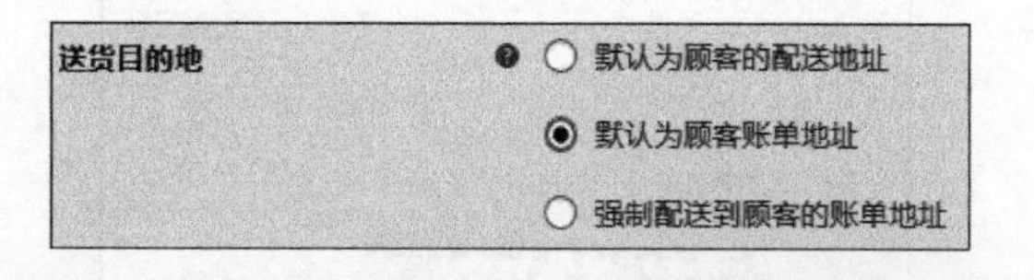

图 7-57 送货目的地设置为“默认为顾客账单地址”

（2）用户在前台页面的 My account → “地址”栏目里可以查看到两个地址，一个是账单地址，另一个是送货地址。用户购物结账时，默认的地址要看管理员设置默认的地址为账单地址还是送货地址，如图 7-58 所示。

【实例 7.23】设置“送货目的地”的选项为“强制配送到顾客的账单地址”，观察前台页面和后台页面的变化。

（1）在后台页面的“配送选项”页面里，将“送货目的地”的选项设置为“强制配送到顾客的账单地址”，如图 7-59 所示。

（2）用户在前台页面的“My account”→“地址”栏目里只可以查看到一个地址，这一个地址是账单地址。用户购物结账时，默认的地址即为用户的账单地址，如图 7-60 和图 7-61 所示。

图 7-58　用户地址

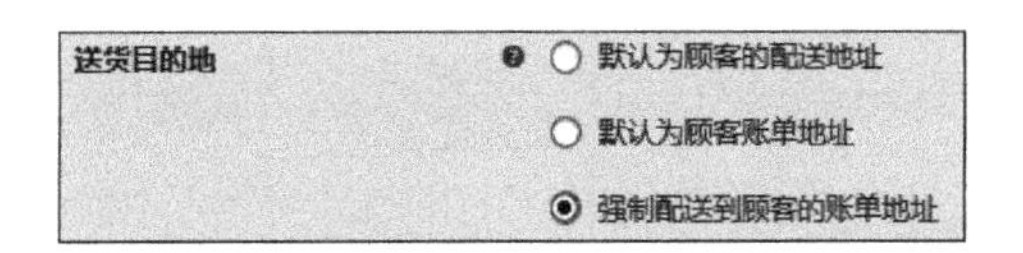

图 7-59　送货目的地设置为“强制配送到顾客的账单地址”

图 7-60　显示账单地址（一）

首页 > Checkout

Checkout

有优惠券？点这里输入您的代码

搜索配送类型

名字 * 富荣
姓氏 * 林
公司名称 (可选) Rysos工作室
国家/地区 * 中国
街道地址 * 创业路1033号
成功大厦3楼全层（账单地址）
市 * 深圳市
省/直辖市/自治区 * 广东
邮政编码 * 518000
电话 * 138243▒▒71
邮箱地址 * 1870▒▒94@qq.com

其他信息

订单备注 (可选)
可在此添加订单备注，例如：需注意的配送事项。

您的订单

产品	合计
people-cloudylin × 2	¥160.00
小计	¥160.00
配送	免费配送
合计	¥160.00

银行汇款

直接付款到我们的银行账户。请使用订单号作为付款备注。我们会在资金到账后配送订单。

支票付款

货到付款

Your personal data will be used to process your order, support your experience throughout this website, and for other purposes described in our 隐私政策.

下单

搜索...

近期评论

cloudybb发表在《努力学习》
一位WordPress评论者发表在《世界，您好！》

文章归档

2019年十一月

分类目录

未分类
设计

功能

管理站点
注销
项目feed
评论feed

图 7-61 显示账单地址（二）

4. 付款

【实例 7.24】 学习和了解“设置”中的“付款”功能。

管理员通过“付款”功能设置支付方式,常用的方式包括银行汇款、支票付款、货到付款、PayPal。有开发经验的人员可以自行开发其他的第三方支付插件。

（1）选择“设置”→“付款”功能后,即可进入“付款”页面。管理员可以设置支付方式，默认支付方式包括银行汇款、支票付款、货到付款、PayPal，如图 7-62 所示。

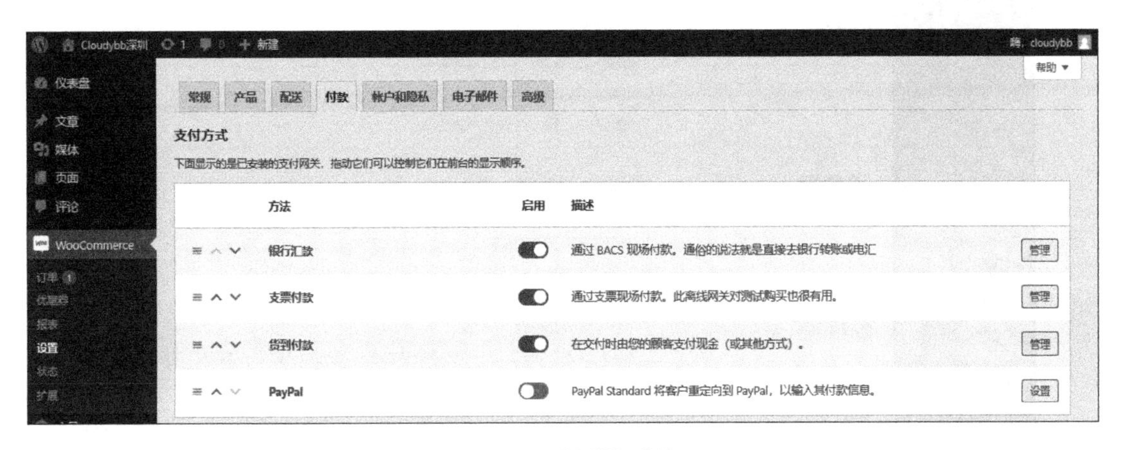

图 7-62 “付款”功能

（2）管理员后台页面启用了银行汇款、支票付款、货到付款，用户结账时前台页面只能选择银行汇款、支票付款、货到付款其中一项支付方式支付款项，如图 7-63 所示。

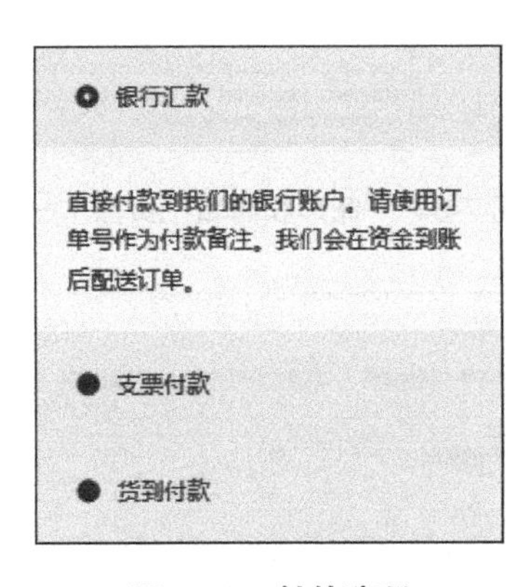

图 7-63 付款选项

5. 账户和隐私

【实例 7.25】 学习和了解“设置”中的“账户和隐私”功能。

管理员可通过“账户和隐私”功能设置访客结账、创建账户、账户擦除请求、个人数据删除、隐私政策、个人数据保留等功能。大部分功能都是在程序和数据库底层进行交互，用户通常无法感觉到这些功能的存在。

管理员在后台选择“设置”→“账户和隐私”功能后，即可进入“账户和隐私”页面。管理员可以设置账户和隐私的功能，如图 7-64 和图 7-65 所示。

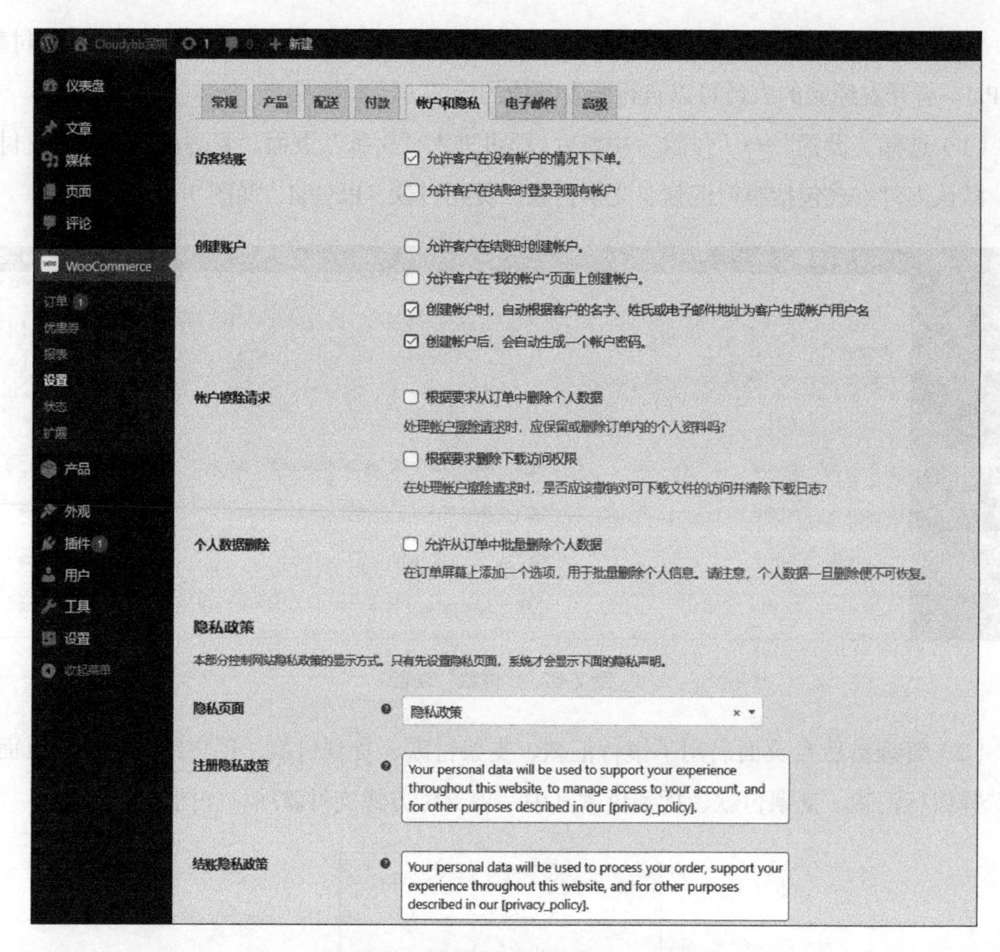

图 7-64 “账户和隐私”页面（一）

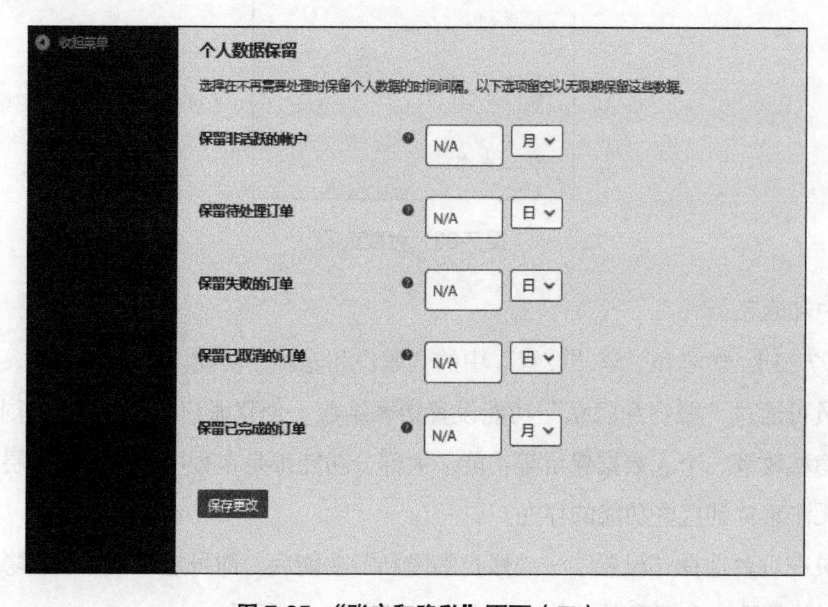

图 7-65 “账户和隐私”页面（二）

【实例 7.26】 设置和使用“结账隐私政策”功能。

（1）在“账户和隐私”页面里，可见“结账隐私政策”功能内容，如图 7-66 所示。

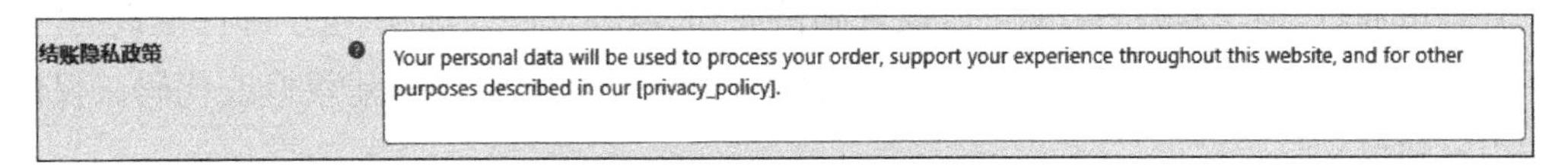

图 7-66 “结账隐私政策”设置

（2）用户在结算页面可见管理员设置的“结账隐私政策”内容，如图 7-67 所示。

图 7-67 “结账隐私政策”显示

6. 电子邮件

【实例 7.27】 了解“设置”中的“电子邮件”功能。

管理员通过“电子邮件”功能可以设置邮件通知、电邮发件人选项、电子邮件模板的内容。这一部分内容需要有一定开发经验的人员使用，如果不熟悉代码不建议修改代码，仅修改文本内容即可。

邮件通知的功能包括新订单、已取消订单、失败的订单、订单保留、正在处理的订单、退款订单、顾客的收据 / 订单详情、顾客备注、密码重置、新账户；

电邮发件人选项的功能包括设置发件人的名称和电子邮件地址；

电子邮件模板的功能包括设置顶部图像、底部的文本、基本颜色、背景色、邮件背景色、邮件文本色。

选择“设置”→“电子邮件”功能后，即可进入“电子邮件”的页面。管理员可以设置电子邮件的功能，如图 7-68 所示。

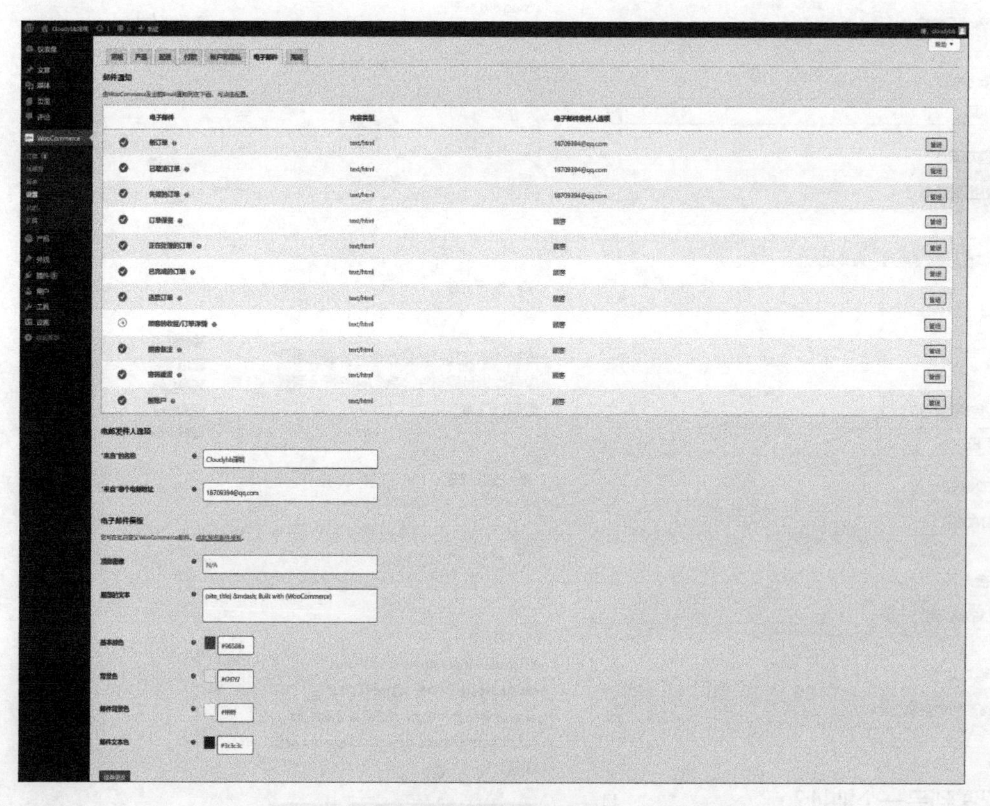

图 7-68　电子邮件设置

【实例 7.28】 管理“新订单”功能。

（1）在后台页面选择“设置”→“电子邮件”功能后，可见“邮件通知”里的“新订单”栏目，如图 7-69 所示。

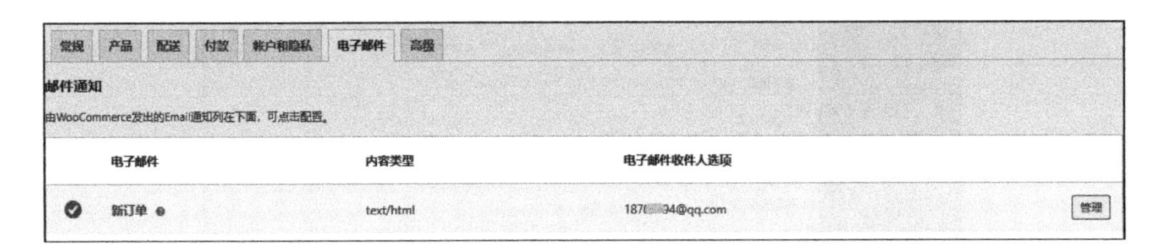

图 7-69 邮件通知管理

说明

新订单指当商店系统有新订单时，系统会发邮件通知这个邮箱。

（2）单击“管理”按钮后，管理员可以设置“新订单”功能的启用/禁用、电子邮件收件人选项、主题、电邮内容的标题、附加内容、电子邮件类型，如图 7-70 所示。

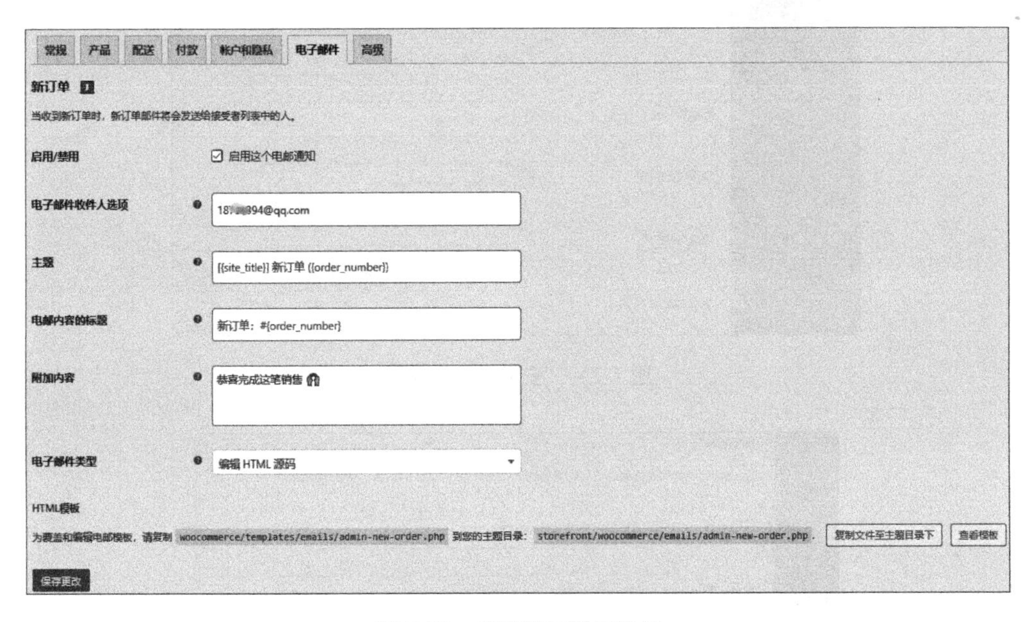

图 7-70 邮箱通知详细设置

7. 高级

【实例 7.29】 了解“设置”中的“高级”功能。

管理员通过“高级”功能设置安装页面、REST API、Webhooks、旧版 API、WooCommerce。一般商店系统日常运营无需使用 API 接口，API 允许外部应用程序查看和管理商店数据，仅向具有有效 API 密钥的应用程序授予访问权限。如果电商团队发展到一定水平，那么企业就可以运用“高级”中的功能。

选择“设置”→“高级”功能后，即可进入“高级”→“安装页面”页面。管理员可以设置“安装页面”的功能，如图 7-71 和图 7-72 所示。

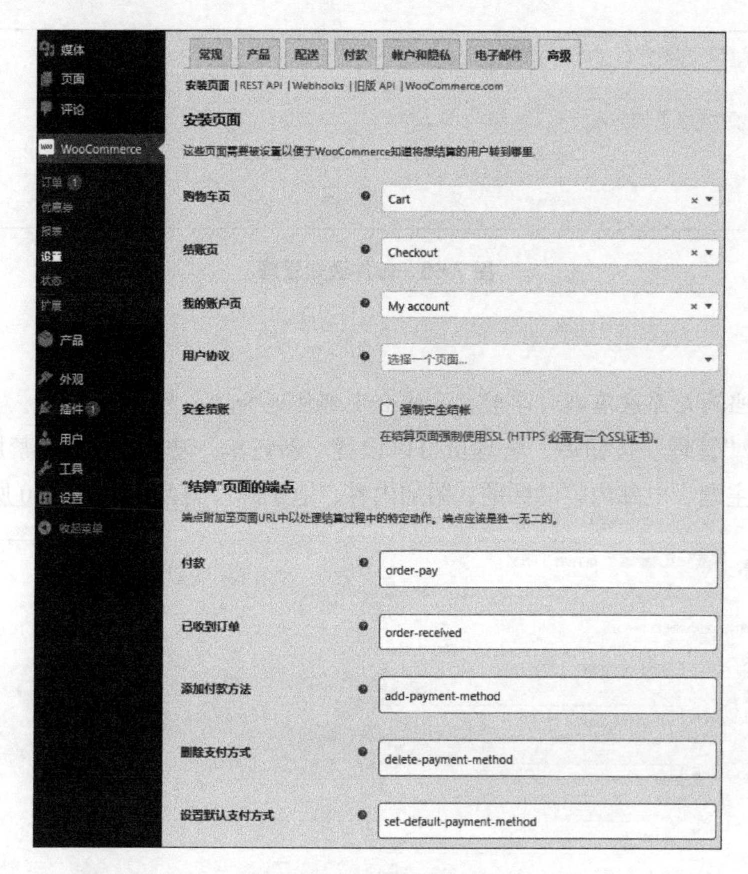

图 7-71 “安装页面”页面

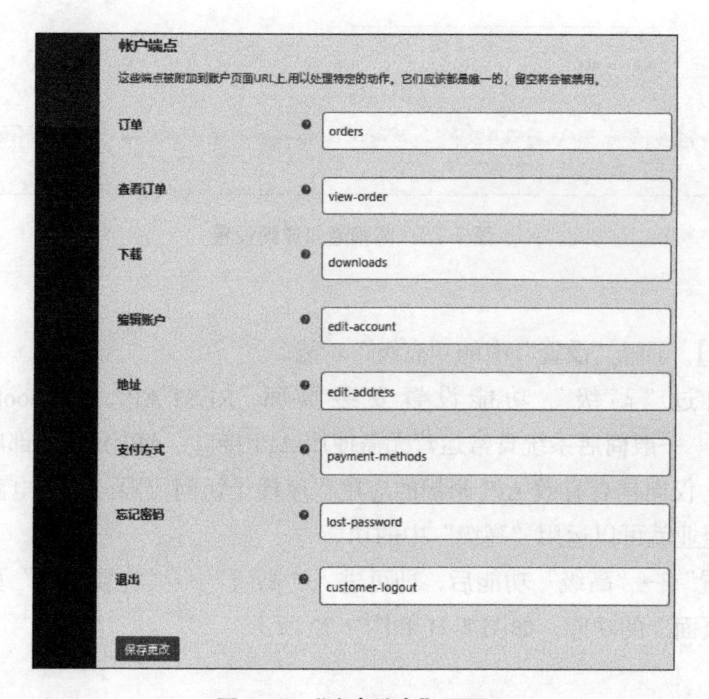

图 7-72 “账户端点”页面

小技巧

电商运营技巧 1：通过以下案例，了解国内和国外线上支付工具的优势，如下所示。

经理，网络的支付方式中，微信支付、支付宝支付、PayPal 支付各有什么优点呢？

PayPal 主要是做国外客户生意，国外通常使用 PayPal 支付。微信支付、支付宝支付主要是做国内客户生意，是国内常用的移动支付工具。

经理，那微信支付和支付宝支付都是做国内的，只用一个支付通道就可以了吧？

那不行。现在微信支付和支付宝支付的占比是 50%，不分高下，公司都得支持。

电商运营技巧 2：通过以下案例，了解支票付款的交易流程，如下所示。

经理，英国的客户，购物需要用支票付款流程，应该怎么处理呢？

第一步，客户寄支票来我们公司，并提供订单号；第二步，我司收到款货，财务确认入账；第三步，24 小时内给英国客户发货。

经理，那不就要等好久才能收到货，效率不如线上支付。

对的，以前的商人就是这么做生意的，现在基本已经实现了完全的线上支付，但公司目前保留了支票支付方式。

电商运营技巧 3：“设置”→“高级”功能需要 PHP + MySQL 开发经验的工程师使用，想深入学习开发必须进技术部，如下所示。

经理，“设置”→“高级”功能有什么用呢？

“高级”的功能主要是改变网站页面的网站地址的超链接，涉及代码，这一块功能主要是技术部管理和维护系统用的，千万不能变更。

经理，我对开发很有兴趣。

你可以向公司申请转去技术部学习 PHP+MySQL 的知识。

经理，我明天申请换岗位学习技术，一年后再回运营部。

电商运营技巧 4：通过以下案例，了解结账隐私政策中英文的意思，并且懂得是否能够随意更改合同条款，如下所示。

经理，“结账隐私政策”的一段英语，是什么意思呢？

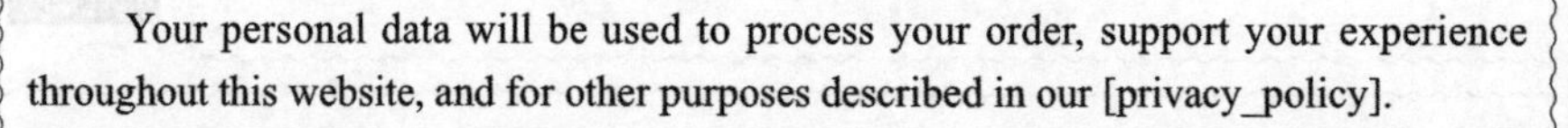
Your personal data will be used to process your order, support your experience throughout this website, and for other purposes described in our [privacy_policy].

意思就是“您的个人资料将用于处理您的订单，支付您在整个网站的体验，以及我们的 [隐私政策] 中所描述的其他目的。”

经理，那可以换成中文吗？

不可以。凡是系统中的合同条款，必须经过法务部确认才能够更换和更新。

经理，我知道了。

7.5　状态

概念

“状态”包括系统状态、工具、日志、Scheduled Actions(计划的操作)，如图 7-73 所示。

图 7-73　“状态”功能

系统状态的功能包括查看 WordPress 环境、服务器环境、数据库、安全、启用插件、未激活插件、设置、WooCommerce 页面、主题、模板、Action Scheduler 的状态；

工具的功能包括 WooCommerce 瞬变、清除 transients、孤立的变量产品、已用完的下载权限、产品查找表、术语、功能、清除客户会话、创建默认的 WooCommerce 页面、删除所有 WooCommerce 税率、重新生成商店的缩略图、升级数据库；

日志的功能包括查看和删除 log 日志。

实例

【实例 7.30】 了解“状态”中的“系统状态”功能。

管理员可以在“系统状态”功能下查看程序、数据库和服务器的状态。

单击“状态”按钮后，即可进入“系统状态”的页面，管理员可以查看到“系统状态”里面的“WordPress 环境”“服务器环境”“数据库”等状态，如图 7-74 ~ 图7-77 所示。

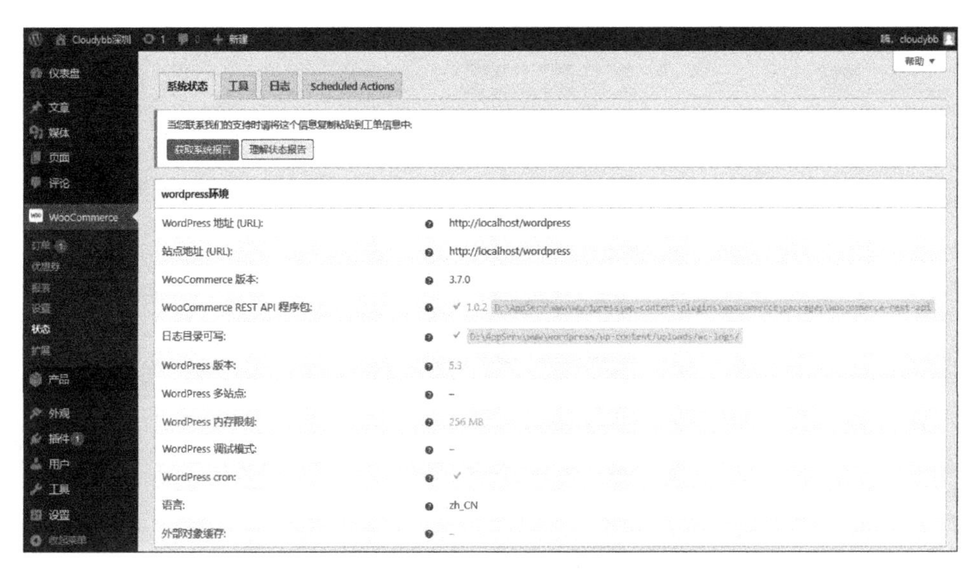

图 7-74　WordPress 环境

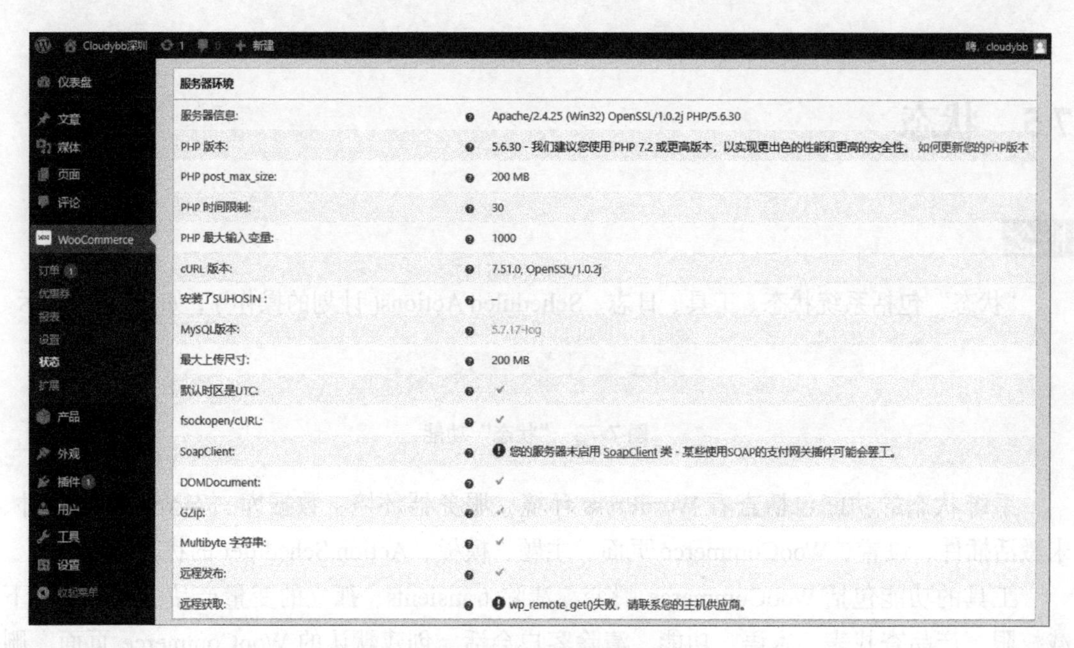

图 7-75　服务器环境

数据库	
WooCommerce 数据库版本	3.7.0
数据库前缀	wp_
MaxMind GeoIP 数据库	✓ [illegible]
数据库总的大小	1.76MB
数据库数据大小	0.78MB
数据库索引大小	0.98MB
wp_woocommerce_sessions	数据: 0.02MB + 索引: 0.02MB + 引擎 InnoDB
wp_woocommerce_api_keys	数据: 0.02MB + 索引: 0.03MB + 引擎 InnoDB
wp_woocommerce_attribute_taxonomies	数据: 0.02MB + 索引: 0.02MB + 引擎 InnoDB
wp_woocommerce_downloadable_product_permissions	数据: 0.02MB + 索引: 0.06MB + 引擎 InnoDB
wp_woocommerce_order_items	数据: 0.02MB + 索引: 0.02MB + 引擎 InnoDB
wp_woocommerce_order_itemmeta	数据: 0.02MB + 索引: 0.03MB + 引擎 InnoDB
wp_woocommerce_tax_rates	数据: 0.02MB + 索引: 0.06MB + 引擎 InnoDB
wp_woocommerce_tax_rate_locations	数据: 0.02MB + 索引: 0.03MB + 引擎 InnoDB
wp_woocommerce_shipping_zones	数据: 0.02MB + 索引: 0.00MB + 引擎 InnoDB
wp_woocommerce_shipping_zone_locations	数据: 0.02MB + 索引: 0.03MB + 引擎 InnoDB
wp_woocommerce_shipping_zone_methods	数据: 0.02MB + 索引: 0.00MB + 引擎 InnoDB
wp_woocommerce_payment_tokens	数据: 0.02MB + 索引: 0.02MB + 引擎 InnoDB
wp_woocommerce_payment_tokenmeta	数据: 0.02MB + 索引: 0.03MB + 引擎 InnoDB
wp_woocommerce_log	数据: 0.02MB + 索引: 0.02MB + 引擎 InnoDB
wp_commentmeta	数据: 0.02MB + 索引: 0.03MB + 引擎 InnoDB
wp_comments	数据: 0.02MB + 索引: 0.09MB + 引擎 InnoDB
wp_links	数据: 0.02MB + 索引: 0.02MB + 引擎 InnoDB
wp_options	数据: 0.17MB + 索引: 0.03MB + 引擎 InnoDB
wp_postmeta	数据: 0.05MB + 索引: 0.03MB + 引擎 InnoDB
wp_posts	数据: 0.02MB + 索引: 0.06MB + 引擎 InnoDB
wp_termmeta	数据: 0.02MB + 索引: 0.03MB + 引擎 InnoDB
wp_terms	数据: 0.02MB + 索引: 0.03MB + 引擎 InnoDB
wp_term_relationships	数据: 0.02MB + 索引: 0.02MB + 引擎 InnoDB
wp_term_taxonomy	数据: 0.02MB + 索引: 0.03MB + 引擎 InnoDB
wp_usermeta	数据: 0.02MB + 索引: 0.03MB + 引擎 InnoDB
wp_users	数据: 0.02MB + 索引: 0.05MB + 引擎 InnoDB
wp_wc_download_log	数据: 0.02MB + 索引: 0.03MB + 引擎 InnoDB
wp_wc_product_meta_lookup	数据: 0.02MB + 索引: 0.09MB + 引擎 InnoDB
wp_wc_tax_rate_classes	数据: 0.02MB + 索引: 0.02MB + 引擎 InnoDB
wp_wc_webhooks	数据: 0.02MB + 索引: 0.02MB + 引擎 InnoDB

图 7-76　数据库状态

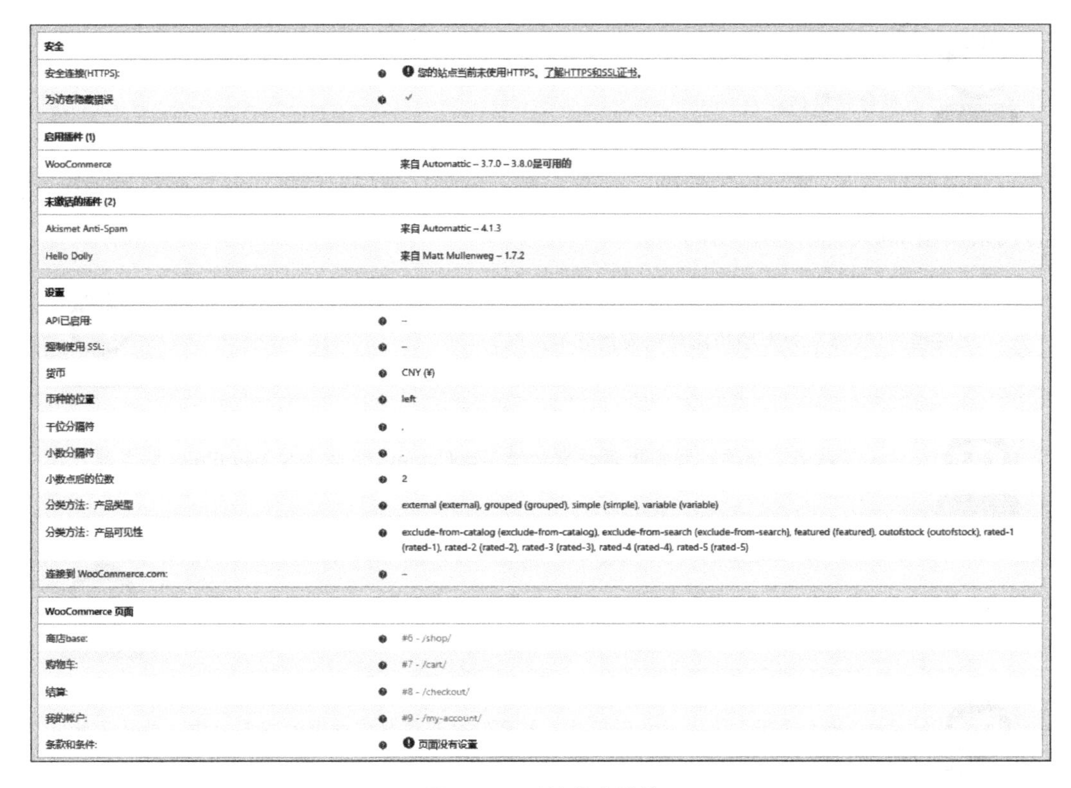

安全	
安全连接(HTTPS):	您的站点当前未使用HTTPS。了解HTTPS和SSL证书。
为访客隐藏错误	✓

启用插件 (1)	
WooCommerce	来自 Automattic – 3.7.0 – 3.8.0是可用的

未激活的插件 (2)	
Akismet Anti-Spam	来自 Automattic – 4.1.3
Hello Dolly	来自 Matt Mullenweg – 1.7.2

设置	
API已启用:	–
强制使用 SSL:	–
货币	CNY (¥)
币种的位置	left
千位分隔符	,
小数分隔符	.
小数点后的位数	2
分类方法：产品类型	external (external), grouped (grouped), simple (simple), variable (variable)
分类方法：产品可见性	exclude-from-catalog (exclude-from-catalog), exclude-from-search (exclude-from-search), featured (featured), outofstock (outofstock), rated-1 (rated-1), rated-2 (rated-2), rated-3 (rated-3), rated-4 (rated-4), rated-5 (rated-5)
连接到 WooCommerce.com:	–

WooCommerce 页面	
商店base:	#6 - /shop/
购物车:	#7 - /cart/
结算:	#8 - /checkout/
我的帐户:	#9 - /my-account/
条款和条件:	页面没有设置

图 7-77　系统状态详情

同样地，可选择“工具”“日志”“Scheduled Actions”功能来查看“状态”下的其他功能。

小技巧

电商运营技巧 1：权限是划分到技术部的，电商运营部没有权限使用“状态”功能，如下所示。

经理，“状态”的功能有什么作用呢？

“状态”的功能就像手机一样，在手机里可以看到 IMEI、MEID、处理、基带版本，用户根本用不到。但是手机坏了，拿去给手机维护工程师修，这些信息就很有用处了。同样，系统里“状态”的功能也是查看系统程序、数据库和服务器的信息，运营部通常不会用到，但是对技术部维护软件和硬件就起到很大的作用了。

经理，那我在系统上改动内容，技术部可以查到是我做的吗？

技术部会通过系统日志，查看到你的任何修改，后续电商公司会取消你这一部分权限的。

电商运营技巧 2：通过以下案例，学会查看“状态”的版本信息，并且懂得查看程序的官方网站新增加的功能，如下所示。

经理，“状态”的哪些功能对电商运营有用呢？

“状态”里面，我们电商运营知道 WooCommerce 版本和 WordPress 版本就可以啦。

经理，知道这两个版本号有什么用呢？

知道这两个版本，电商运营人员可以进程序的官方网站查看功能，然后了解这些功能。

经理，我看到了，发现这个版本新增加的功能对我们电商运营部很有用！

7.6 扩展

概念

“扩展”功能包括了免费和收费的插件，用户可以安装这些插件来扩展自己的商店系统，满足商店运营的需求。

实例

【实例 7.31】了解“扩展”功能。

扩展是为了使商店功能更加丰富，使管理员便于管理和维护。并不是说安装越多扩展功能就越好，商店系统够用就好，功能越多可能就越难维护。

选择“扩展”功能后，即可进入“扩展”功能页面，管理员可以浏览扩展和订阅，如图 7-78 所示。

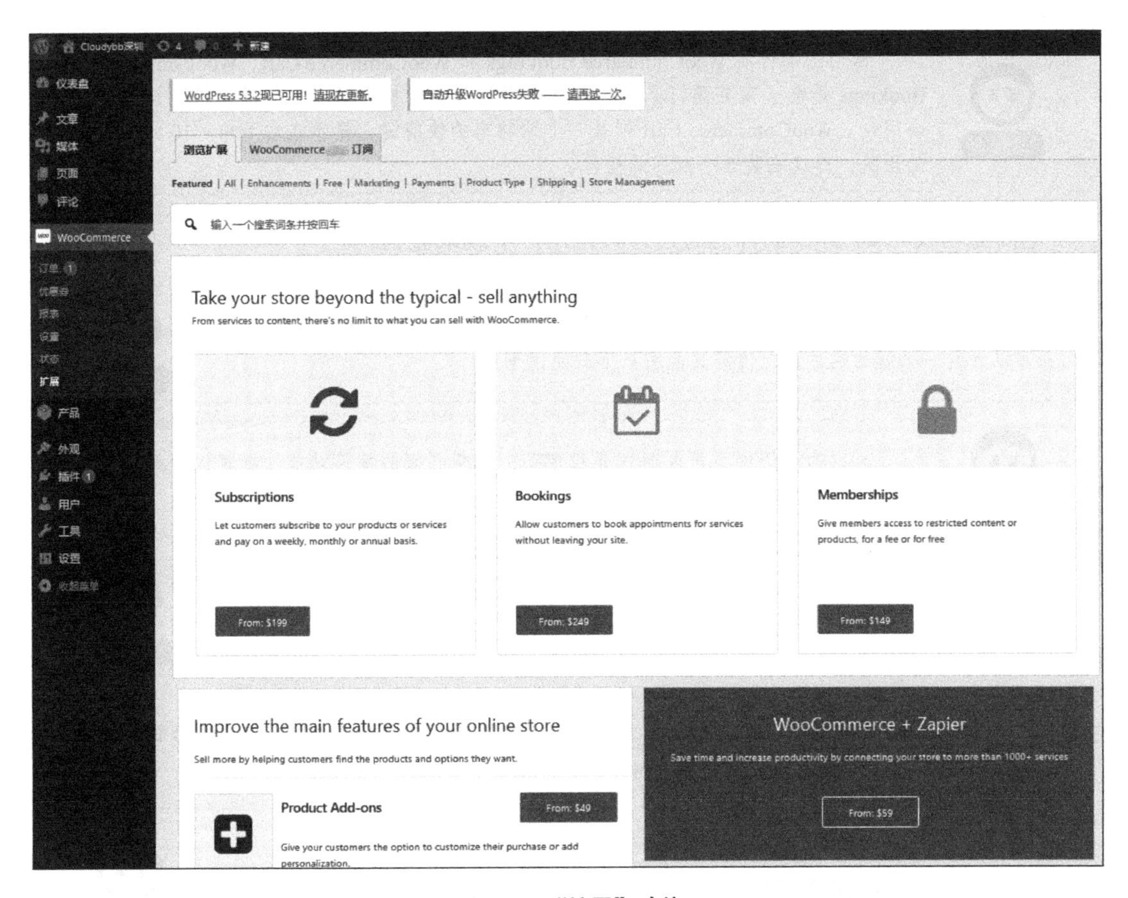

图 7-78 “扩展”功能

小技巧

电商运营技巧 1：“WooCommerce” → “扩展” → “浏览扩展” 的功能包括特色、增强、免费、市场营销、付款、产品类型、物流、商店管理等，电商平台插件越多越慢，如下所示。

经理，“WooCommerce”→“扩展”→“浏览扩展”的功能，我看见有特色、增强、免费、市场营销、付款、产品类型、物流、商店管理等功能，我们运营部可以安装吗？

里面的是“WooCommerce”的收费和免费插件，插件安装越多，系统会越慢，但是你会得到更多的数据。不能随便安装插件，一旦安装了，整个系统容易出现乱码打不开的情况，会影响整个电商企业的运作。

经理，那通常“WooCommerce”会用到哪些插件？

常用的插件有 WooCommerce Bookings 和 WooCommerce Cart。WooCommerce Bookings 是电子商务预订系统，通常像酒店预订、机票预订、新款手机预订等都会用到。WooCommerce Cart 则是一个购物车的快捷键，显示在右下角。10 人以下的团队，建议安装 5 个以内的插件。

电商运营技巧 2：开发插件能通过让其他用户下载来盈利。

经理，利用“WooCommerce”→“扩展”→“浏览扩展”的功能，我们公司可以开发一个好的插件，上传给其他用户下载使用吗？

可以的。假如公司电商业务稳定了，你想到好的插件功能，就可以找开发工程师开发好的插件。

经理，那一个插件收费 100 元 / 人，1 万个人下载，就可以轻松赚到 100 万了。

对的。目前公司电商运营只专注于自己的平台运作，未来几年不会做软件开发业务。你日后自己创业，也可以尝试组个小团队自己开发插件。

经理，我知道做插件也能收费盈利了。

第8章
“产品”功能

本章主要讲解“产品”功能中全部产品、添加新的、分类、标签、属性五个功能模块的前台和后台的关系，管理员需要懂得如何添加商品，为商品添加分类、标签、属性，管理好全部产品的库存、价格和信息内容，如图 8-1 所示。

管理员可以添加分类、标签和属性，再添加新的产品，最后查看全部产品。管理员可以随时管理产品的价格，以及做促销活动或上架新的产品。

图 8-1 “产品”功能

8.1 全部产品

概念

“全部产品”指管理员已经发布和待发布的商品，用户在前台页面可以查看到已发布的商品，不可以查看到待发布的商品；管理员在后台页面可以对全部产品进行查看、编辑修改、删除操作。

实例

【实例 8.1】 查看并了解前台和后台全部产品的信息。

管理员可以通过从后台页面选择“产品”→“全部产品”功能来管理所有的产品。管理员可以查看每一个产品的缩略图、名称、库存单位、库存、价格、分类、标签、精选、日期等内容。

SKU 全称是 stock keeping unit，意思是标准库存单位，例如：个、条、张。

（1）在后台查看：管理员在后台页面选择“产品”→“全部产品”功能后，显示所有产品，可见有一个名称为“荞荞的画”的产品，如图 8-2 所示。

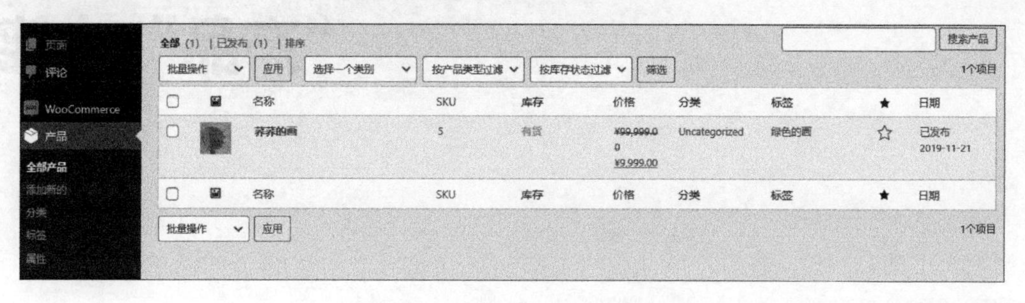

图 8-2 “全部产品”页面

（2）在前台查看：在前台页面单击 Shop 按钮，显示已发布的所有产品，用户可见有一个名称为“荞荞的画”的产品，如图 8-3 所示。

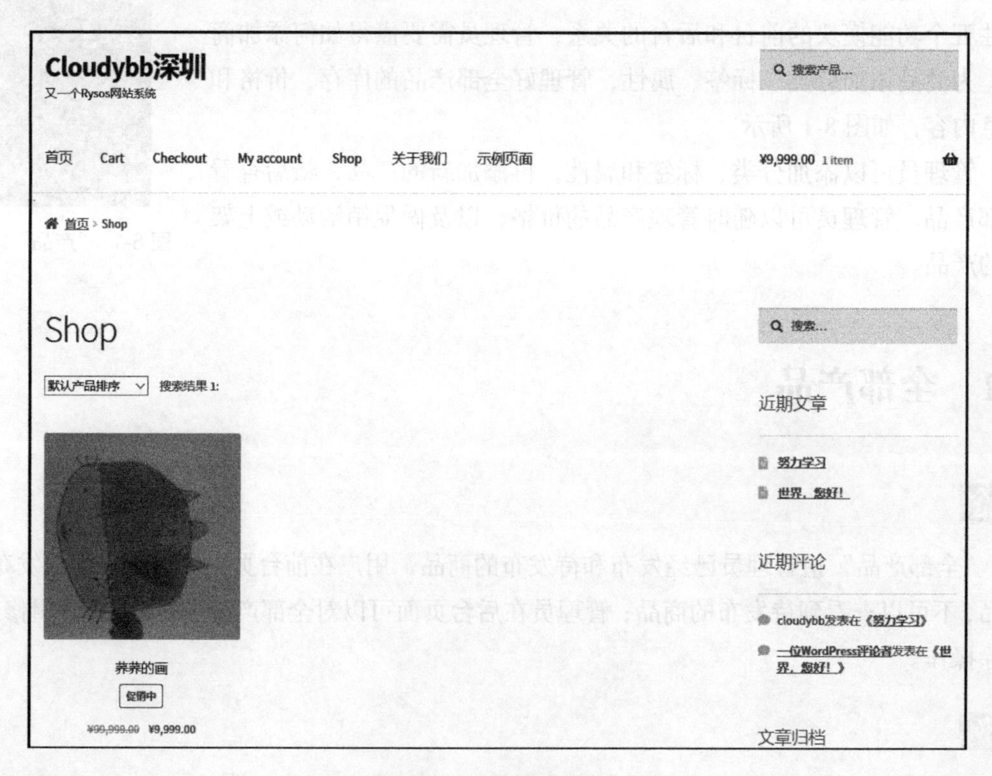

图 8-3 显示全部产品

小技巧

电商运营技巧：“全部产品”功能下可以搜索指定的产品。

经理，电商产品越来越多，我们现在有1000个商品，怎样快速找到想要的商品呢？

电商网站会有一个“搜索产品”的功能，在里面输入商品名称中的“花”字。

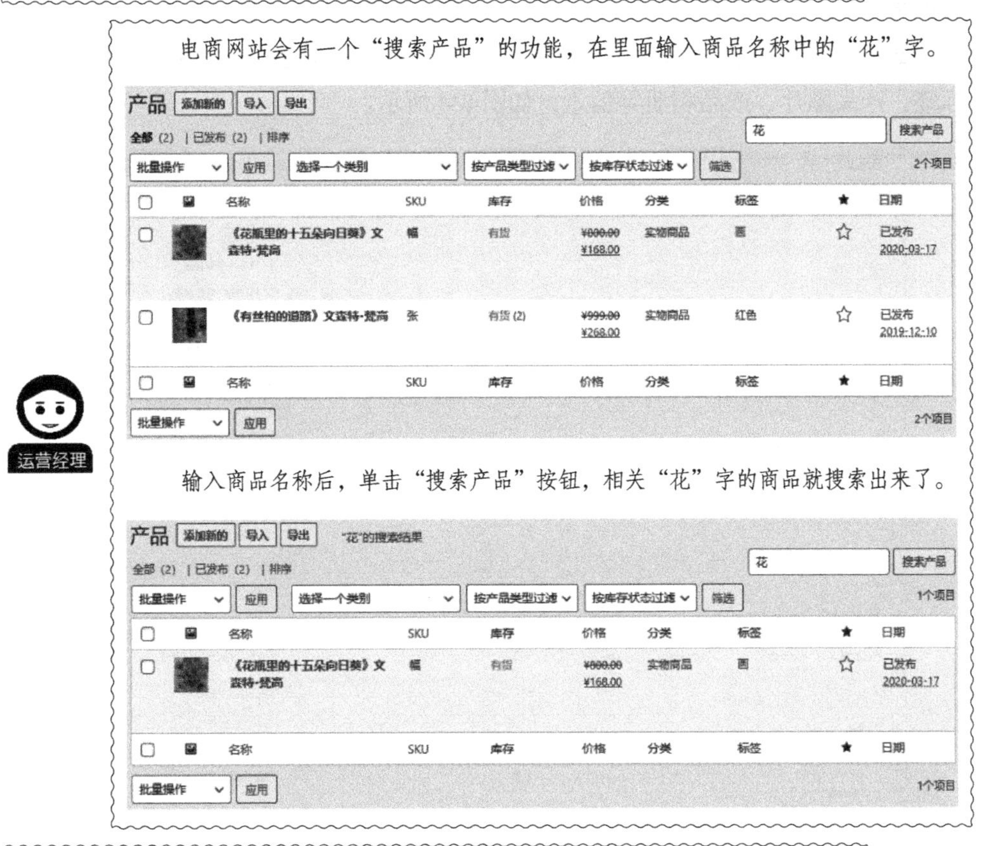

输入商品名称后，单击“搜索产品”按钮，相关“花”字的商品就搜索出来了。

经理，我懂了。那以后客户问我某商品还有没有货，我就可以使用此方法快速查找到了。

8.2 添加新的

概念

“添加新的”指管理员可以添加新的产品，添加产品成功后就可以在“全部产品”中查看，前台的用户只能查看已发布的产品，无法查看待发布的产品。

电子商务网站需要让用户购买产品，那么就需要管理员先发布产品。管理员可以从后台管理面板“产品”→“添加新的”功能模块里面添加新的产品。管理员在后台页面添加新的产品需要输入产品名称、产品详细内容、产品数据、产品简短描述等信息。

实例

【实例 8.2】 查看并了解添加“添加新的”功能。

管理员在后台管理面板选择“产品”→“添加新的”功能后，显示“添加新产品”功能页面，需要输入产品名称、产品详细内容、产品数据、产品简短描述、发布状态、产品类别、产品标签、产品图片、产品相册等信息，如图 8-4 所示。

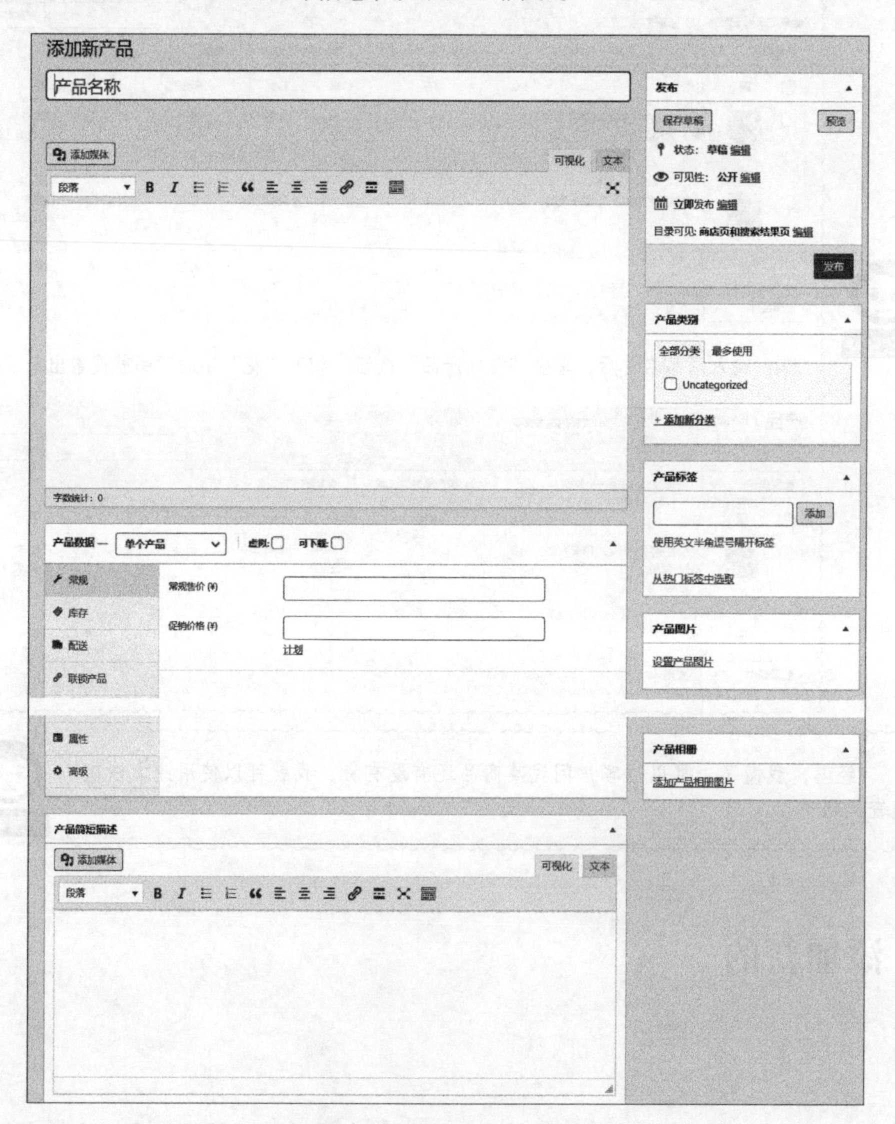

图 8-4 “添加新产品”页面

【实例 8.3】 使用“添加新的”功能添加新的产品。

（1）管理员在后台页面单击“产品名称”输入框，输入产品名称 people-cloudylin，输入名称后，系统生成永久链接，如图 8-5 所示。

图 8-5 “产品名称”输入框

（2）在产品详细内容输入框输入文本内容“这是一个详细的产品描述内容！”，如图 8-6 所示。

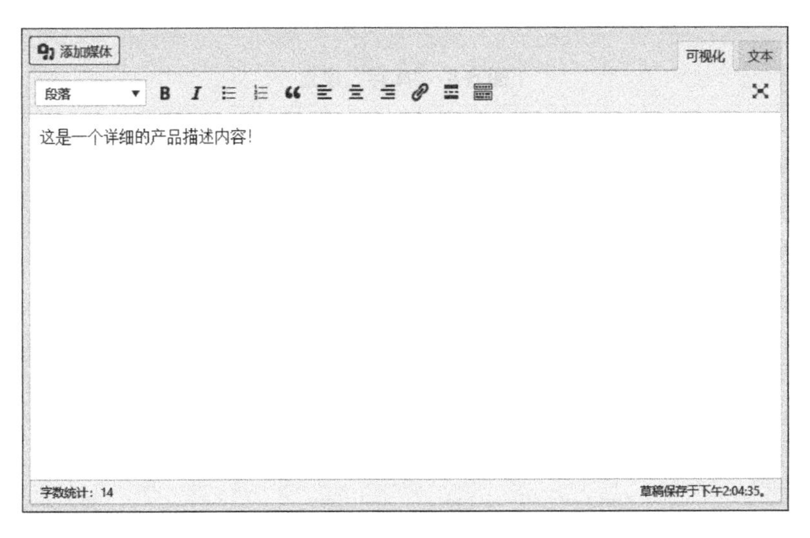

图 8-6 产品描述内容

（3）单击“常规”按钮后，输入常规售价 100，促销价格 80，如图 8-7 所示。

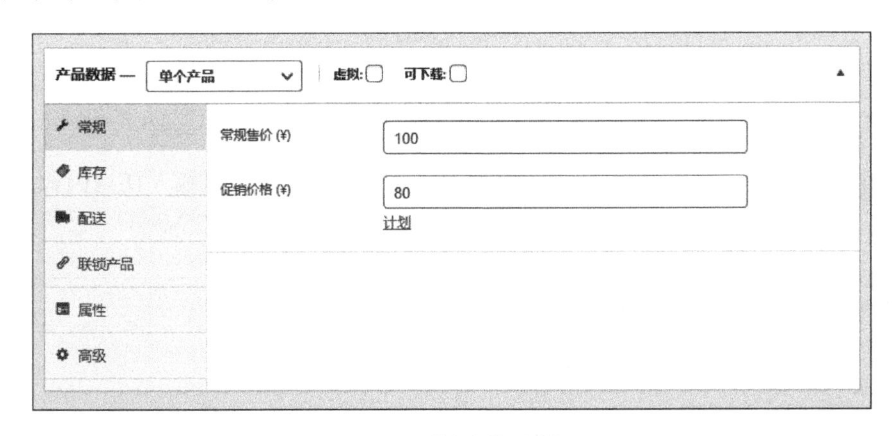

图 8-7 “常规”设置

（4）单击“库存“按钮后，输入 SKU 库存单位“张”，将库存状态选择为“有货”，如图 8-8 所示。

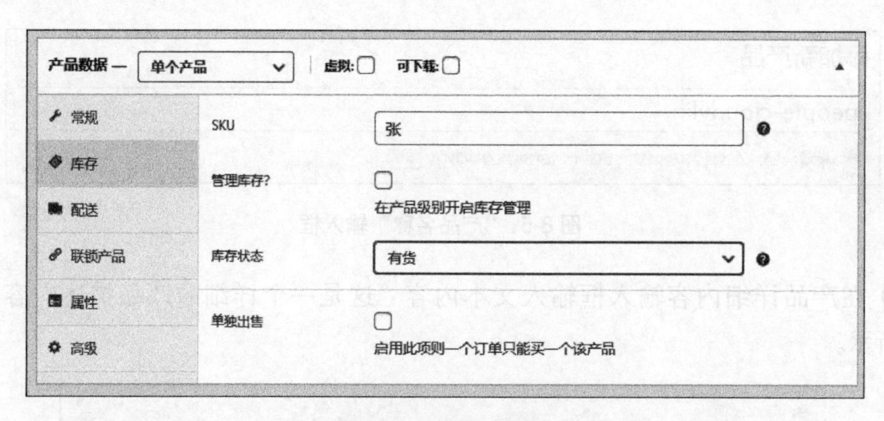

图 8-8 “库存”设置

说明

库存状态的选项有“有货”“无货”和“延迟交货”。

（5）单击“配送”按钮后，将重量（kg）输入为 1，外形尺寸输入为 22、11、9，运费类选择为“无运费类别”，如图 8-9 所示。

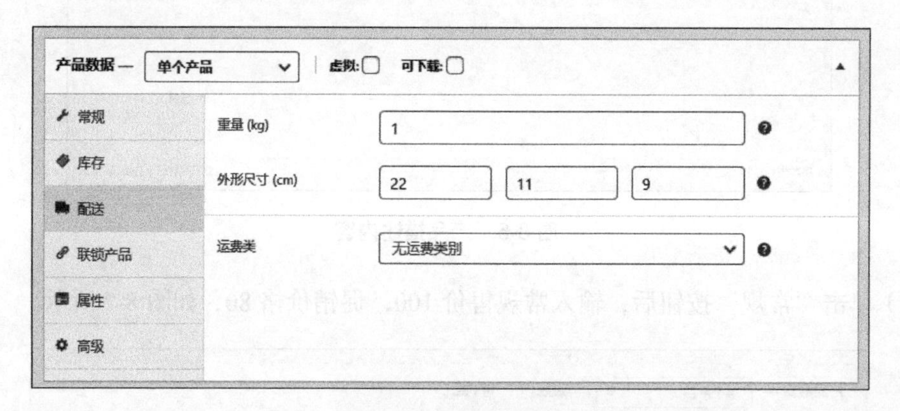

图 8-9 “配送”设置

（6）单击“联锁产品”按钮后，如不需要交叉销售产品，可以不输入任意内容，如图 8-10 所示。

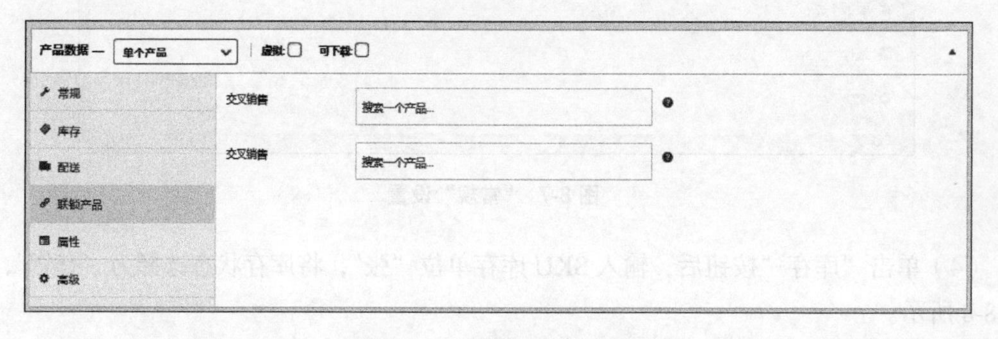

图 8-10 “联锁产品”设置

（7）单击“属性”按钮后，如不需要自定义产品属性，可以不输入任意内容，如图 8-11 所示。

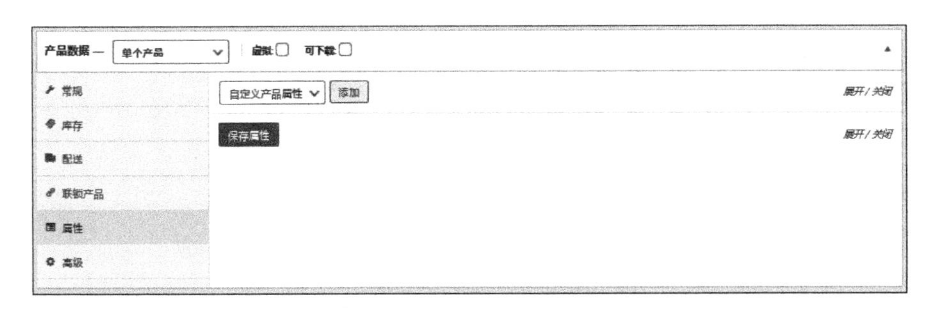

图 8-11 “属性”设置

（8）单击“高级”按钮后，在“购物备注”中输入“这是一个购物备注”，勾选“允许评论”复选框，如图 8-12 所示。

图 8-12 “高级”设置

（9）单击“产品简短描述”内容框，输入内容“这是一个产品简短描述！”，如图 8-13 所示。

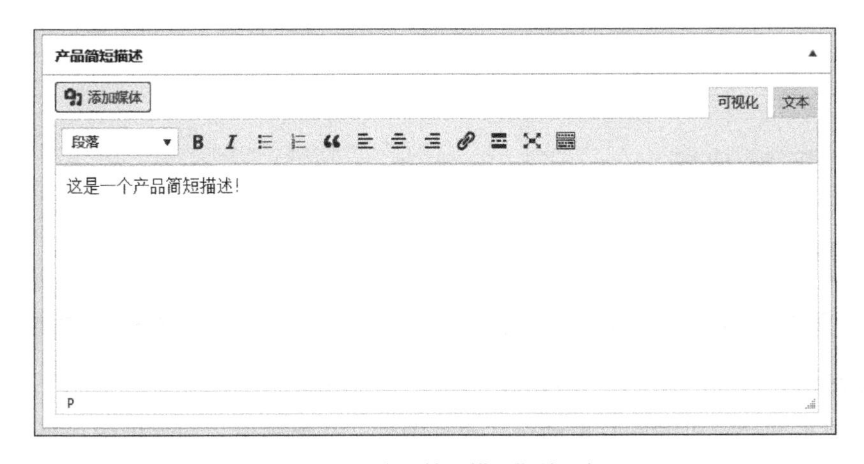

图 8-13 “产品简短描述”输入框

（10）“发布”功能栏目里的状态、可见性、发布时间都遵循默认设置，如图 8-14 所示。

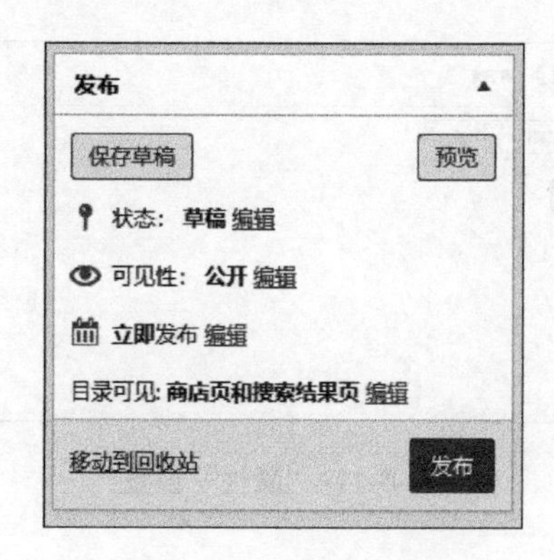

图 8-14 “发布”设置

（11）在“产品类别”功能栏目里，默认不选择分类，这里也按照默认设置，不选择分类，如图 8-15 所示。

（12）在“产品标签”功能栏目里的文本框中输入“画”，如图 8-16 所示。

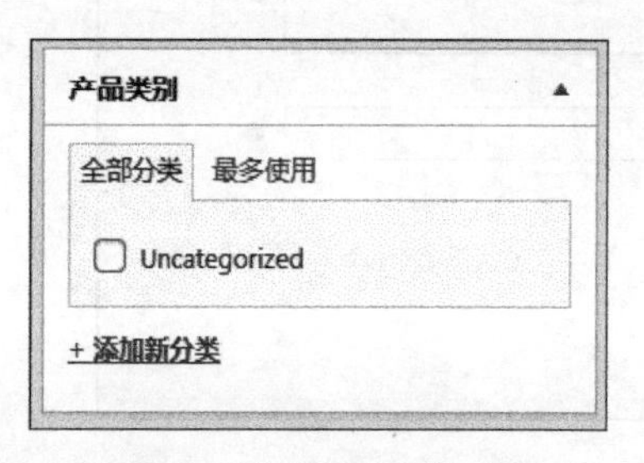

图 8-15 “产品类别”设置

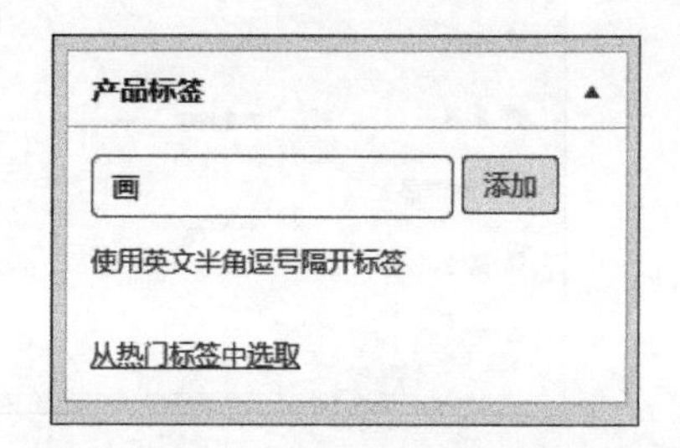

图 8-16 “产品标签”功能

（13）单击“添加”按钮后，产品标签添加成功，如图 8-17 所示。

（14）在“产品图片”功能栏目里，可见“设置产品图片”按钮，如图 8-18 所示。

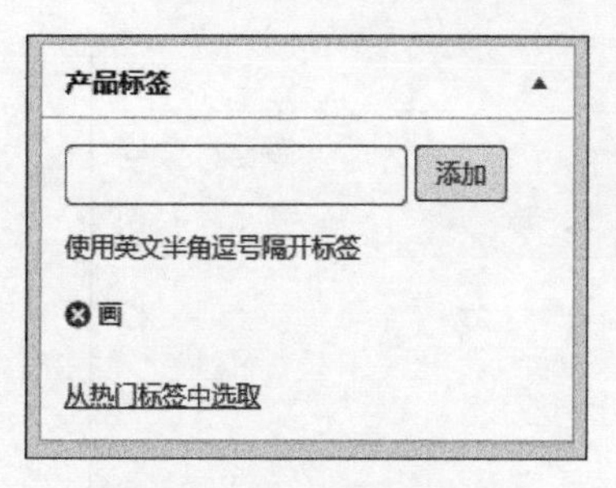

图 8-17 添加了产品标签

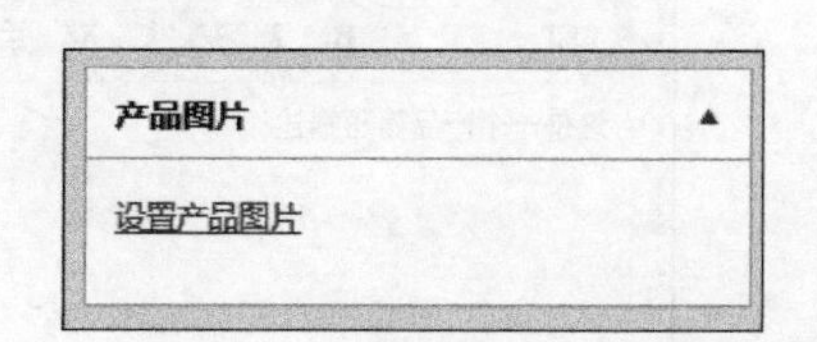

图 8-18 “产品图片”功能

（15）单击“设置产品图片”按钮后，弹出“产品图片”功能页面，如图 8-19 所示。

（16）将本地计算机的图片拖动至“产品图片”功能框里，即上传图片至服务器，如图 8-20 所示。

图 8-19 上传产品图片

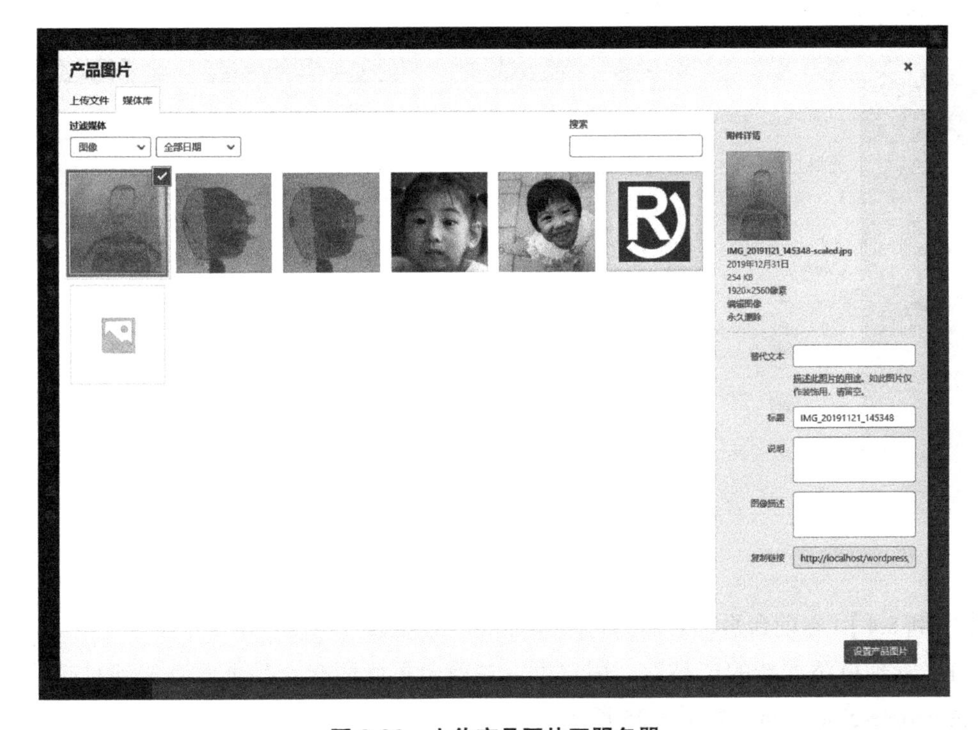

图 8-20 上传产品图片至服务器

（17）上传图片成功后，“产品图片”功能框里已经显示了图片，如图 8-21 所示。

（18）在“产品相册”功能栏目里，可见“添加产品相册图片”按钮，如图 8-22 所示。

（19）单击“添加产品相册图片”按钮后，在“媒体库”里选择两张图片，如图 8-23 所示。

图 8-21　产品图片已上传

图 8-22　产品相册（未添加）

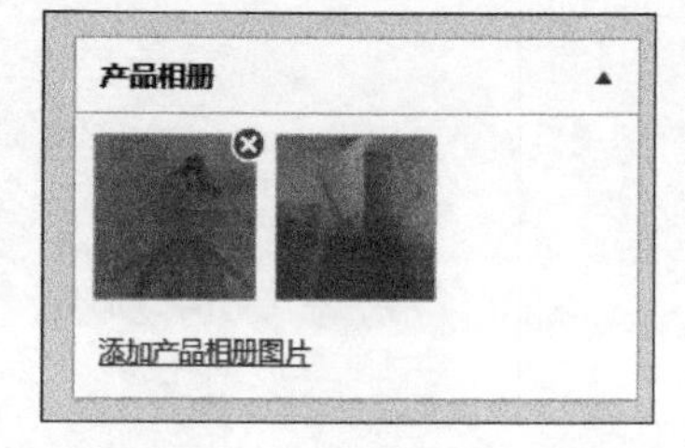

图 8-23　产品相册（已添加）

（20）内容全部输入完成后，最后单击“发布”按钮，此时一个产品就发布成功了。发布成功后，管理员可以在后台的“产品”→“全部产品”页面里看到已经发布名称为 people-cloudylin 的产品，如图 8-24 所示。

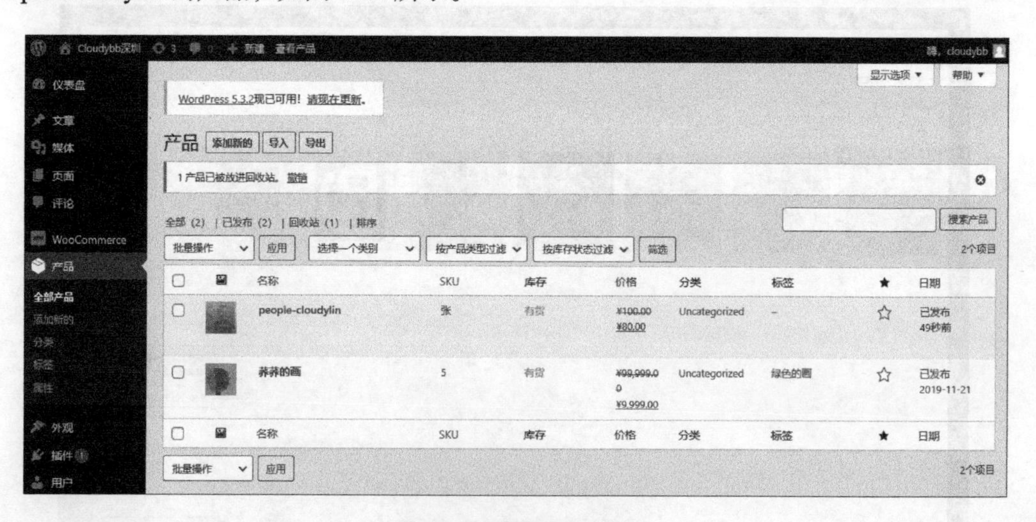

图 8-24　产品发布成功

【实例 8.4】 在前台页面查看管理员添加的产品参数。

（1）管理员添加新的产品后，用户可以在前台页面所有产品页面查看到对应的产品，如产品 people-cloudylin，如图 8-25 所示。

（2）在产品页面，单击产品的图片，页面跳转至产品 people-cloudylin 的详细页面，用户可以查看到商品的名称、价格、简短描述、SKU（产品单位）、分类、描述、其他信息、用户评论等内容，如图 8-26 所示。

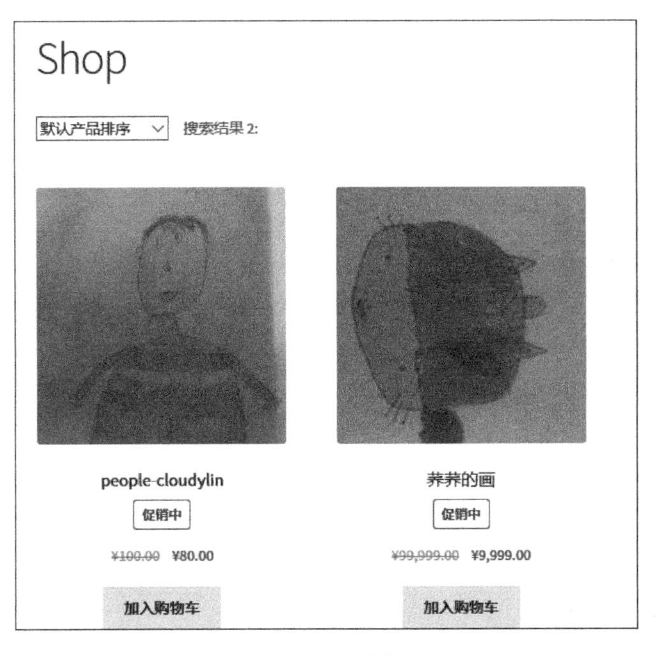

图 8-25　查看产品

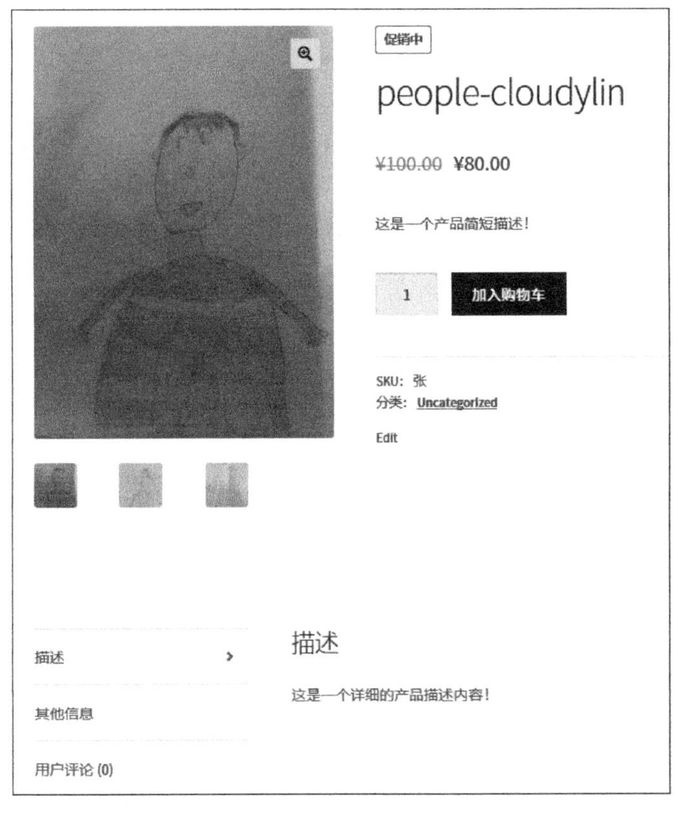

图 8-26　查看产品参数

小技巧

电商运营技巧："描述"功能里可以添加视频文件。

经理，如何在商品描述中添加视频呢？

在系统的后台页面编辑该商品，找到"描述"的内容位置，可以看见"添加媒体"按钮。

添加媒体　　可视化　文本

段落

作品中文名称：花瓶里的十五朵向日葵
作品英文名称：Still Life - Vase with Fifteen Sunflowers
创作者：文森特·梵高 Vincent van Gogh
创作年代：1888
材质：布面油画
现位于：荷兰阿姆斯特丹梵高博物馆

字数统计：115　　最后由admin编辑于2020年11月21日下午6:20

运营经理

单击“添加媒体”按钮,选择一个视频文件“2.2.mp4”,最后单击“插入到产品”按钮。

插入视频成功后，在描述的功能框可以看见视频，最后单击“更新”按钮就成功插入视频了。

插入视频成功后，在前台页面的商品描述中就显示了视频。

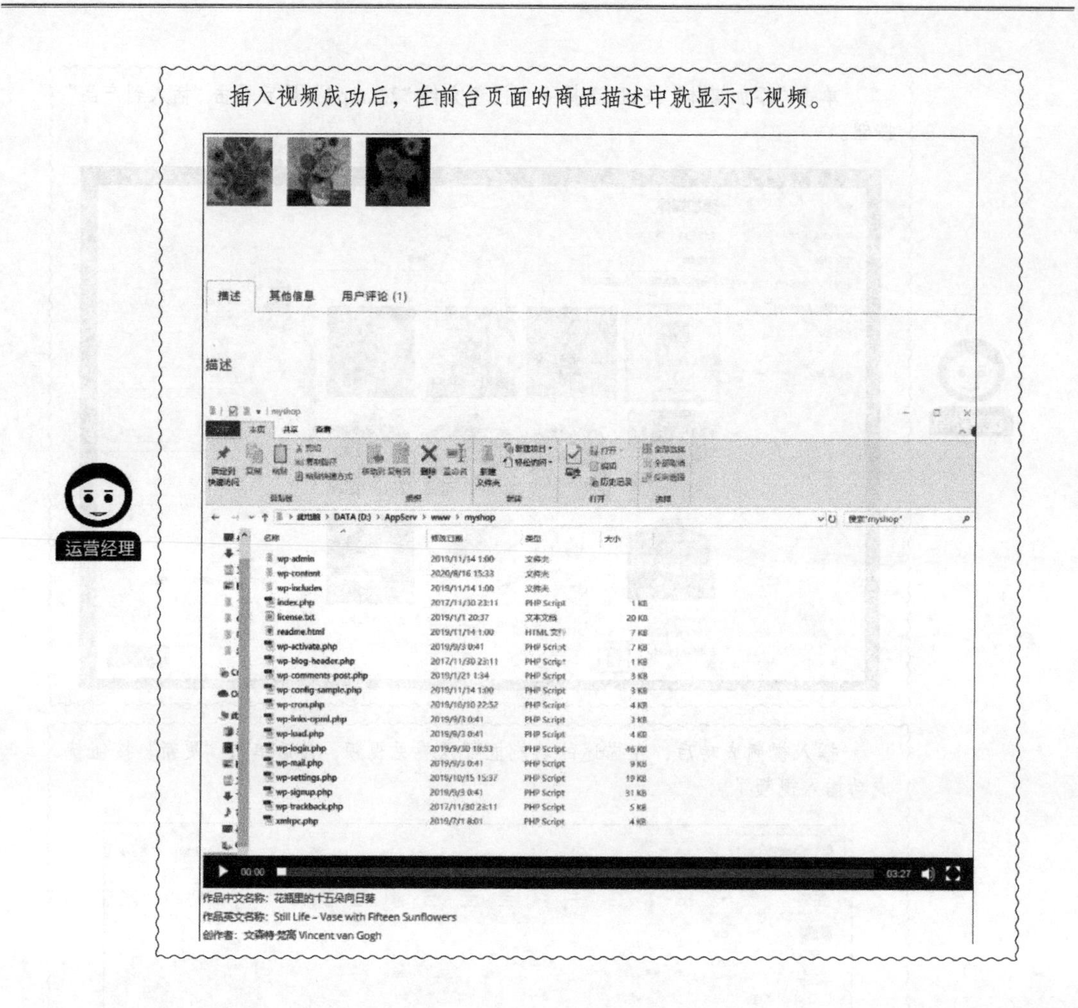

8.3 标签

概念

早在 1700 年，欧洲印制出了用在药品和布匹上作为商品识别的第一批标签。现在的标签被用于标记产品目标、分类和内容，给目标产品确定关键字和关键词，便于所有人查找并定位目标产品。

一个标签可以给多个产品使用，也就是说，从一个标签可以查询到多个相关的产品。例如标签“人像画”，用户在网站中查询“人像画”标签，那么标签是“人像画”的产品就会显示出来，用户可以非常快地查询到需要的内容。

实例

【实例 8.5】 查看并了解“产品标签”功能。

管理员可以从后台页面选择“产品”→“标签”功能，即可添加新标签和查看所有已有标签。从右边栏查看所有标签处可见，每一个标签的内容包括名称、图像描述、别名、总数。

管理员在后台页面选择“产品”→“标签”功能后，左栏显示“添加新标签”的内容，此时管理员需要输入名称、别名、图像描述等标签内容；右栏显示所有标签，可见有一个名称为“绿色的画”、图像描述为“主要颜色是绿色的画”、别名为“green”的标签，如图 8-27 所示。

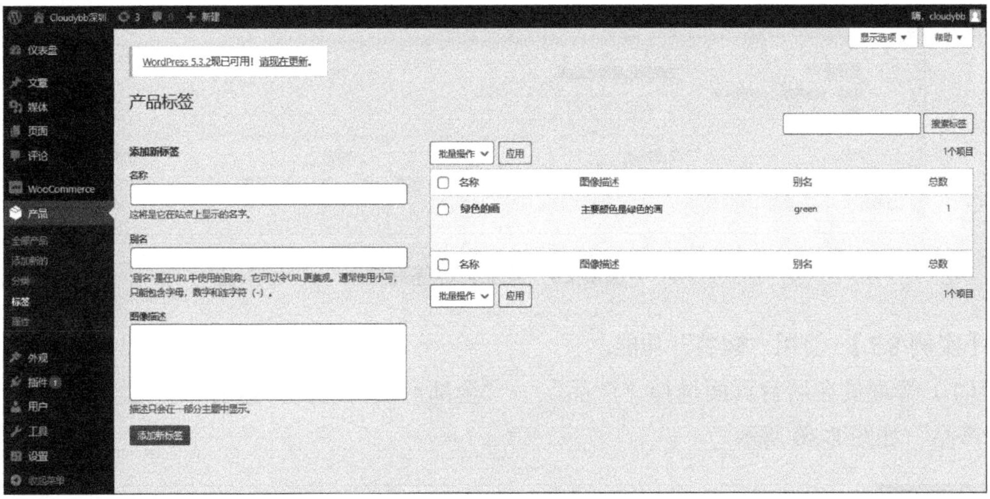

图 8-27 “产品标签”页面

【实例 8.6】 添加一个新标签。

(1) 在后台页面单击“名称”输入框，输入“名称”为“人像画”；

单击“别名”输入框，输入“别名”为 people picture；

单击“图像描述”输入框，输入“图像描述”为“这是一幅人像画”，如图 8-28 所示。

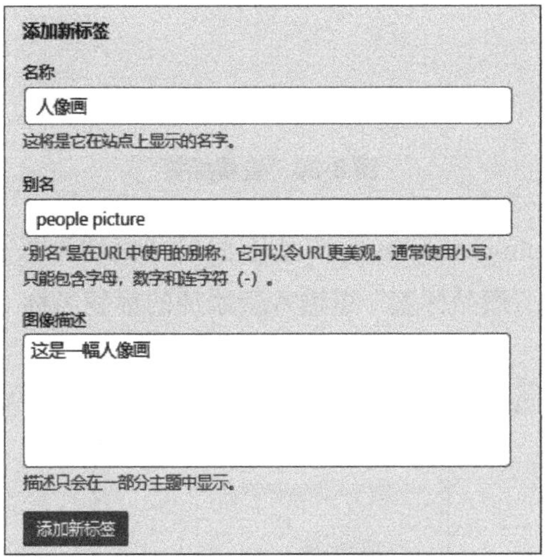

图 8-28 添加新标签

（2）单击“添加新标签”按钮后，添加新标签成功，在右栏会显示一个名称为“人像画”的标签，如图 8-29 所示。

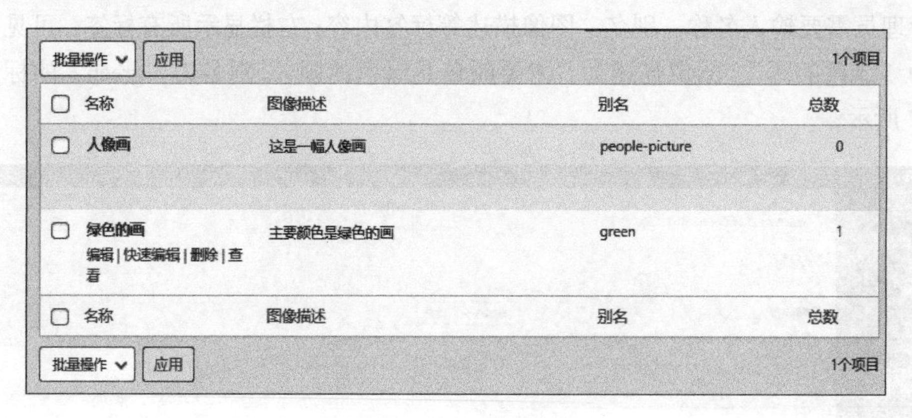

图 8-29　添加新标签完成

【实例 8.7】 使用“标签”功能。

（1）管理员在后台页面选择“产品”→“全部产品”功能，这时可查看全部产品，共 2 个产品，如图 8-30 所示。

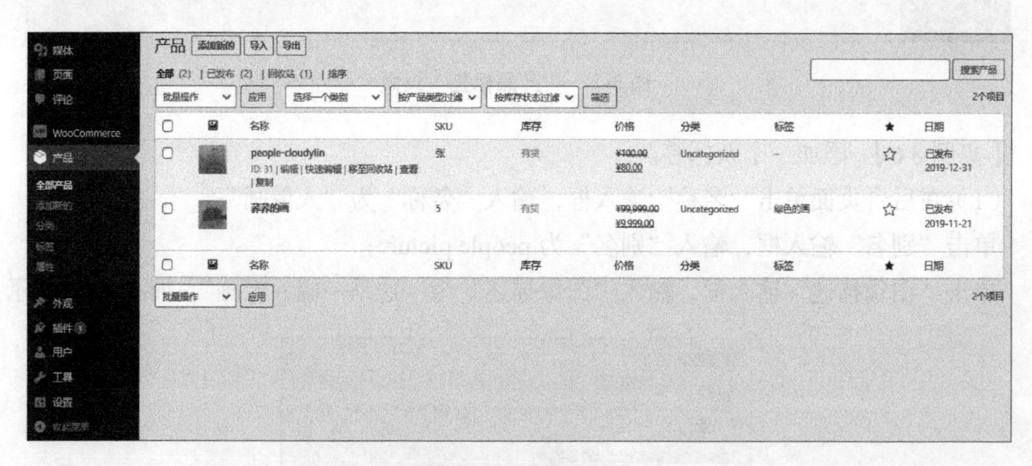

图 8-30　查看标签

（2）单击名称为 people-cloudylin 的产品下面的“编辑”按钮后，显示编辑“people-cloudylin”产品的页面，在“产品标签”里输入新添加的标签名称“人像画”，如图 8-31 所示。

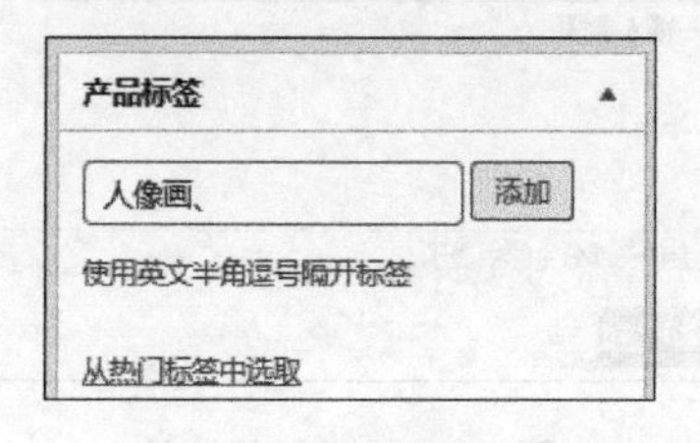

图 8-31　应用标签（一）

（3）单击产品标签里面的“添加”按钮后，则产品添加产品标签成功，显示“人像画”标签，最后单击“更新”按钮，如图 8-32 所示。

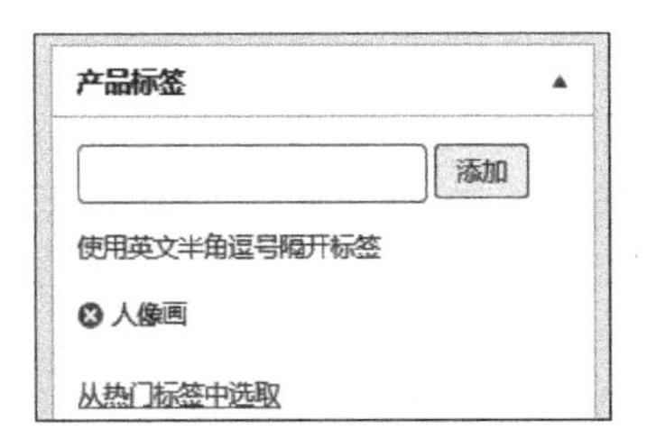

图 8-32 应用标签（二）

管理员为产品添加标签成功后，用户在前台页面的哪里可以查看到标签信息呢?

用户进入产品 people-cloudylin 的详情页面，在图片右边可见“标签：人像画”，说明管理员已经成功添加了标签，用户也已经成功地查看了标签，如图 8-33 所示。

图 8-33 显示标签——人像画

小技巧

电商运营技巧 1：通过以下案例，学会标签的命名。

经理，我对“标签”功能还是不太清楚。

“分类”有“数据线”，那么“数据线”的“标签”可以有“USB 2.0”“USB 3.0”“深圳生产”“上海生产”“黄色”“蓝色”等。

经理，我懂了。“标签”还可以有“1米”“1.2米”“1.5米”“苹果”“安卓”等。

学得挺快的，电商企业一个商品的标签建议在3个以内。

电商运营技巧2：通过以下案例，学会卖服装的“标签”怎样设置。

经理，如果是卖服装的电商企业，“标签”设置成什么比较好？

卖服装的电商企业，“标签”可以设置为“S码”“M码”“L码”“2020款”“2021款”“春装”“冬装”等。

经理，我懂了，也就是按尺码、款式、季节等做标签。

现在有很多电商企业也没有用“标签”功能，不是所有电商企业都适合使用。10人以下的电商企业知道有这个可能并且会使用就可以了，不要乱用。

8.4 属性

概念

属性是对象的性质与对象之间关系的统称。例如事物的形状、颜色、气味、善恶、优劣、用途等都是其性质。大于、小于、压迫、反抗、朋友、热爱、同盟、矛盾等都是事物的关系。而任何属性都是属于某种对象的。

一件衣服是一个对象，衣服的属性有尺码、颜色等；衣服的尺码类别有大码、小码等，衣服的颜色类别有红色、黄色、蓝色等。

实例

【实例8.8】 查看并了解“属性”功能。

管理员可以从后台页面选择“产品”→“属性”功能查看产品属性和添加属性。每一个属性的内容包括名称、别名、排序方式、类别。属性的整体操作与标签的操作大致相同。

选择“产品”→“属性”功能后，在左栏显示“添加新属性”的内容，管理员需要输入名称、别名、启用存档、自定义排序的属性内容；右栏显示所有属性，可见有一个名称为“大小”、别名为 size、排序方式为“自定义排序”、类别为“大码、小码”的标签，如图 8-34 所示。

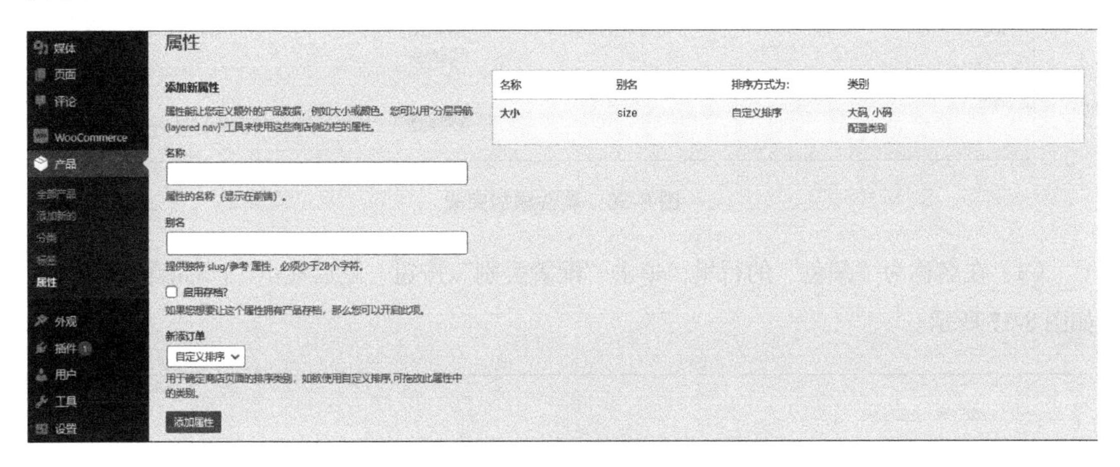

图 8-34 “属性”页面

【实例 8.9】 为产品添加一个“颜色”属性，并添加其类别为“红色”。

（1）在后台页面单击“名称”输入框，输入“名称”为“颜色”；

单击“别名”输入框，输入“别名”为 color；

不勾选“启用存档”复选框，“新添订单”选项选择“自定义排序”，如图 8-35 所示。

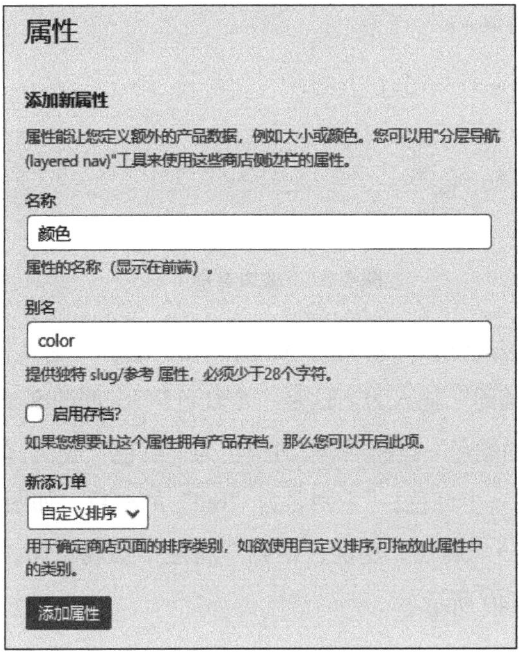

属性

添加新属性

属性能让您定义额外的产品数据，例如大小或颜色。您可以用"分层导航(layered nav)"工具来使用这些商店侧边栏的属性。

名称

颜色

属性的名称（显示在前端）。

别名

color

提供独特 slug/参考 属性，必须少于28个字符。

启用存档?

如果您想要让这个属性拥有产品存档，那么您可以开启此项。

新添订单

自定义排序

用于确定商店页面的排序类别，如欲使用自定义排序,可拖放此属性中的类别。

添加属性

图 8-35 添加新属性

（2）单击“添加属性”按钮后，添加新属性成功，在右栏会显示名称为“颜色”的标签，如图 8-36 所示。

名称	别名	排序方式为:	类别
大小	size	自定义排序	大码, 小码 配置类别
颜色	color	自定义排序	– 配置类别

图 8-36　属性添加完成

（3）在名称为“颜色”的行里，单击“配置类别”按钮。之后显示“产品颜色”页面，如图 8-37 所示。

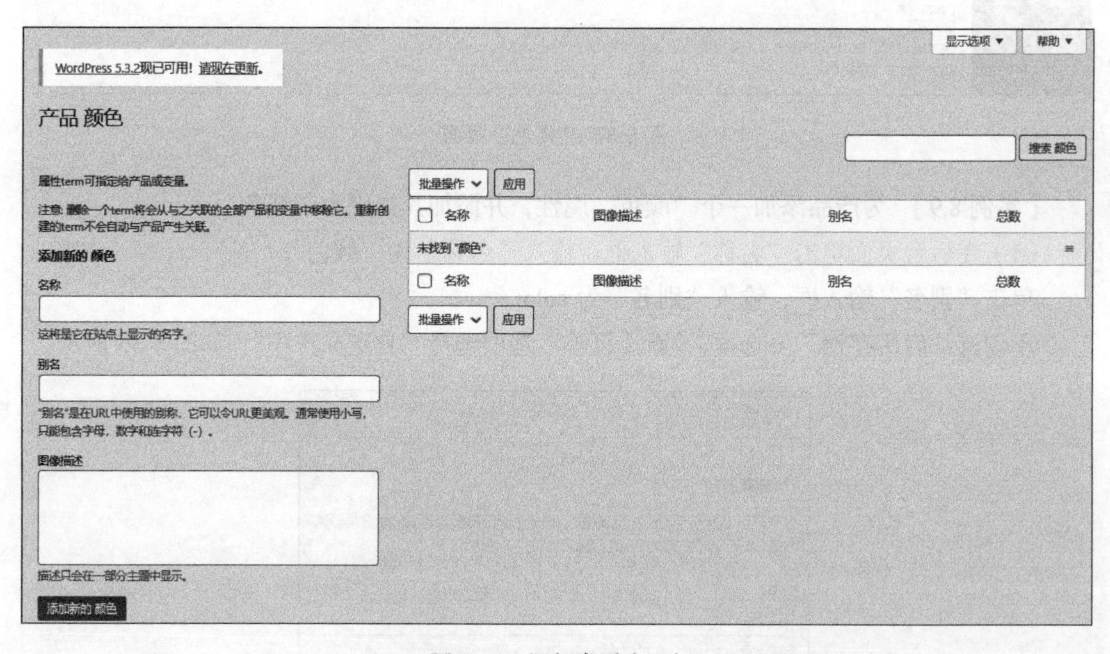

图 8-37　添加类别（一）

（4）管理员需要为该属性添加新的颜色，所以在“名称”输入框输入信息“红色”，“别名”输入为 red，“图像描述”输入为“这是一个红色！”，如图 8-38 所示。

（5）单击“添加新的颜色”按钮后，添加颜色为“红色”成功，在右栏会显示名称为“红色”，图像描述为“这是一个红色！”，别名为“red”的栏目，如图 8-39 所示。

（6）选择“产品”→“属性”功能，回到“属性”功能页面，可见此时“类别”已经显示为“红色”，如图 8-40 所示。

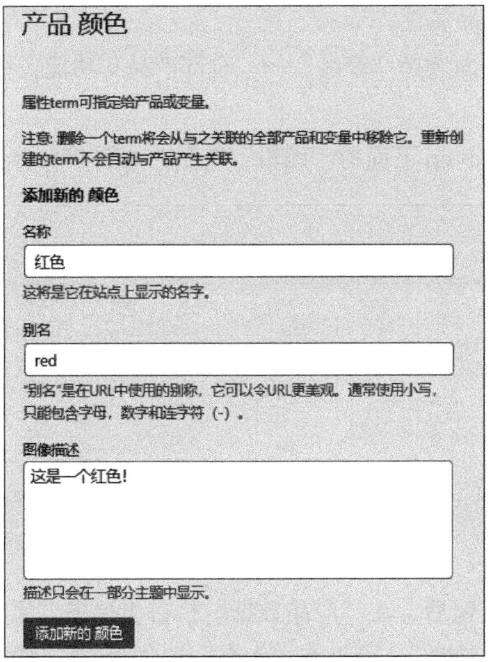

产品 颜色

属性term可指定给产品或变量。

注意: 删除一个term将会从与之关联的全部产品和变量中移除它。重新创建的term不会自动与产品产生关联。

添加新的 颜色

名称

红色

这将是它在站点上显示的名字。

别名

red

“别名”是在URL中使用的别称，它可以令URL更美观。通常使用小写，只能包含字母，数字和连字符（-）。

图像描述

这是一个红色!

描述只会在一部分主题中显示。

添加新的 颜色

图 8-38 添加类别（二）

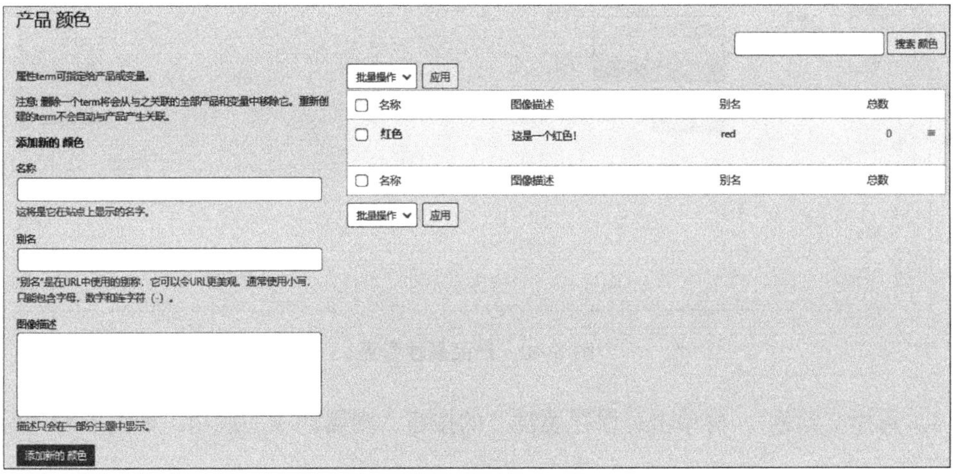

产品 颜色

搜索 颜色

属性term可指定给产品或变量。

注意: 删除一个term将会从与之关联的全部产品和变量中移除它。重新创建的term不会自动与产品产生关联。

添加新的 颜色

名称

这将是它在站点上显示的名字。

别名

“别名”是在URL中使用的别称，它可以令URL更美观。通常使用小写，只能包含字母，数字和连字符（-）。

图像描述

描述只会在一部分主题中显示。

添加新的 颜色

批量操作 应用

名称	图像描述	别名	总数
红色	这是一个红色!	red	0
名称	图像描述	别名	总数

批量操作 应用

图 8-39 添加类别（三）

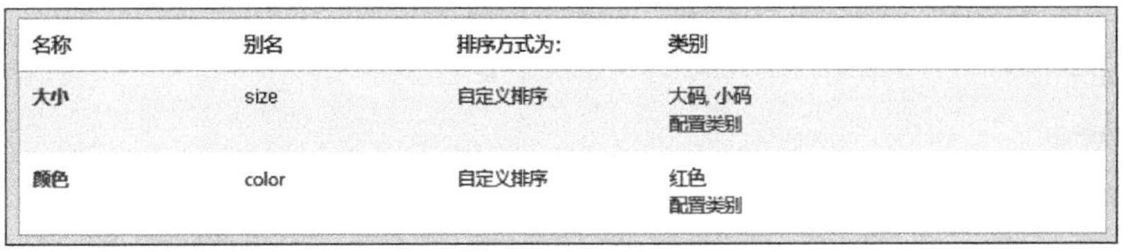

名称	别名	排序方式为:	类别
大小	size	自定义排序	大码, 小码 配置类别
颜色	color	自定义排序	红色 配置类别

图 8-40 添加类别完成

【实例 8.10】 变更产品属性。

（1）管理员在后台页面选择“产品”→“全部产品”功能，可看到全部产品信息内容，共 2 个产品。

单击产品 people-cloudylin 下面的“编辑”按钮，如图 8-41 所示。

产品 添加新的 导入 导出

全部 (2) | 已发布 (2) | 回收站 (1) | 排序

批量操作 应用 选择一个类别 按产品类型过滤 按库存状态过滤 筛选 搜索产品 2个项目

名称	SKU	库存	价格	分类	标签	★	日期
people-cloudylin ID: 31 | 编辑 | 快速编辑 | 移至回收站 | 查看 | 复制	张	有货	¥100.00 ¥80.00	Uncategorized	人像画	☆	已发布 2019-12-31
莽莽的画	5	有货	¥99,999.00 ¥9,999.00	Uncategorized	绿色的画	☆	已发布 2019-11-21
名称	SKU	库存	价格	分类	标签	★	日期

批量操作 应用 2个项目

图 8-41 产品的“编辑”功能

（2）单击“编辑”按钮后，在“产品数据”栏目里单击“属性”按钮，展开右侧选择框（默认为“自定义产品属性”），可见有“大小”和“颜色”两种属性可供选择，如图 8-42 所示。

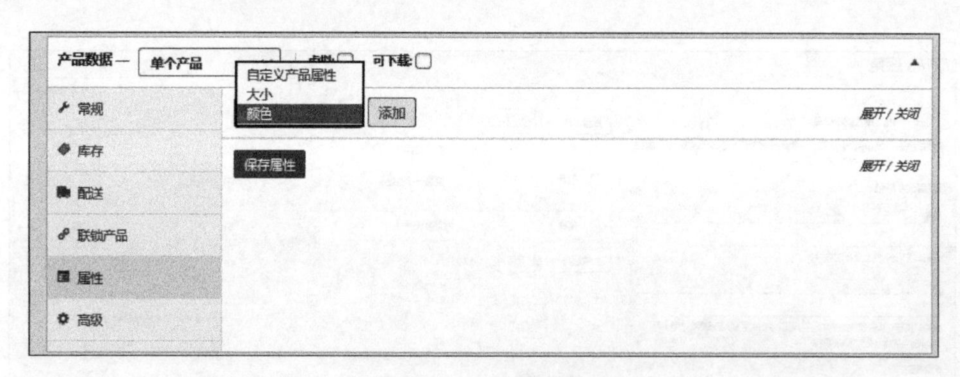

图 8-42 产品属性变更

（3）选择“颜色”，再单击“保存属性”的按钮，则属性添加成功，如图 8-43 所示。

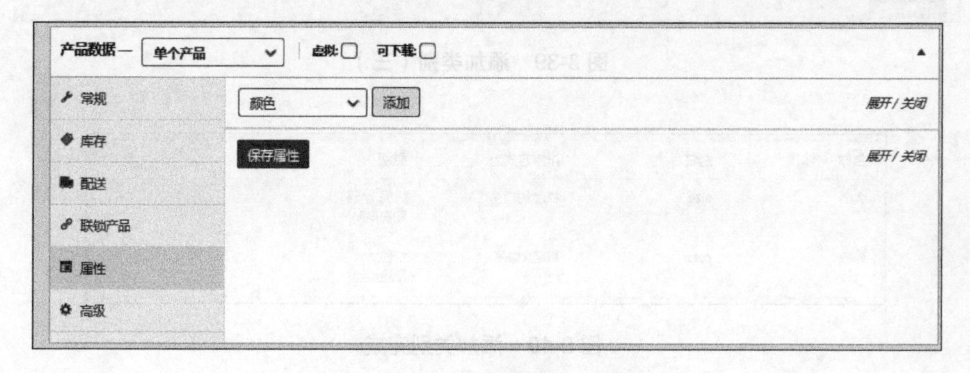

图 8-43 产品属性确认变更

（4）选择“产品数据”→“属性”功能后，已经可看到名称为“颜色”的栏目，如图 8-44 所示。

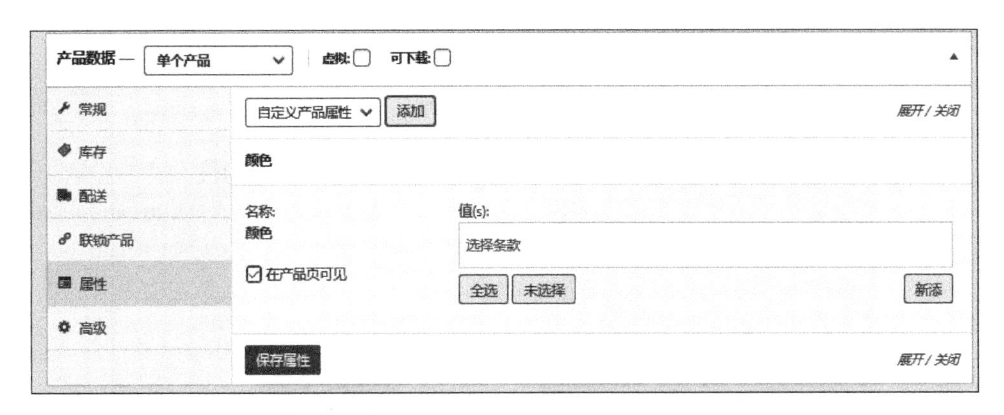

图 8-44 产品属性

（5）单击“选择条款”选择框，弹出“红色”选项，如图 8-45 所示。

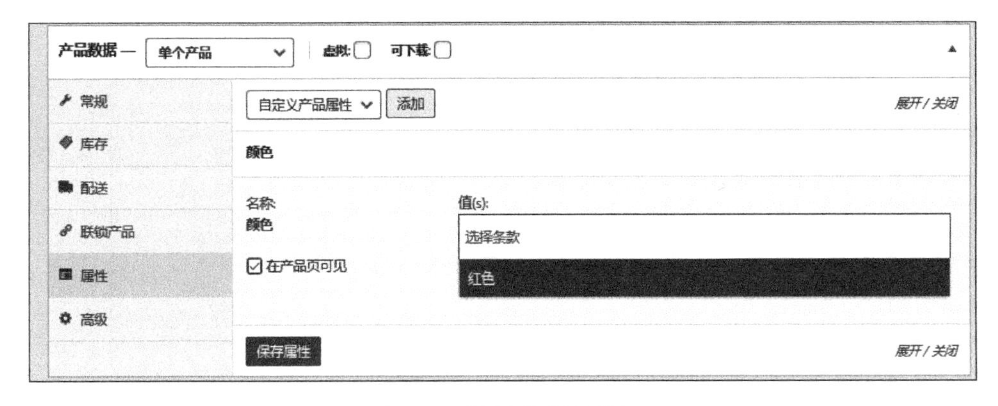

图 8-45 “颜色”属性选择

（6）选择“红色”，则“颜色”的值 (s) 已经显示为“红色”，如图 8-46 所示。

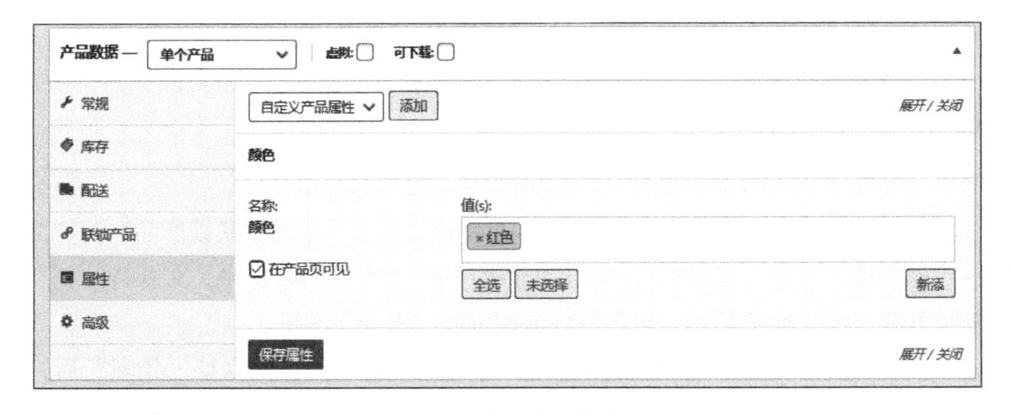

图 8-46 “颜色”属性确认

【实例 8.11】在前台查看产品属性。

客户在前台进入产品 people-cloudylin 的详情页面，单击“其他信息”按钮，就显示“颜色”属性为“红色”的信息，如图 8-47 所示。

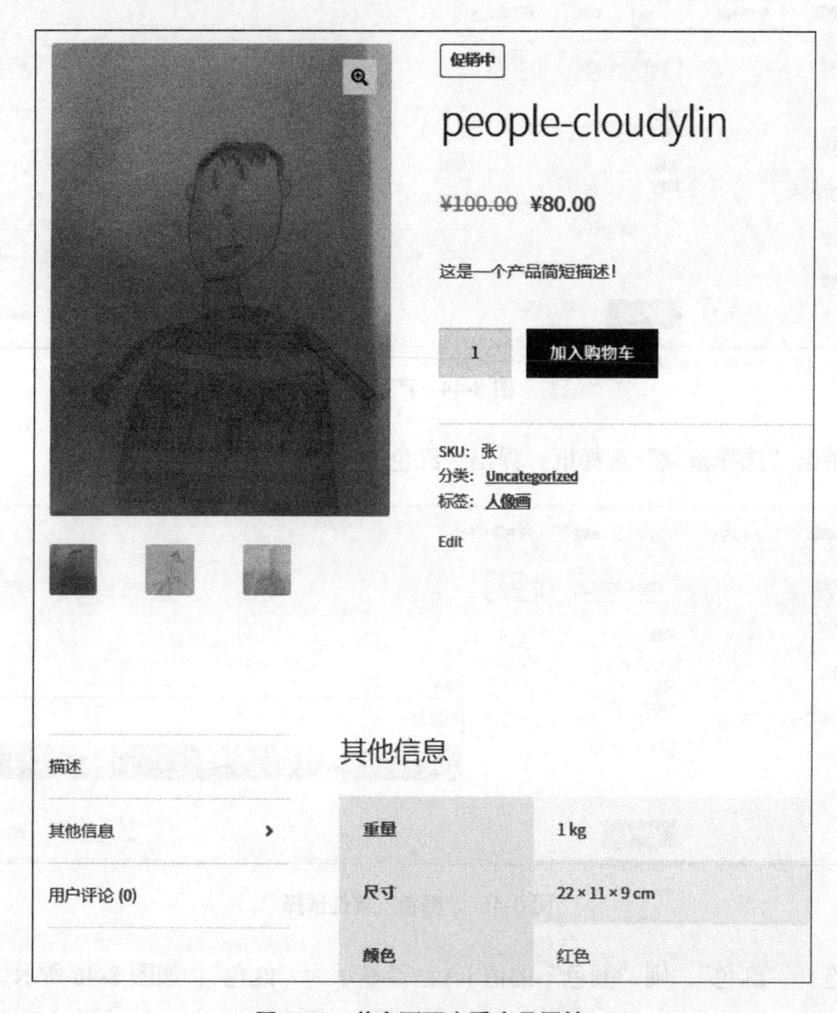

图 8-47 前台页面查看产品属性

小技巧

电商运营技巧 1：以下案例讲解了“联锁产品”功能的使用。

（1）在文章“《花瓶里的十五朵向日葵》文森特 · 梵高”中的“联锁产品”→“交叉销售”输入框中输入文字“有丝柏”，则自动显示产品“《有丝柏的道路》文森特 · 梵高”全称，按回车键，如图 8-48 所示。再单击界面右侧的“更新”按钮。

（2）在后台交叉销售功能里选择了产品“《有丝柏的道路》文森特 · 梵高”后，在前台页面的文章“《花瓶里的十五朵向日葵》文森特 · 梵高”中，相关产品的栏目会显示产品“《有丝柏的道路》文森特 · 梵高”，如图 8-49 所示。

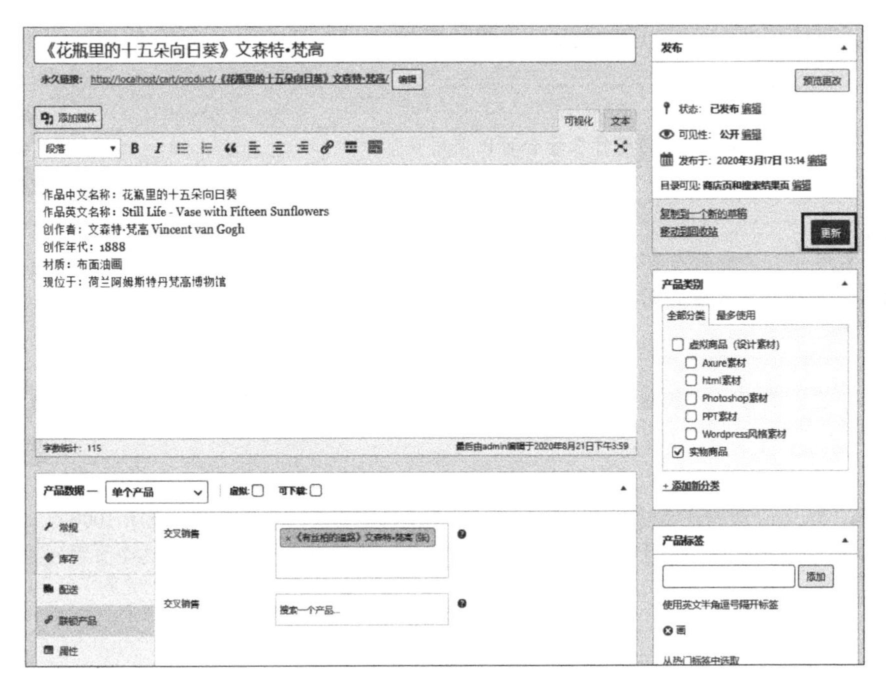

图 8-48　添加联锁产品

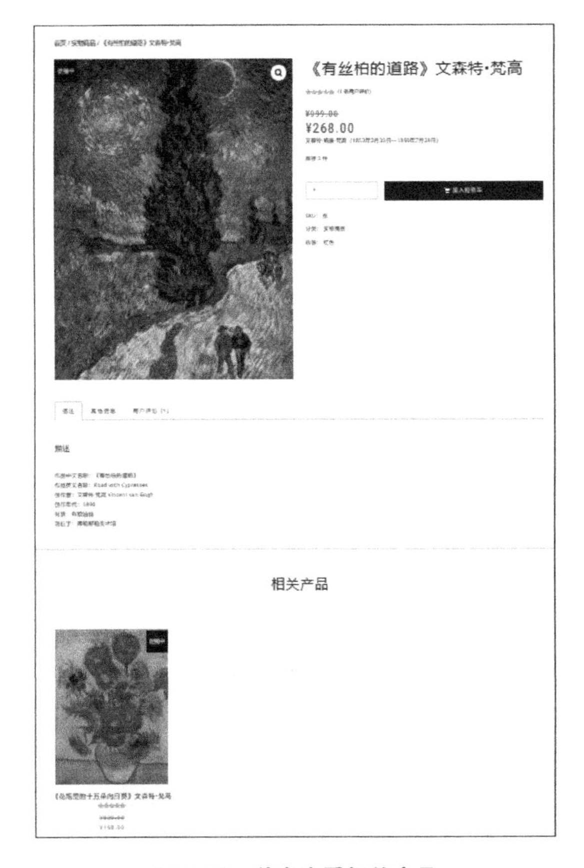

图 8-49　前台查看相关产品

电商运营技巧 2：通过以下对话，了解“联锁产品”适合什么场合使用。

经理，“联锁产品”功能什么场合可以使用呢？

“联锁产品”通常指几个产品关联锁定起来，一起销售。例如，卖衣服的商店，你进入衣服的页面，关联产品可以有裤子、皮带、鞋、袜子等。

经理，我懂了。就像进入卖手机的页面，关联产品可以有数据线、手机壳等。

联锁产品功能勿乱用。例如一个手机页面里，联锁产品设置了 1000 个，那么用户进入这个界面就要读取上千个图片，使得系统很慢，打开这个页面可能都几分钟了。

经理，我学会了！最多关联 10 个商品应该是最好的。

第9章
“外观”功能

本章主要讲解 WordPress“外观”功能中主题、自定义、小工具、菜单、顶部、背景、Storefront、主题编辑器八个功能模块的前台和后台的关系，管理员需要懂得使用主题、更换主题、使用菜单、调整主题的部分内容，如图 9-1 所示。

图 9-1 “外观”功能

管理员可以随时定期更换主题风格，让用户有新鲜感，使整个电子商务系统的用户体验更好。

9.1 主题

概念

主题也称为模板、风格、外观，即网页页面设计。页面设计的内容包括页面背景颜色、字体颜色、字体、字号、占位符的大小和位置、按钮设计、图标设计、排版设计等。

主题一般涉及 HTML 网页代码，很少会涉及到数据库相关的知识。因为 WordPress 程序的主题和程序代码都是分离的，便于前端工程师和 PHP 程序员分别快速工作。

实例

【实例 9.1】 查看并了解“外观”→“主题”页面功能。

管理员可从后台页面选择“外观”→“主题”功能，即可管理所有的主题。

管理员可以查看到每一个主题的缩略图、名称，也可以添加新的主题。

在后台页面所有主题中，可见有一个名称为 Storefront 的主题，该主题为当前主题，即前台页面正在使用的主题，如图 9-2 所示。

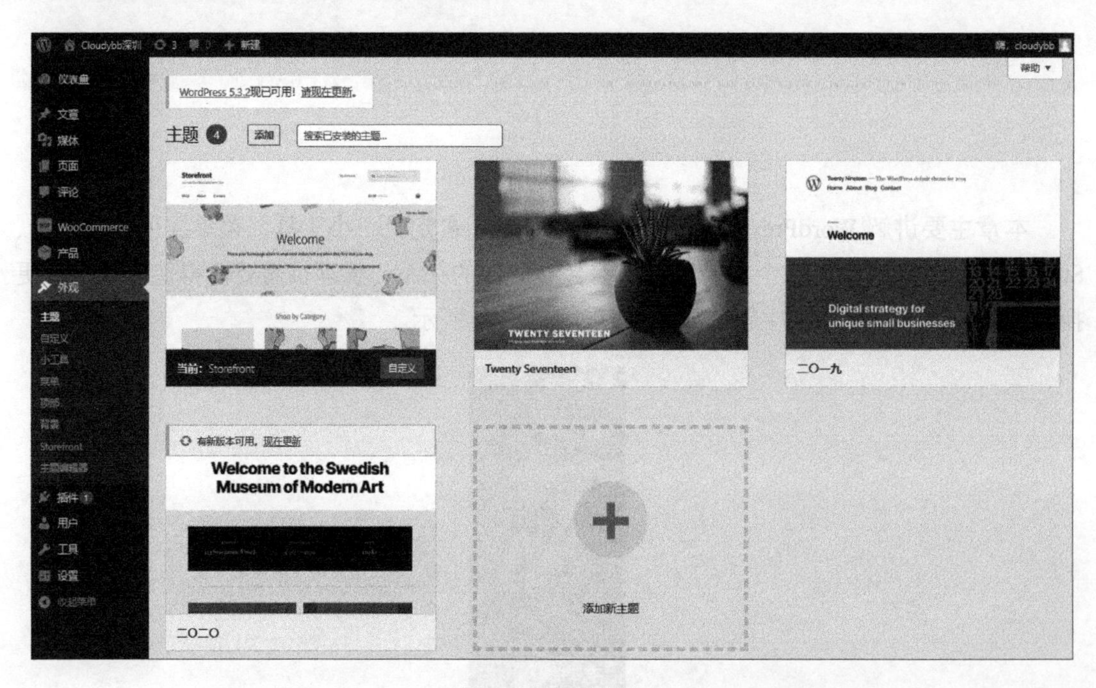

图 9-2　查看主题

【实例 9.2】 将下载的本地主题模板应用在 WordPress 程序里。

（1）首先找到本地服务器的主题模板 rysos-com，如图 9-3 所示。

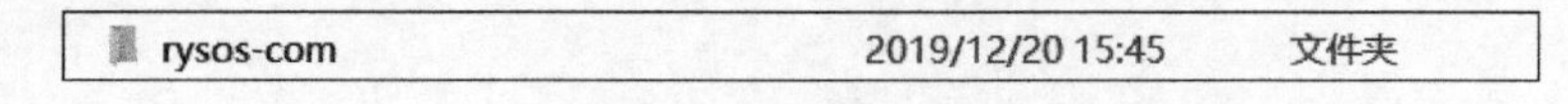

图 9-3　寻找主题模板

（2）双击进入文件夹，可见主题下的所有文件，如图 9-4 所示。

（3）找到服务器的 WordPress 安装位置，例如位置在 D:\AppServ\www\wordpress\wp-content\themes，如图 9-5 所示。

（4）将本地模板复制并粘贴放入到服务器所在文件夹，可见 rysos-com 的文件夹，如图 9-6 所示。

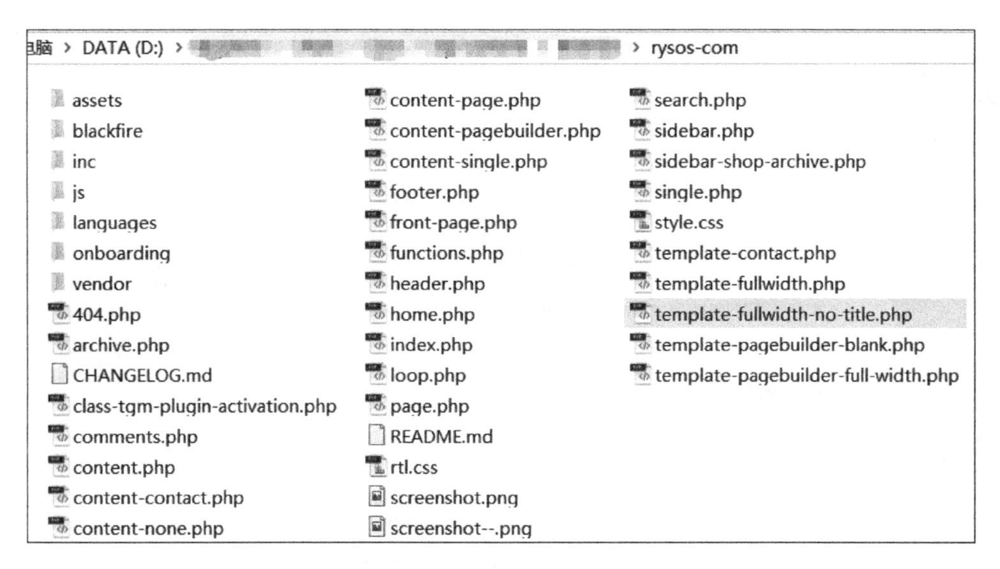

图 9-4 主题下的所有文件

电脑 > DATA (D:) > AppServ > www > wordpress > wp-content > themes >

名称	修改日期	类型	大小
storefront	2019/11/20 17:18	文件夹	
twentynineteen	2019/11/14 1:00	文件夹	
twentyseventeen	2019/11/14 1:00	文件夹	
twentytwenty	2019/11/14 1:00	文件夹	
index.php	2014/6/5 15:59	PHP Script	1 KB

图 9-5 WordPress 安装位置

电脑 > DATA (D:) > AppServ > www > wordpress > wp-content > themes

名称	修改日期	类型	大小
rysos-com	2020/1/2 14:58	文件夹	
storefront	2019/11/20 17:18	文件夹	
twentynineteen	2019/11/14 1:00	文件夹	
twentyseventeen	2019/11/14 1:00	文件夹	
twentytwenty	2019/11/14 1:00	文件夹	
index.php	2014/6/5 15:59	PHP Script	1 KB

图 9-6 粘贴新主题

（5）在后台页面，选择“外观”→“主题”功能，或按 F5 键刷新，可见有一个主题 Shop 已经显示在“主题”页面中，如图 9-7 所示。

【实例 9.3】 应用主题。

（1）在后台页面将鼠标指针放在想要应用的模板上面，会显示“启用”和“实时预览”的按钮，如图 9-8 所示。

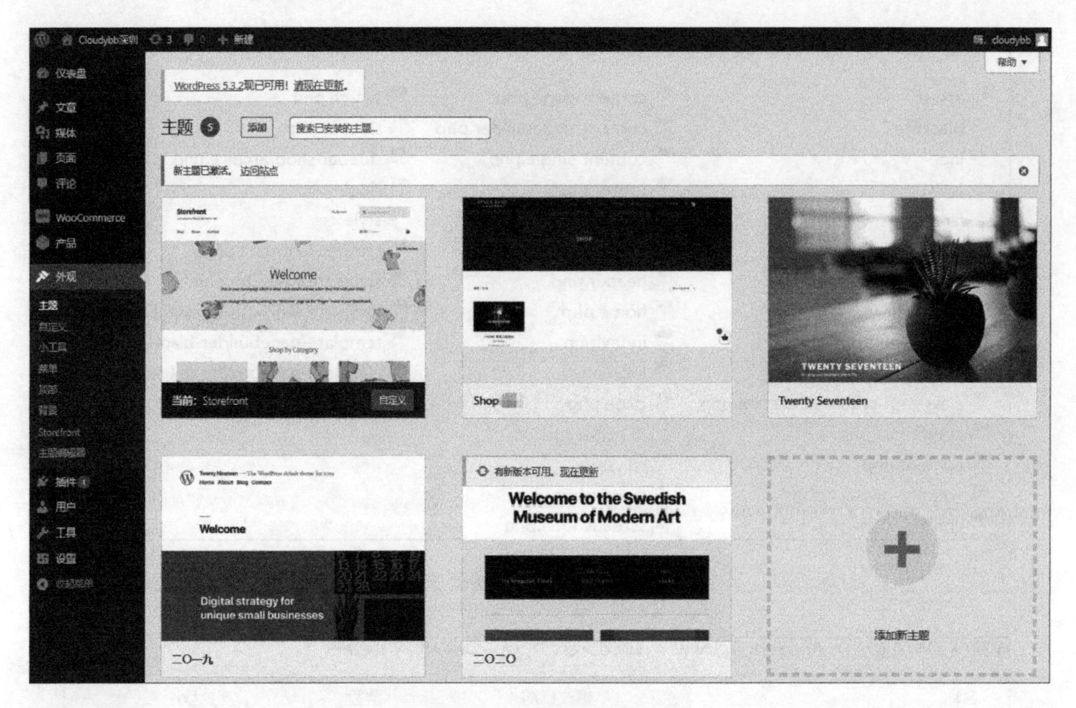

图 9-7　刷新主题页面

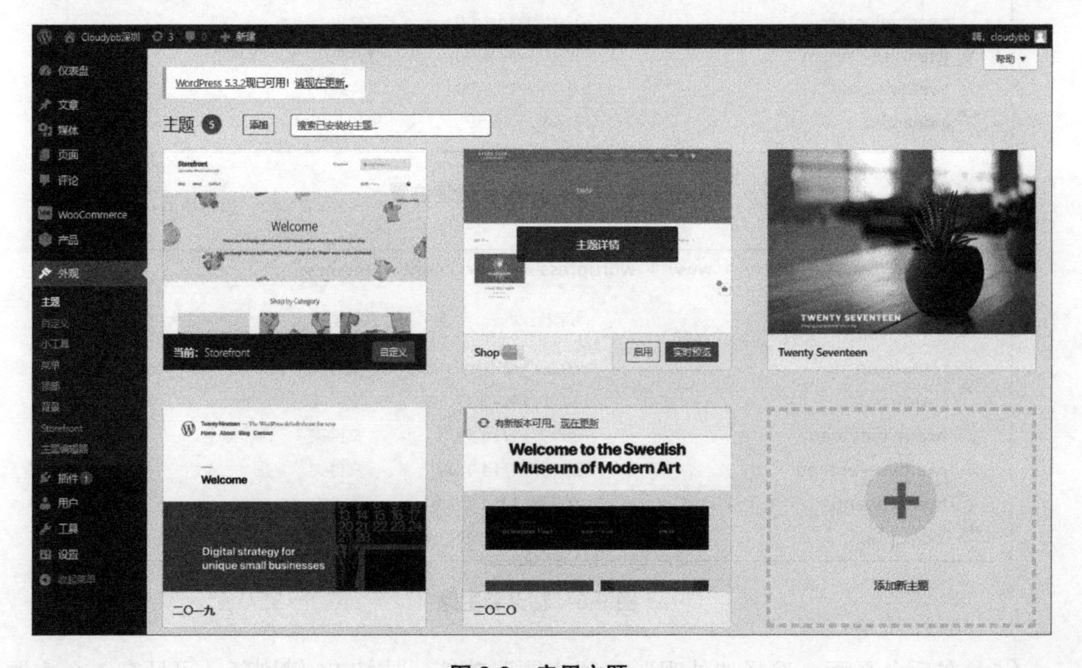

图 9-8　启用主题

（2）单击主题 Shop 的“启用”按钮后，主题 Shop 就变更为当前主题，如图 9-9 所示。

（3）管理员在后台将主题应用成功后，可以在前台页面查看新主题的使用效果，例如输入 http://localhost/wordpress/ 地址，查看首页页面，如图 9-10 所示。

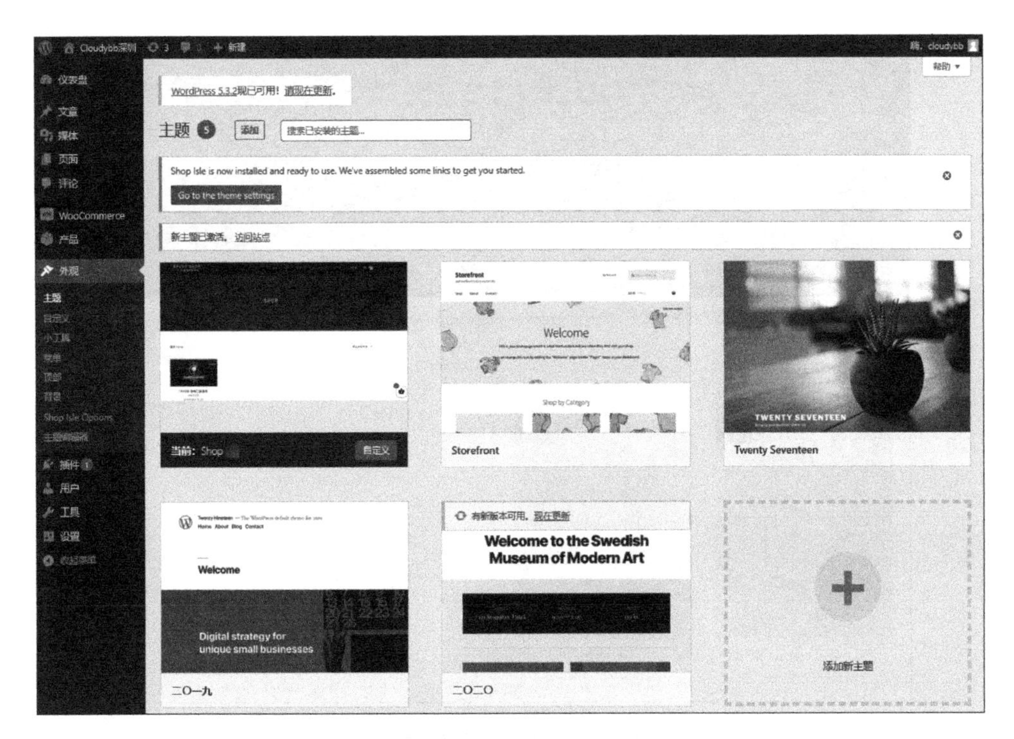

图 9-9　变更主题

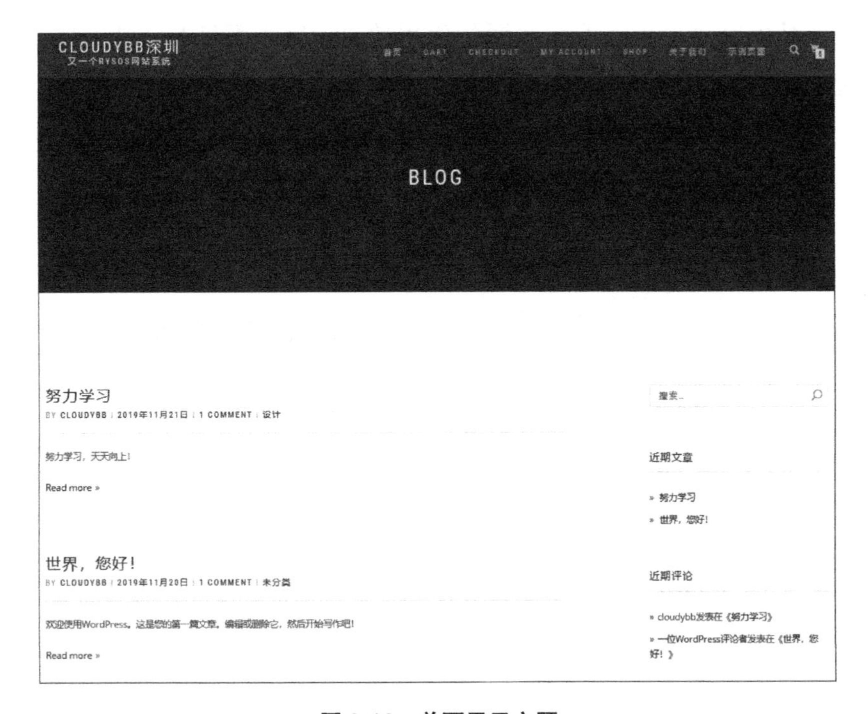

图 9-10　首页显示主题

（4）在 Shop 页面也可查看新主题的使用效果。输入网址 http://localhost/wordpress/shop/，即可查看，如图 9-11 所示。

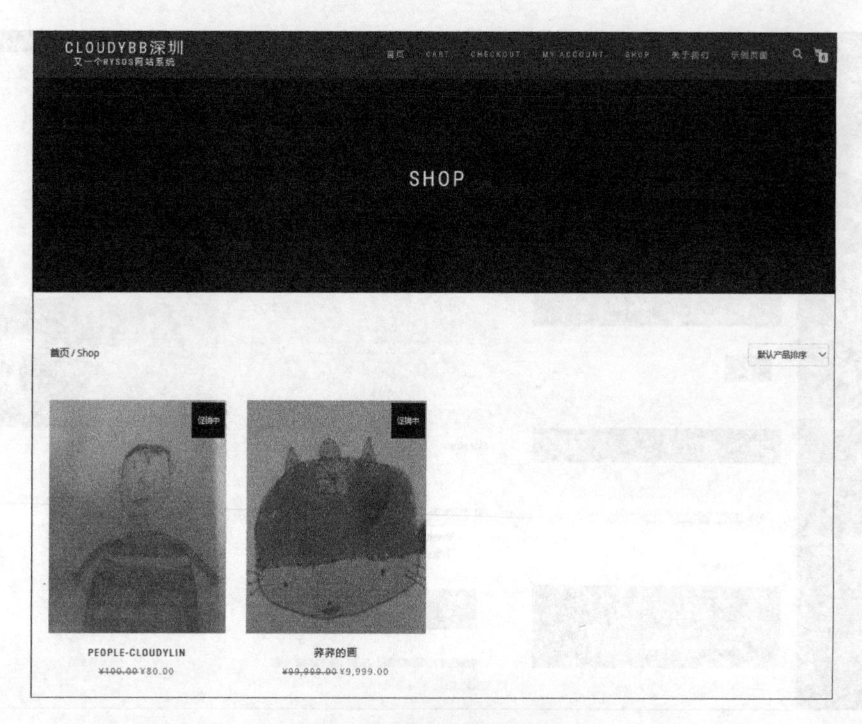

图 9-11　商店页显示主题

（5）在产品内容页也可查看新主题的使用效果。输入网址 http://localhost/wordpress/product/people-cloudylin/，即可查看产品内容页面，如图 9-12 所示。

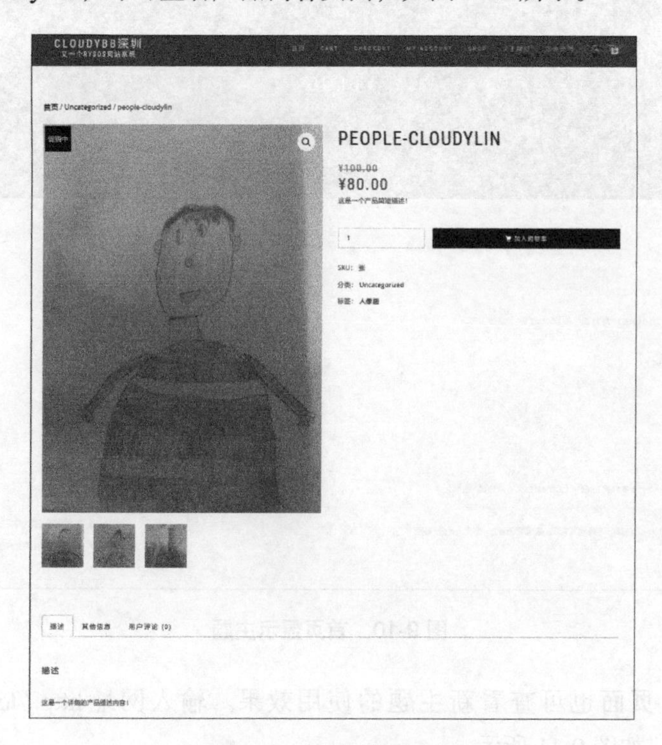

图 9-12　产品页显示主题

（6）管理员查看首页、产品页、产品内容页等页面均更新成功，说明主题更新成功。

9.2 自定义

概念

“自定义”功能包括站点身份、Header、Footer、Background、Typography、Buttons、Layout、Product Page、菜单、小工具、主页设置、WooCommerce 等。

Header 指页面的头部或页眉，Footer 指页面的尾部或页脚，Background 指背景，Typography 指排版，Buttons 指按钮，Layout 指布局，Product Page 指产品页。

自定义功能可以快速地改变主题的头部、尾部、背景、排版、按钮、布局、产品页的内容，使得用户在自己原有的主题风格上调整自己喜欢的配色和风格。

自定义功能无需用户懂得 HTML 网页代码，使用即见即所得的方式，使用户简简单单地修改主题的风格。

实例

【实例 9.4】 查看并了解“外观”中的“自定义”功能。

管理员可以从后台页面选择“外观”→“自定义”功能进入“自定义”功能页面。管理员可以查看当前使用的主题和自定义的功能，如图 9-13 所示。

图 9-13 自定义

1. 站点身份

在“自定义”功能页面，单击“站点身份”按钮后，显示站点身份的功能页面，管理员可以修改图标、站点标题、副标题。将站点标题设置为“Cloudybb 深圳”,副标题设置为“又一个 Rysos 网站系统”，那么首页页面的顶部已经显示站点标题和副标题，如图 9-14 所示。

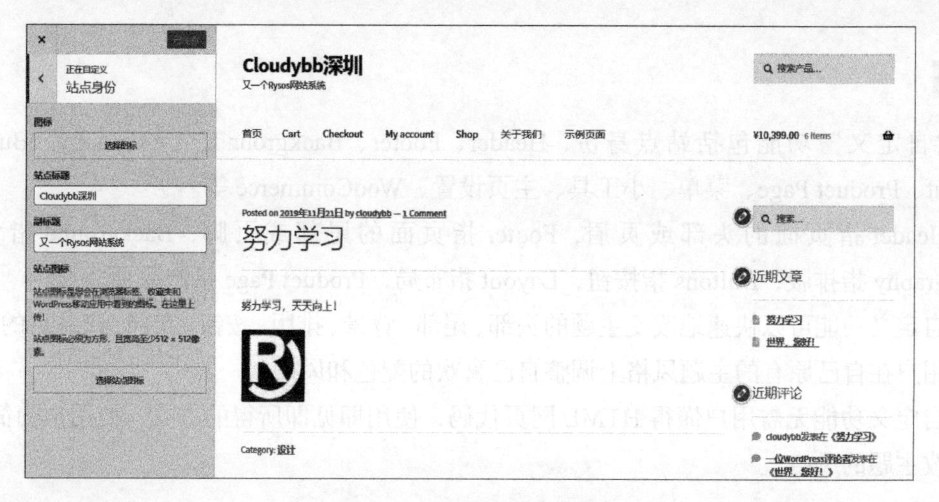

图 9-14　自定义站点身份

说明

站点图标是在浏览器标签、收藏夹和 WordPress 移动应用中查看到的图标。站点图标必须为正方形，并且高度和宽度至少为 512×512 像素。

2. Header

【实例 9.5】 为网站添加 Header。

（1）在“自定义”功能页面，单击 Header 按钮后，显示 Header 的功能页面，管理员可以修改网站顶部的图像、背景颜色（Background color）、文字颜色（Text color）、链接颜色（Link color），如图 9-15 所示。

图 9-15　自定义顶部风格（一）

（2）将背景颜色修改为橙色，文本颜色修改为红色，链接颜色修改为蓝色，可见头部的背景颜色为橙色，站点标题“Cloudybb 深圳”“首页”等页面的文字颜色为链接颜色蓝色，副标题“又一个 Rysos 网站系统”为文本颜色红色，如图 9-16 所示。

图 9-16 自定义顶部风格（二）

3. Footer

【实例 9.6】 为网站添加 Footer。

（1）在“自定义”功能页面，单击 Footer 按钮后，显示 Footer 的功能页面，管理员可以修改网站尾部的背景颜色（Background color）、标题颜色（Heading color）、文字颜色（Text color）、链接颜色（Link color），如图 9-17 所示。

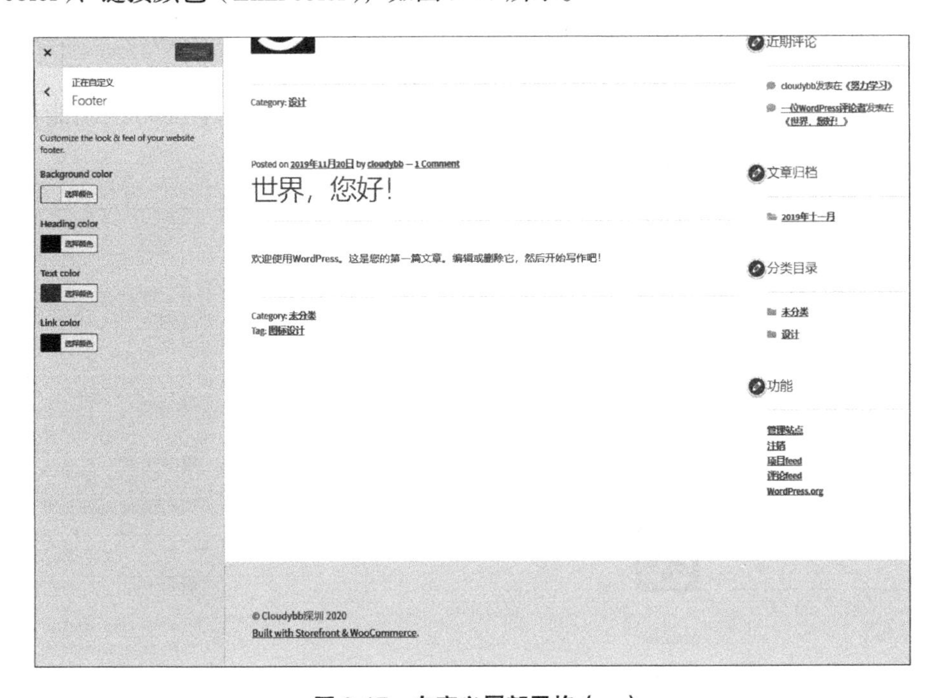

图 9-17 自定义尾部风格（一）

（2）将背景颜色修改为黄色，标题颜色修改为红色，文本颜色修改为绿色，链接颜色修改为紫色，可见尾部的背景颜色为黄色，由于尾部没有标题，标题颜色红色不显示，文本“© Cloudybb 深圳 2020”颜色为绿色，链接颜色为紫色，如图 9-18 所示。

图 9-18　自定义尾部风格（二）

4. Background

在“自定义”功能页面，单击 Background 按钮后，显示 Background 的功能页面，管理员可以修改背景图像、背景颜色，如图 9-19 所示。

图 9-19　自定义背景风格（一）

将背景颜色修改为黄色，可见中间的内容背景颜色为黄色，如图 9-20 所示。

图 9-20 自定义背景风格（二）

5. Typography

【实例 9.7】 使用 Typography 排版功能改变页面颜色。

（1）在“自定义”功能页面，单击 Typography 按钮后，显示 Typography 排版的功能页面，Typography 排版主要修改页面中间部分的配色，管理员可以修改标题颜色（Heading color）、文本颜色（Text color）、链接颜色（Link/accent color）、头像颜色（Hero heading color）、头像文本颜色（Hero text color），如图 9-21 所示。

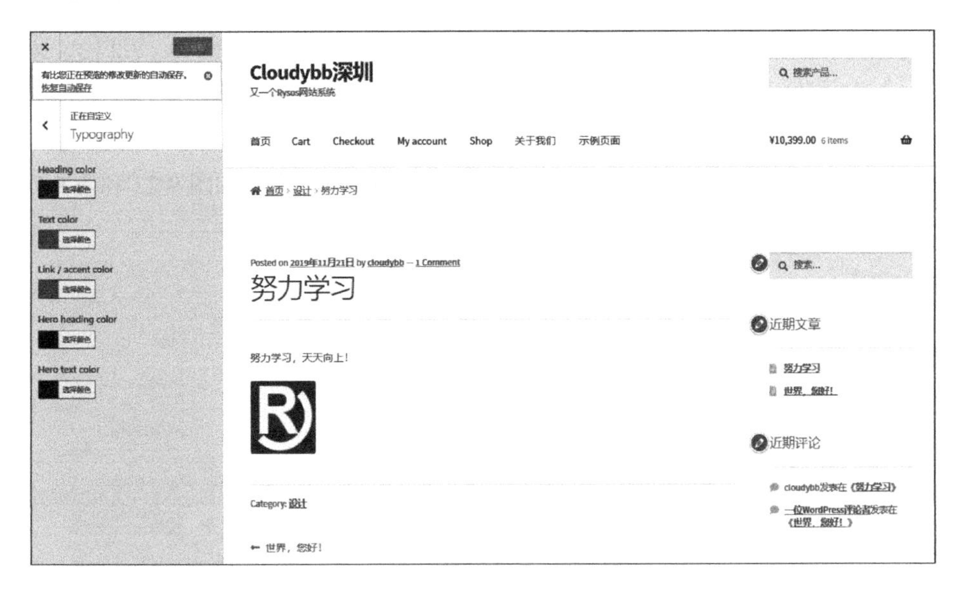

图 9-21 自定义排版配色（一）

（2）将标题颜色（Heading color）修改为黄色，文本颜色（Text color）修改为黄色，链接颜色（Link/accent color）修改为紫色，头像颜色（Hero heading color）修改为蓝色，头像文本颜色（Hero text color）修改为绿色，可见中间部分的内容标题文本“努力学习”为黄色，详情内容“努力学习，天天向上！”为橙色，链接“←世界，您好！”为紫色，如图 9-22 所示。

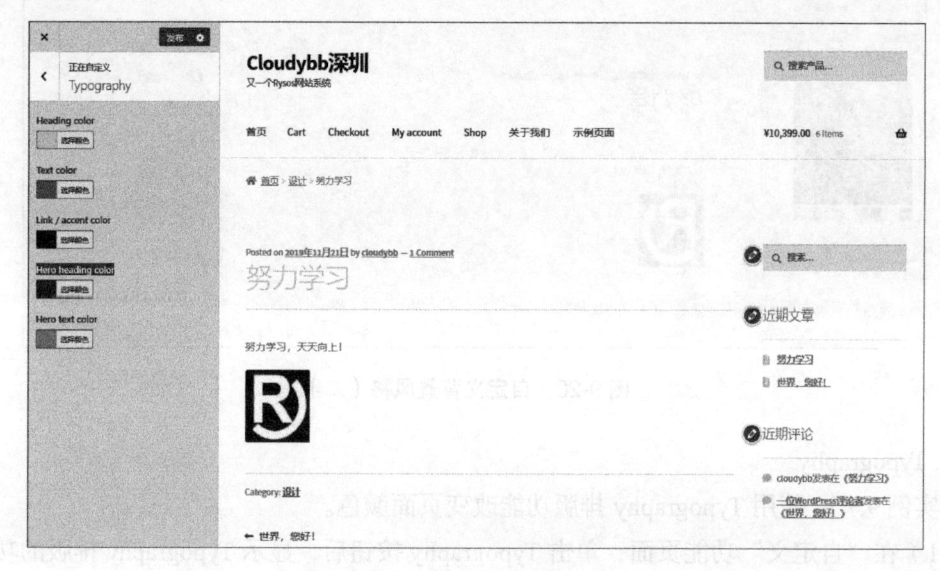

图 9-22　自定义排版配色（二）

6. Buttons

在“自定义”功能页面，单击 Buttons 按钮后，显示 Buttons 按钮的功能页面。Buttons 按钮主要修改按钮颜色，管理员修改按钮的背景颜色（Background color）为红色，文本颜色（Text color）为黄色，备用按钮背景色（Alternate button background color）为绿色，备用按钮文本颜色（Alternate button text color）为蓝色，可见按钮“查看购物车”和“发表评论”背景色为红色，文本颜色为黄色；按钮“结算”为绿色，文本颜色为蓝色，如图 9-23 和图 9-24 所示。

图 9-23　自定义按钮配色（一）

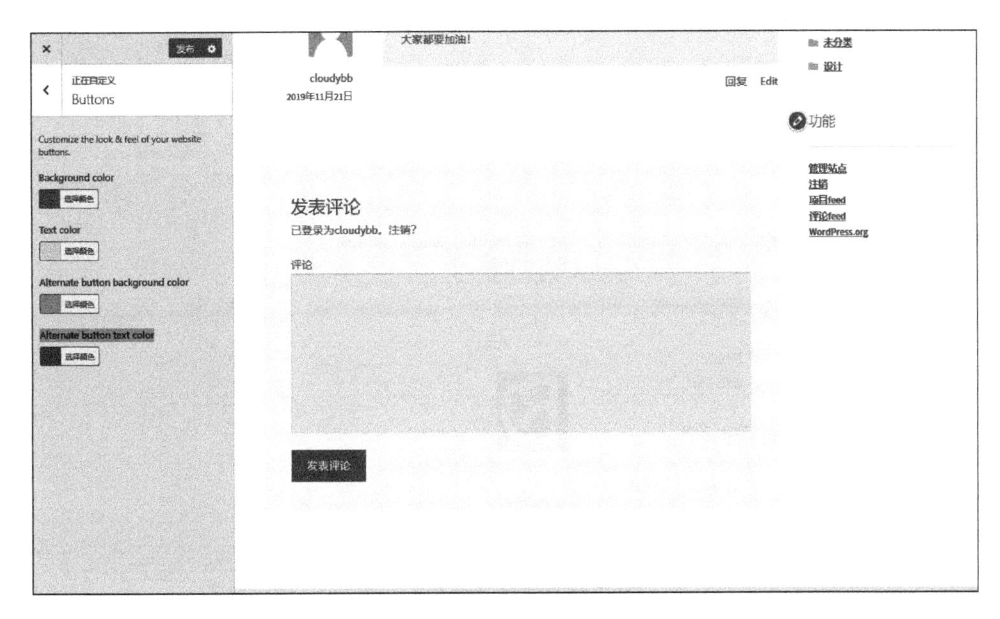

图 9-24　自定义按钮配色（二）

7. Layout

【实例 9.8】 使用 Layout 功能改变页面布局。

（1）在“自定义”功能页面，单击 Layout 按钮后，显示 Layout 布局的功能页面，Layout 布局主要修改页面中间部分的左栏和右栏的位置布局，管理员也可以修改内容的位置布局。

单击布局按钮后，左栏显示内容，右栏显示功能，如图 9-25 所示。

图 9-25　自定义布局（一）

（2）单击布局按钮后，左栏显示功能，右栏显示内容，如图 9-26 所示。

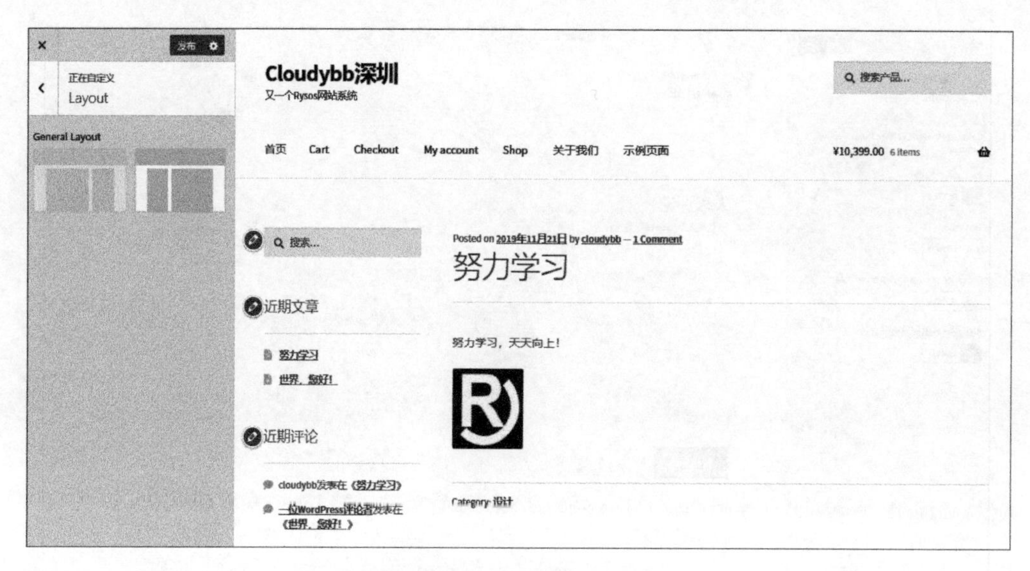

图 9-26　自定义布局（二）

8. Product Page

（1）在“自定义”功能页面，单击 Product Page 按钮后，显示 Product Page 按钮的功能页面，Product Page 主要修改产品页“粘性加入购物车”和“产品分页”选项，如图 9-27 所示。

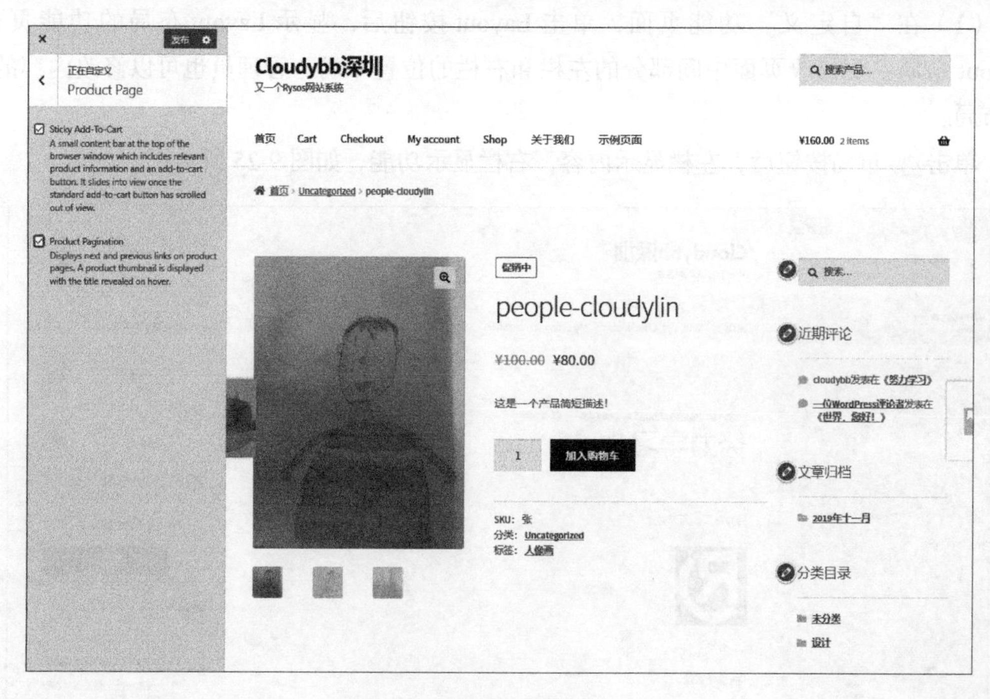

图 9-27　自定义产品页（一）

粘性加入购物车：浏览器产品详情页面窗口顶部的一个导航栏，其中包含相关产品信息和“加入购物车”按钮。

产品分页：在产品详情页上显示上一个和下一个产品链接，将显示上一个或下一个产品缩略图，并在鼠标悬停缩略图时显示标题。

（2）勾选 Sticky Add-To-Cart 选项，即开启“粘性加入购物车”功能，在产品详情页往下拖动，页面顶部自动显示该产品的缩略图、名称、价格、加入购物车按钮的信息，如图 9-28 所示。

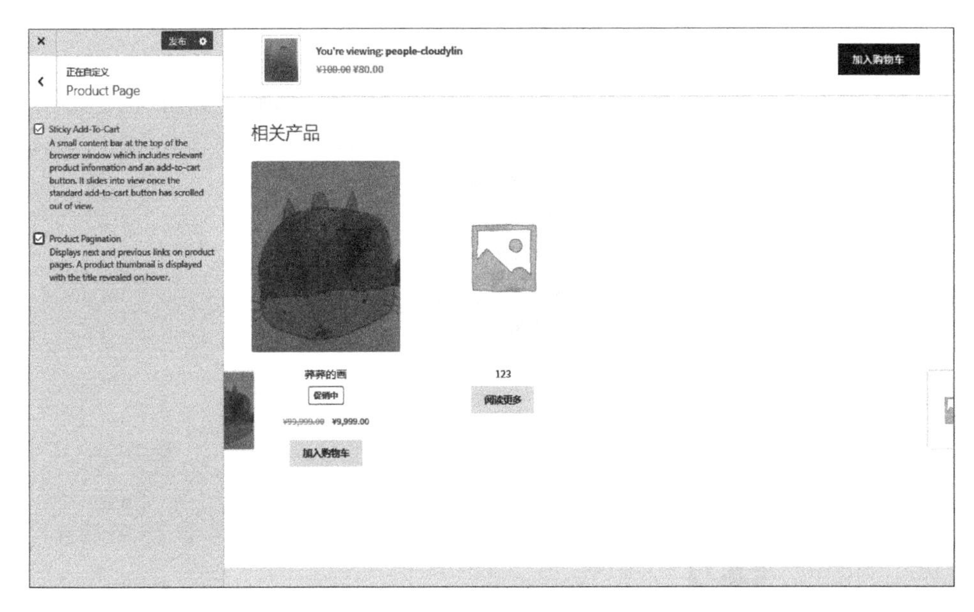

图 9-28 自定义产品页（二）

（3）勾选 Product Pagination 选项，即开启“产品分页”的功能，鼠标悬停在缩略图上，就可以查看上一个产品的名称“荞荞的画”及其完整的缩略图，如图 9-29 所示。

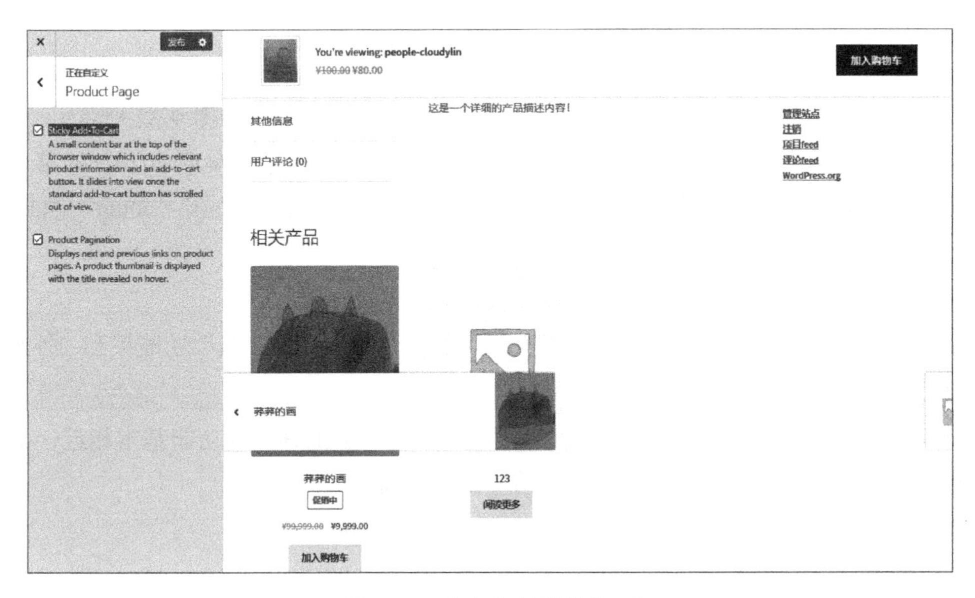

图 9-29 自定义产品页（三）

9. 菜单

（1）在“自定义”功能页面，单击“菜单”按钮后，显示菜单的功能页面，菜单主要修改页面顶部的菜单，管理员可以修改菜单的位置和添加菜单页面，菜单如图 9-30 所示。

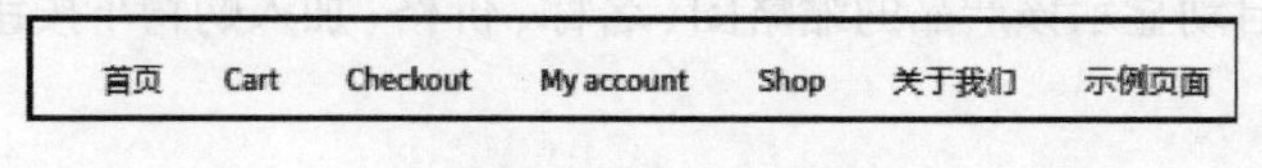

图 9-30 “菜单”功能

（2）进入菜单功能页面，可在右边栏看见“创建新菜单”按钮，如图 9-31 所示。

图 9-31 菜单

（3）单击“创建新菜单”按钮后，单击关于我们、My account、Checkout、Cart、Shop 前面的 + 按钮即可添加到菜单，将菜单名称输入为“菜单 2020”，如图 9-32 所示。

（4）勾选 Primary Menu（主菜单）按钮，即在主菜单上应用“菜单 2020”的菜单，可见现在顶部的菜单已经是“关于我们”“My account”“Checkout”“Cart”“Shop”，如图 9-33 所示。

10. 小工具

WordPress 的小工具功能出现在“外观”→“自定义”→“小工具”功能里和“外观”→“小工具”的功能里。

“外观”→“小工具”和“外观”→“自定义”→“小工具”的功能基本相近，都是拖拉式使用，但是“外观”→“小工具”的功能比较全面。

【实例 9.9】 将前台页面的“近期文章”功能模块删除。

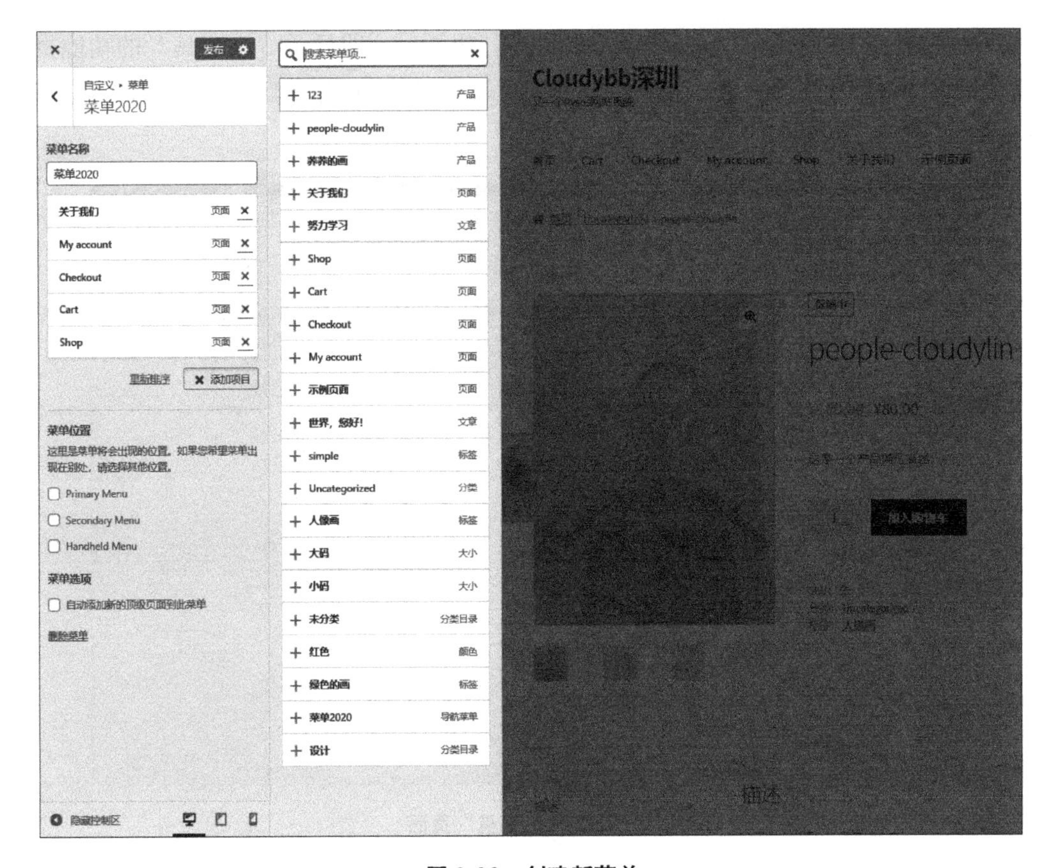

图 9-32 创建新菜单

图 9-33 菜单位置设置

（1）在后台页面选择“外观”→“小工具”功能后，即显示“小工具”的功能页面，管理员可见“可用小工具”和“未使用的小工具”栏目，“可用小工具”里面有一个小工具“近期文章”，如图 9-34 所示。

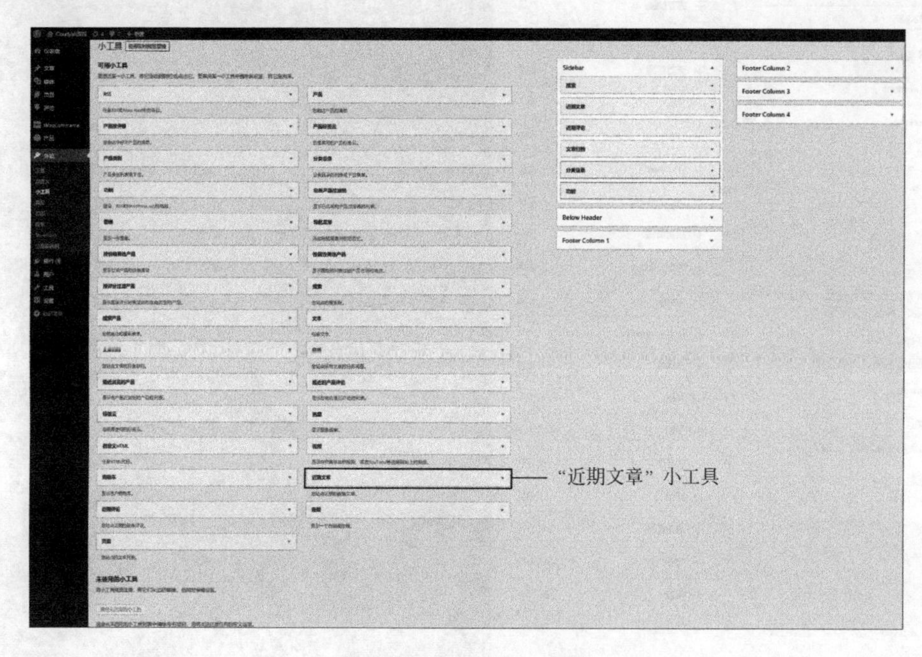

图 9-34 “小工具”页面

（2）在 Sidebar 栏目中的“搜索”“近期文章”“近期评论”“文章归档”“分类目录”“功能”等小工具功能都可从“可用小工具”拖动到 Sidebar 栏目里，如图 9-35 所示。

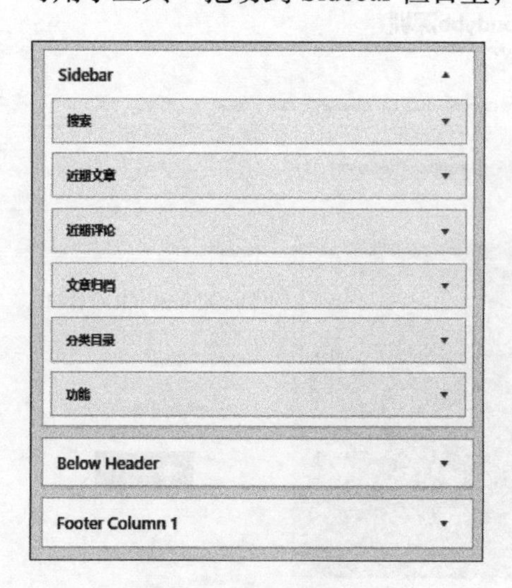

图 9-35 Sidebar 栏目

（3）用户进入到前台页面的首页，在右边栏可见“搜索”“近期文章”“近期评论”“文章归档”“分类目录”“功能”等功能，如图 9-36 所示。

图 9-36　前台页面查看 Sidebar 栏目

（4）在后台页面的 Sidebar 功能模块里找到小工具“近期文章”，鼠标指针放在上面，按住鼠标即可拖动，如图 9-37 所示。

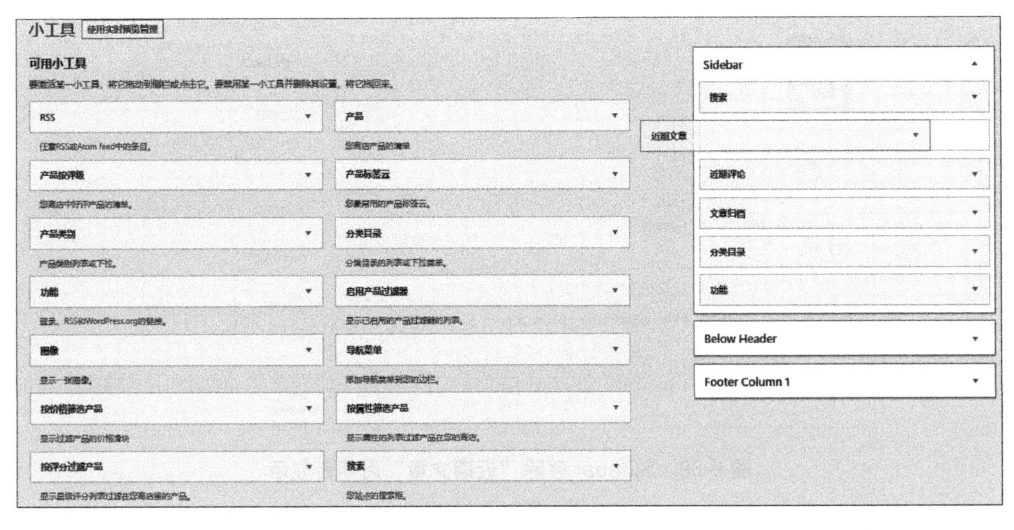

图 9-37　Sidebar 拖动效果

（5）将 Sidebar 里面的小工具“近期文章”移除后，剩下“搜索”“近期评论”“文章归档”“分类目录”“功能”五个功能，如图 9-38 所示。

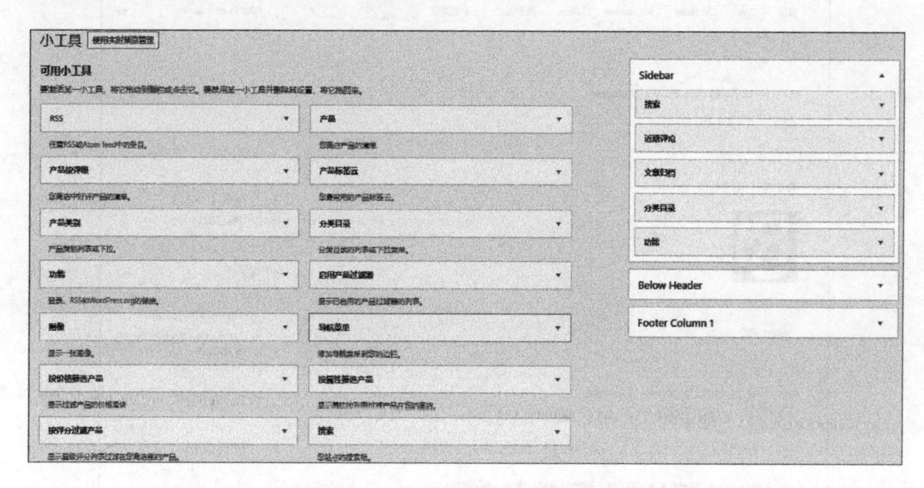

图 9-38　Sidebar 移除“近期文章”后

（6）用户从前台页面进入到首页，右边栏目可见“搜索”“近期评论”“文章归档”“分类目录”“功能”五个功能，“近期文章”的功能已经删除，用户已经无法查看，如图 9-39 所示。

图 9-39　Sidebar 移除“近期文章”后前台显示

11. 主页设置

（1）进入后台页面，在“自定义”功能页面，单击“主页设置”按钮后，显示主页设置的功能页面，管理员可以选择主页显示为“您的最新文章”或“一个静态页面”，此处将“主页显示”选择为“您的最新文章”，如图 9-40 所示。

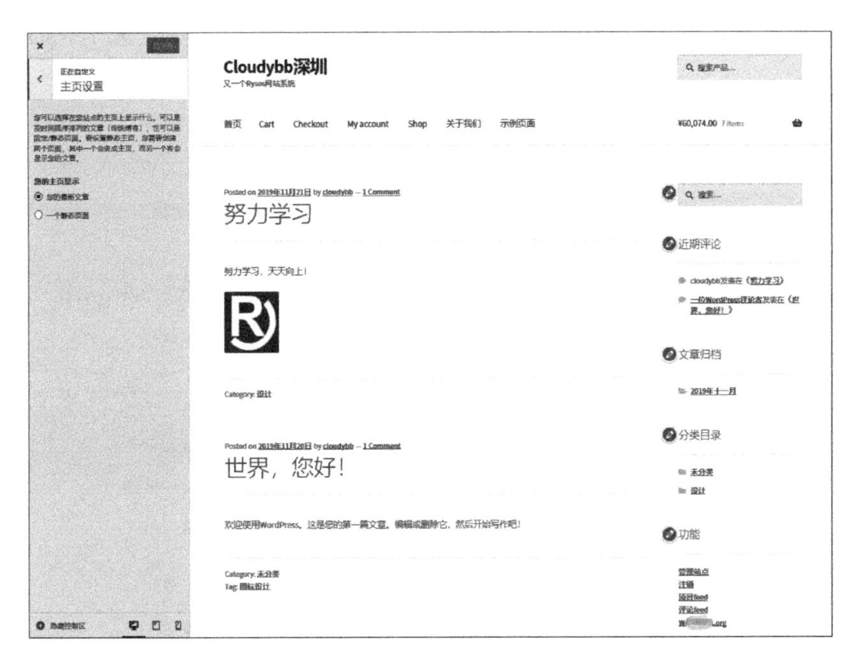

图 9-40　主页设置

（2）此时用户打开前台页面首页，可见首页显示了最新的文章“努力学习”，如图 9-41 所示。

图 9-41　显示最新的文章

【实例 9.10】将主页设置为“关于我们”。

（1）管理员在后台自定义功能页面，单击“主页设置”按钮后，显示主页设置的功能页面，管理员将“主页显示”选择为“一个静态页面”，“主页”选择为“关于我们”，如图 9-42 所示。

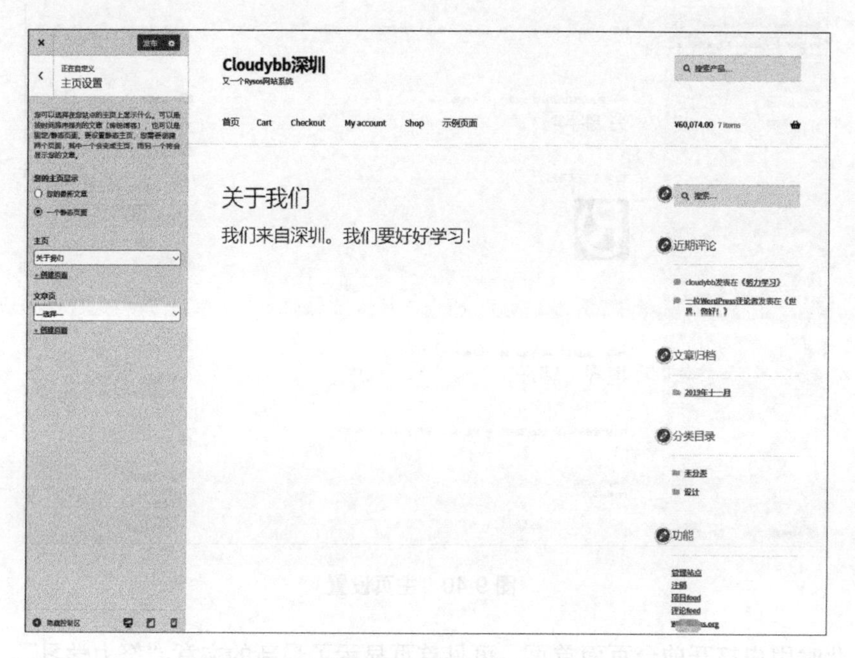

图 9-42　后台页面的主页设置为“关于我们”

（2）用户打开首页，可见首页显示了“关于我们”的页面内容，如图 9-43 所示。

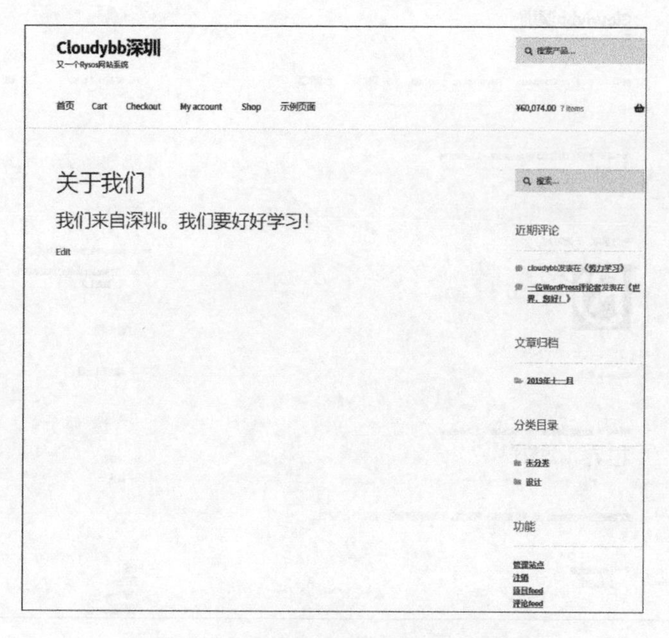

图 9-43　前台页面主页显示“关于我们”

12. WooCommerce

（1）在“自定义”功能页面，单击 WooCommerce 按钮后，显示 WooCommerce 的功能页面。管理员可以设置“商店通知”“产品目录”“产品图片”“结算”等功能，如图 9-44 所示。

（2）单击“商店通知”按钮后，显示“商店通知”页面，管理员可以设置商店通告的内容，默认商店通告内容为“这是一个用于测试的演示商店——将不会履行订单约定。”，管理员也可以启用或不启用商店通知，效果分别如图 9-45 和图 9-46 所示。

图 9-44 WooCommerce 功能

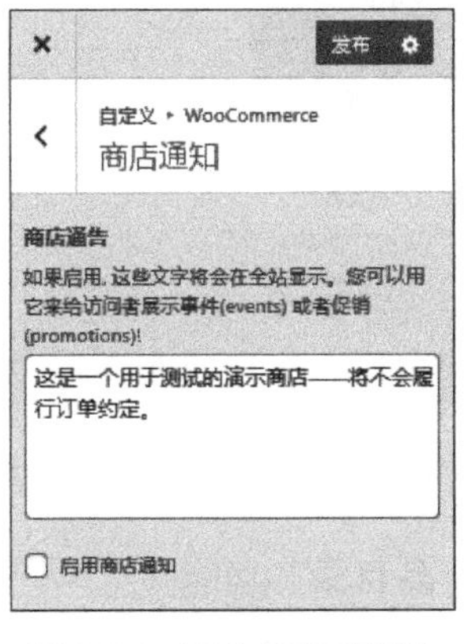

图 9-45 不启用商店通告

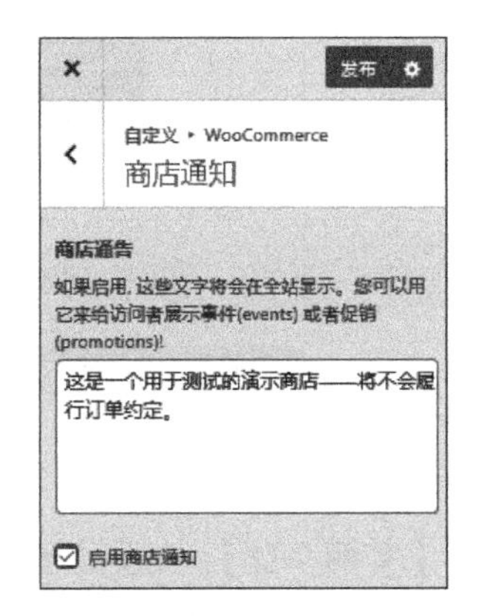

图 9-46 启用商店通告

（3）未勾选“启用商店通知”，前台页面底部没有通知信息，如图 9-47 所示。

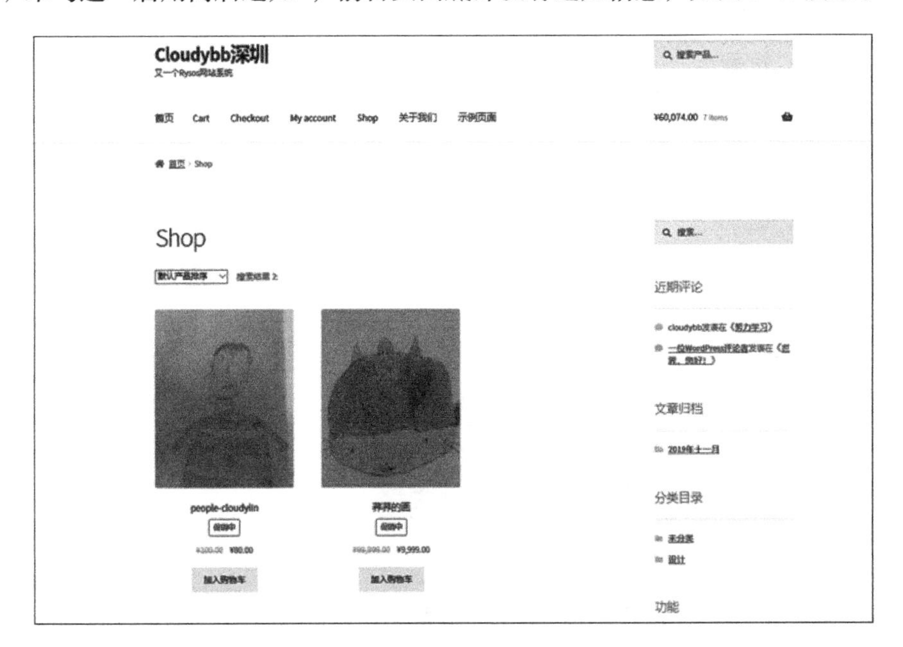

图 9-47 不启用商店通告前台效果

勾选“启用商店通知”，前台页面底部有蓝色的通知信息，如图 9-48 所示。

图 9-48　启用商店通告后台效果

【实例 9.11】 查看并了解“产品目录”功能。

（1）产品目录。单击“产品目录”按钮后，显示“产品目录”设置页面，管理员可以设置商店产品目录的内容，包括设置商店页面显示、分类显示、默认的产品排序、每行的产品数，如图 9-49 所示。

图 9-49　产品目录

（2）找到“产品数量显示：”下拉菜单的按钮，默认为“产品数量显示”，如图 9-50 和图 9-51 所示。

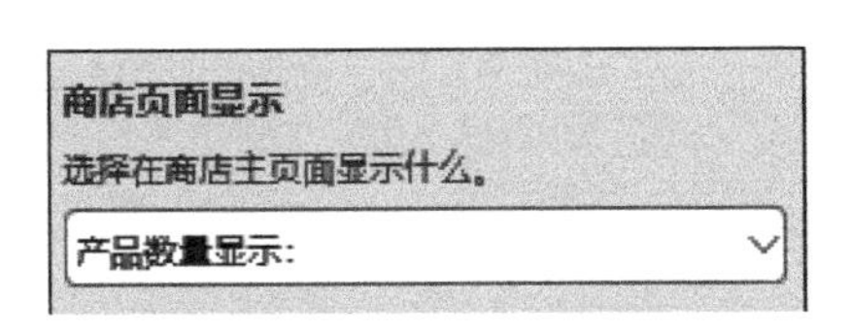

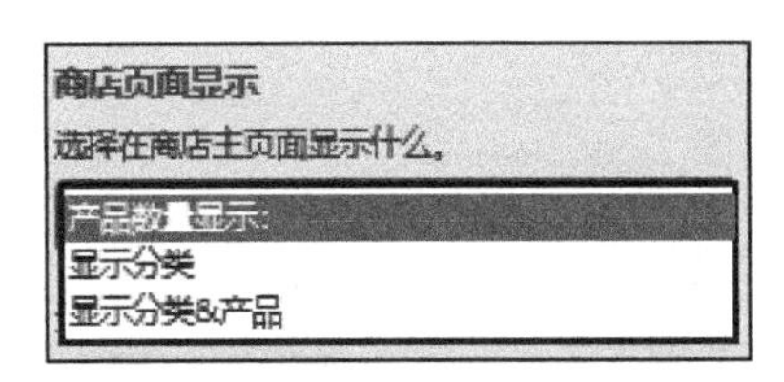

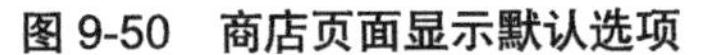

图 9-50 商店页面显示默认选项　　图 9-51 商店页面显示选项内容

（3）商店主页面显示选择“显示分类”，那么前台页面就显示分类“Uncategorized(2)”，即分类 Uncategorized 下有 2 个产品，如图 9-52 所示。

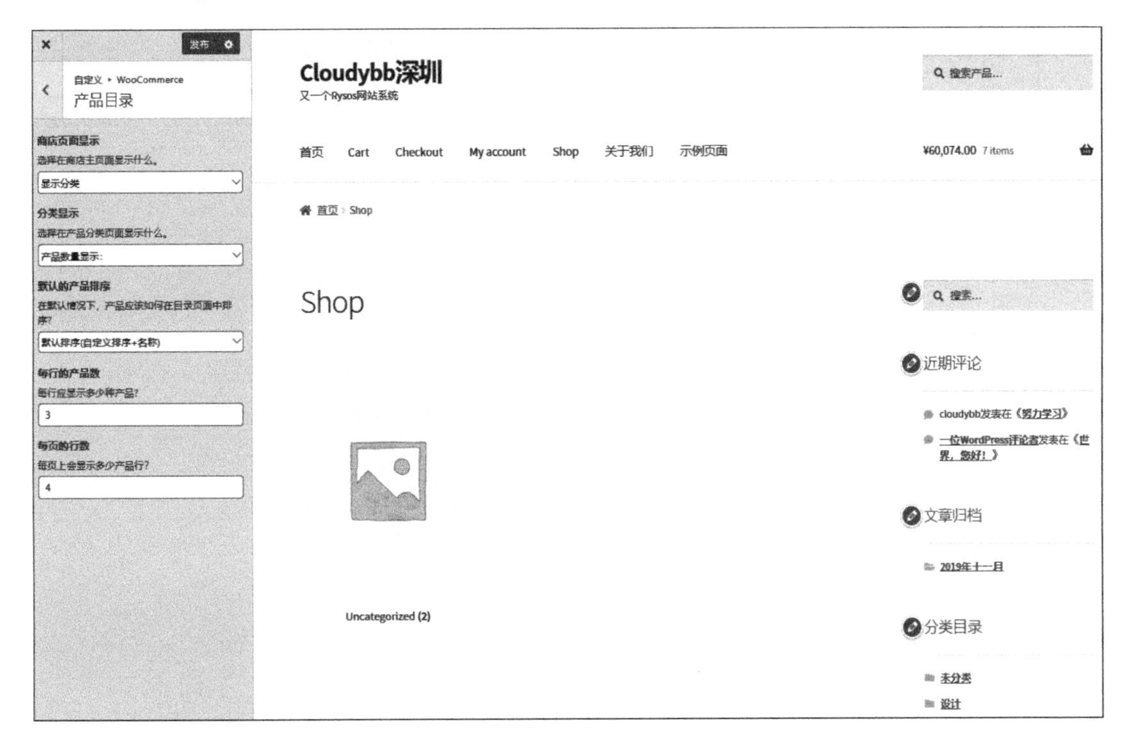

图 9-52 商店主页面显示分类

（4）商店主页面显示选择“显示分类 & 产品”，那么前台页面就显示分类 Uncategorized（2）和两个产品 people-cloudylin、“荞荞的画”，如图 9-53 所示。

【实例 9.12】 查看并了解“默认的产品排序”功能。

（1）单击“默认的产品排序”按钮后，显示“默认的产品排序”设置页面，管理员可以设置产品的排序，选择包括默认排序 (自定义排序 + 名称)、每月销售、平均评分、按最新的排序、按价格从低到高、按价格从高到低，如图 9-54 所示。

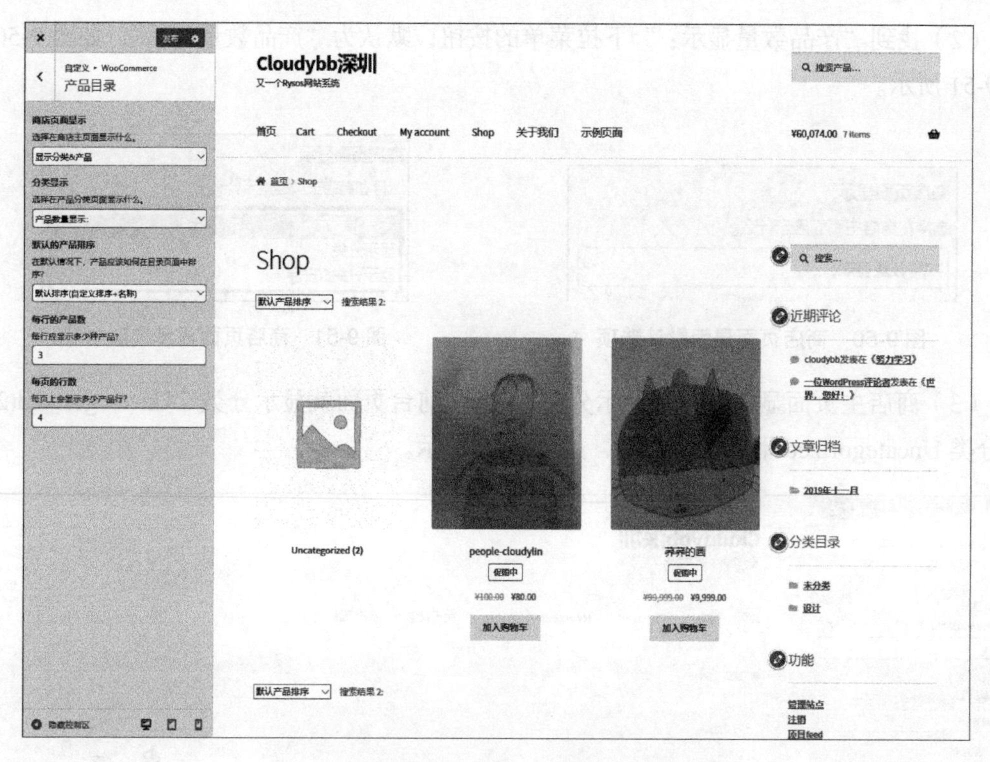

图 9-53　商店主页面选择“显示分类 & 产品”

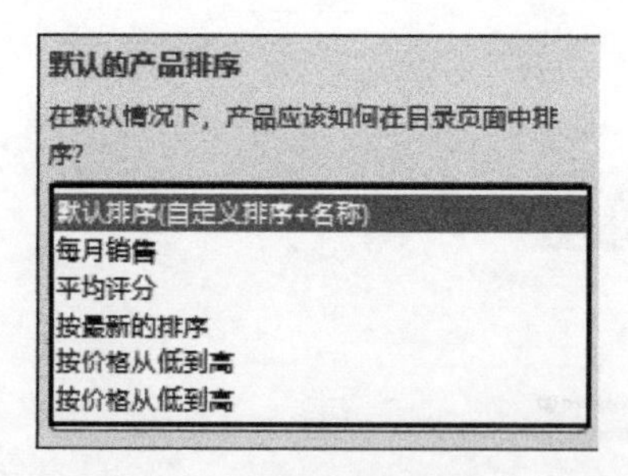

图 9-54　默认的产品排序（一）

系统最后一行功能应为“按价格从高到低”，图 9-54 中的显示错误为系统自带。

（2）选择“默认排序(自定义排序 + 名称)”，如图 9-55 所示。

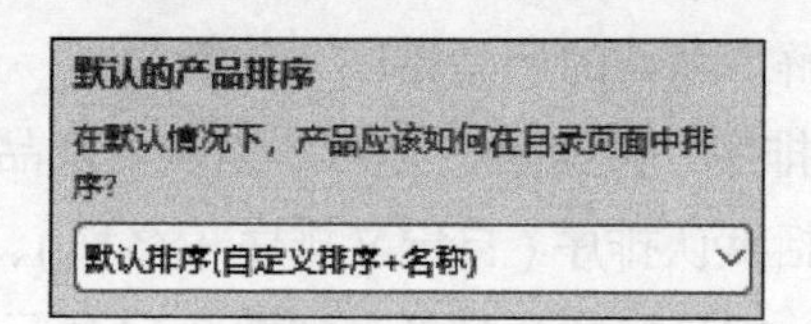

图 9-55　默认的产品排序（二）

（3）选择“默认排序（自定义排序＋名称）”后，前台页面显示的效果如图 9-56 所示。

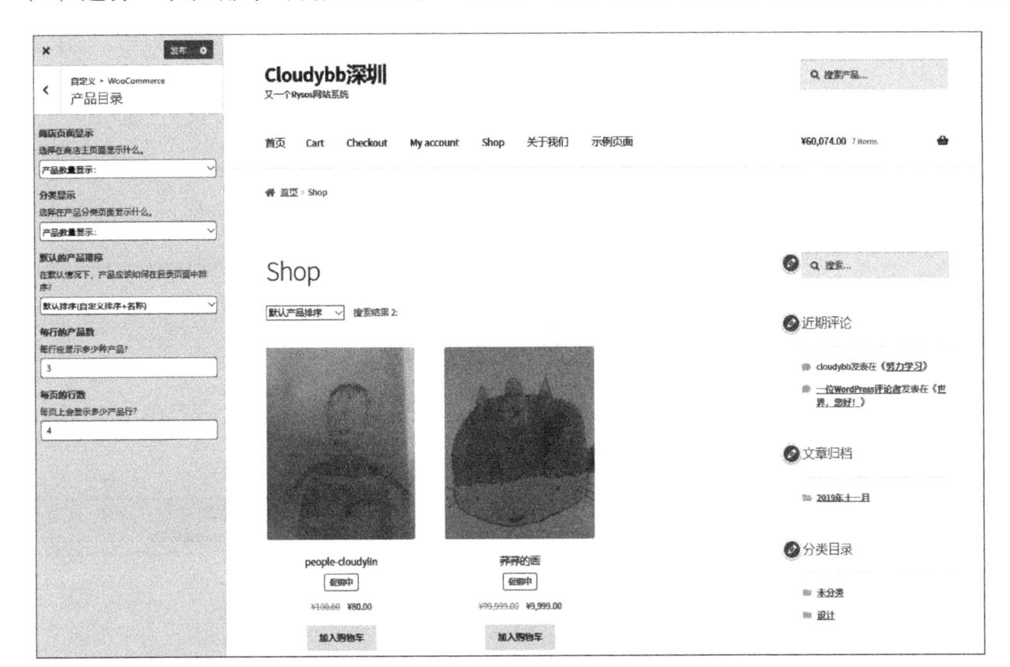

图 9-56　默认产品排序的效果

（4）此外，产品也可按每月销售、平均评分、价格高低排序，请读者自行尝试。

【实例 9.13】 查看并了解“每行的产品数”和“每页的行数”功能。

（1）每行的产品数和每页的行数设置：将“每行的产品数”设置为 1，“每页的行数”设置为 1，如图 9-57 所示。

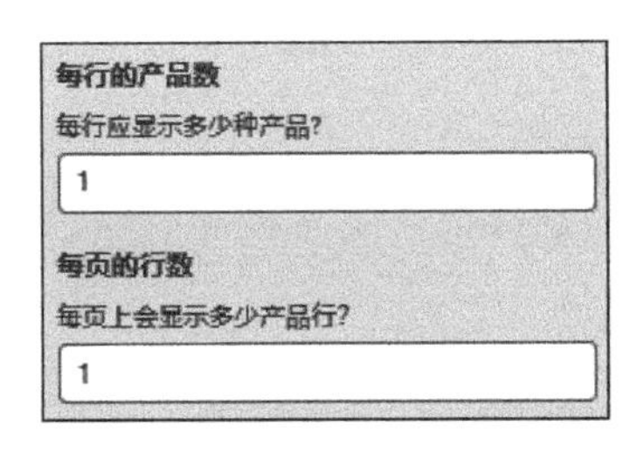

图 9-57　“每行的产品数”和“每页的行数”设置（一）

（2）前台页面可见每行的产品数为 1，每页的行数为 1，查看第 2 个产品，用户需要翻页，如图 9-58 所示。

（3）将“每行的产品数”设置为 2，“每页的行数”设置为 2，如图 9-59 所示。

（4）前台页面可见每行的产品数为 2，每页的行数为 2，直接显示 2 个产品，用户不需要翻页，如图 9-60 所示。

图 9-58 “每行的产品数”和“每页的行数”设置后的效果（一）

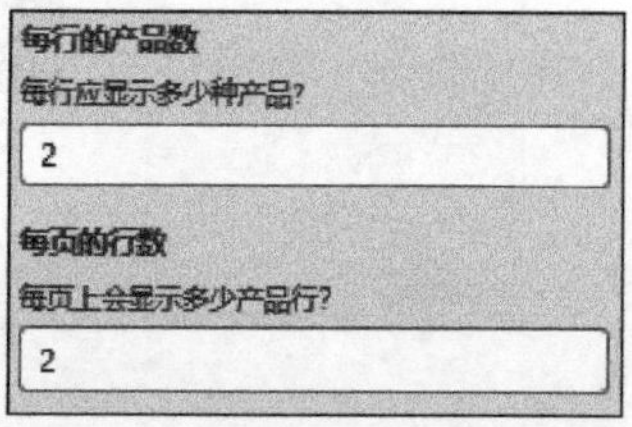

每行的产品数
每行应显示多少种产品?
2
每页的行数
每页上会显示多少产品行?
2

图 9-59 “每行的产品数”和“每页的行数”设置（二）

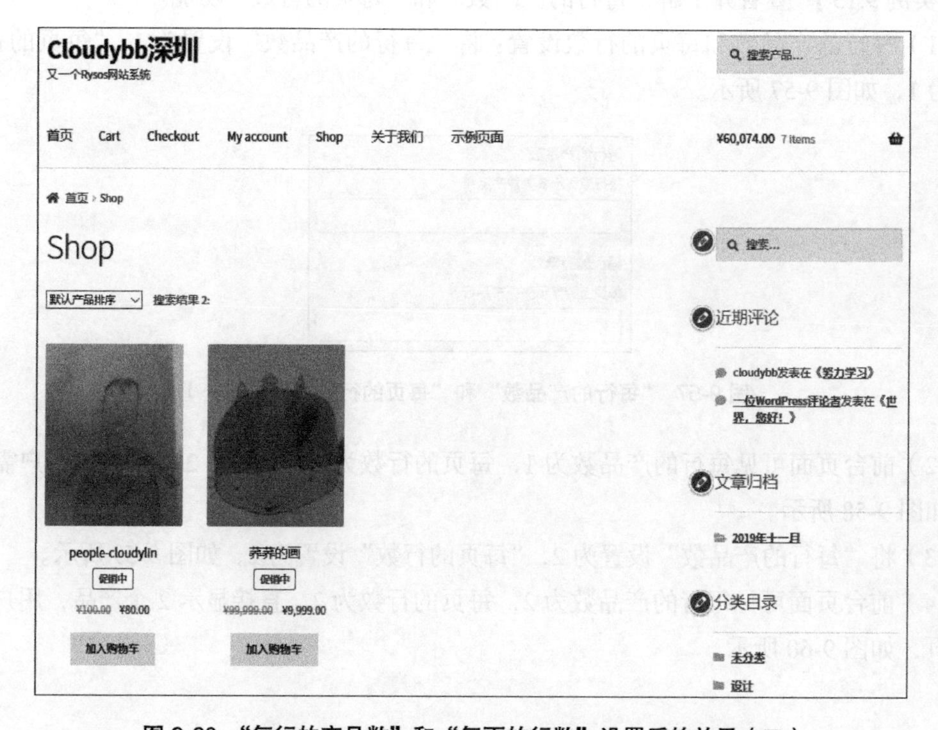

图 9-60 “每行的产品数”和“每页的行数”设置后的效果（二）

小技巧

电商运营技巧 1：通过以下对话，学会怎样配出漂亮的色彩。

经理，自定义配色功能我学会了，但是学不会配出漂亮的颜色。

学不会也不要紧，我们是电商运营，运营可以不懂设计、不懂开发，但要懂使用外部的工具。可以进入 https://color.adobe.com 网站。

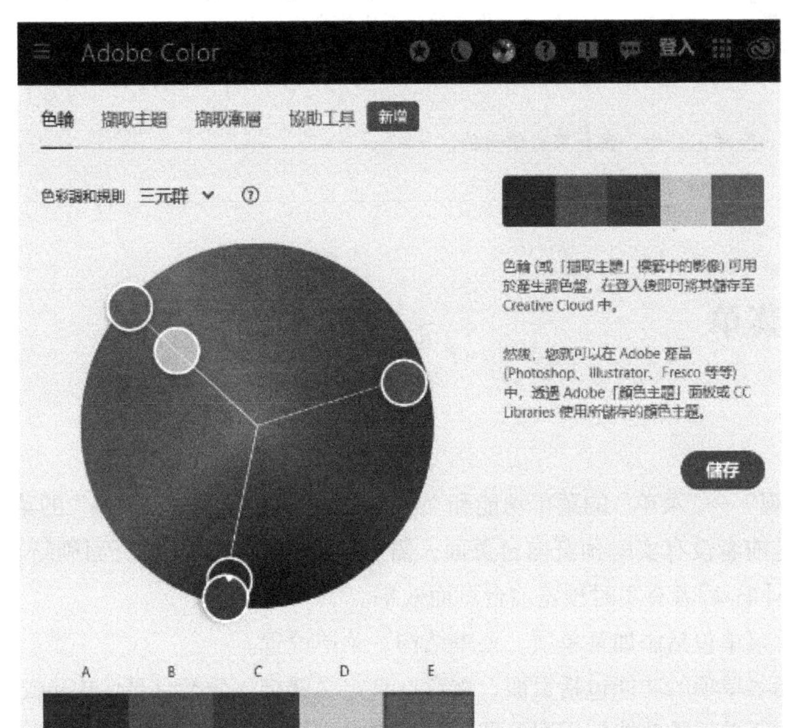

你看。漂亮的配色方案就出来了。另外，专业的设计事情交给专业的设计师去做。

经理，我学懂配出漂亮的颜色了。以后我会运用好公司的设计师和开发工程师的资源，做到运筹帷幄。

电商运营技巧 2：术业有专攻，运营人员主要负责上架、销售、售后等功能。

经理，自定义的功能，我看见很多涉及设计、前端开发、PHP 开发相关的内容，我们电商运营人员应该学到什么程度呢？

电商运营人员主要负责电商商品的上架、推广、销售、售后服务等经营与管理工作。你要学懂系统的功能，有的功能只需简单了解，有的功能需要每天使用。与上架、推广、销售、售后服务相关功能，是我们必须要懂的。与美化相关的功能，需要与相关设计师、开发工程师沟通，由他们执行。

经理，我懂了。没用的功能可以不显示吗？

未来公司扩大会把所有功能权限区分开，运营专员能够使用的功能很少。现在电商公司刚起步，你能够学到比较多的知识。

经理，好的，我会努力学习的。

9.3 菜单

概念

“外观”→“菜单”的菜单功能和“外观”→“自定义”→“菜单”的菜单功能基本一致，不同的是前者没有实时预览前台页面，需要管理员自己去前台页面刷新查看，使用的过程也略有不同；后者有实时预览前台页面效果。

编辑菜单包括添加菜单项、菜单结构、菜单设置。

添加菜单项的功能包括页面、文章、自定义链接、分类目录、WooCommerce 端点。

添加菜单项的功能使用即见即所得的方式，使管理员可以简简单单地修改主题的风格。

实例

【实例 9.14】 查看并了解“外观”→“菜单”功能。

（1）管理员可以从后台页面选择“外观”→“菜单”功能进入“菜单”功能页面。在该页面管理员可以查看编辑菜单的功能，如图 9-61 所示。

（2）管理员在“菜单名称”处输入“菜单 2020”，单击“创建菜单”按钮，即可创建菜单，如图 9-62 所示。

（3）创建菜单成功后，由于菜单没有项目，系统提示“从左边栏中添加菜单项目”，如图 9-63 所示。

图 9-61 “菜单”页面

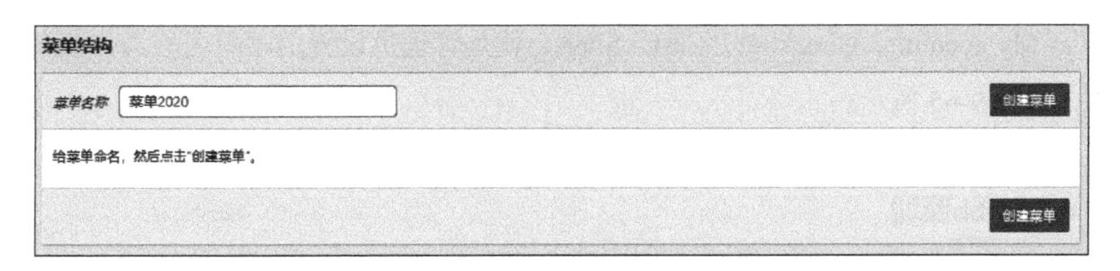

图 9-62 创建菜单

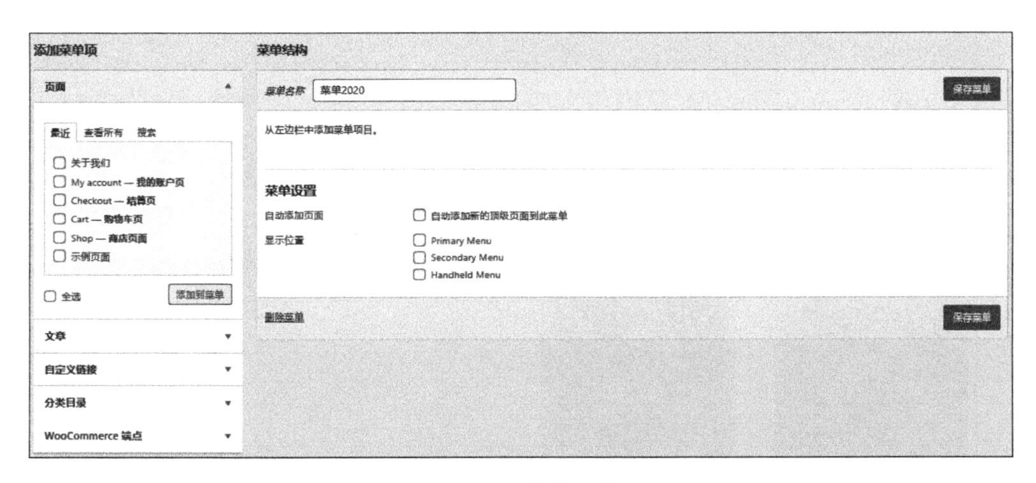

图 9-63 菜单设置

（4）左栏勾选“关于我们”“My account—我的账户页”“Checkout—结算页”“Cart—购物车页”“Shop—商店页面”，再单击“添加到菜单”按钮，最后在“菜单设置”中勾选“自动添加新的顶级页面到此菜单”和 Primary Menu 复选框，如图 9-64 所示。

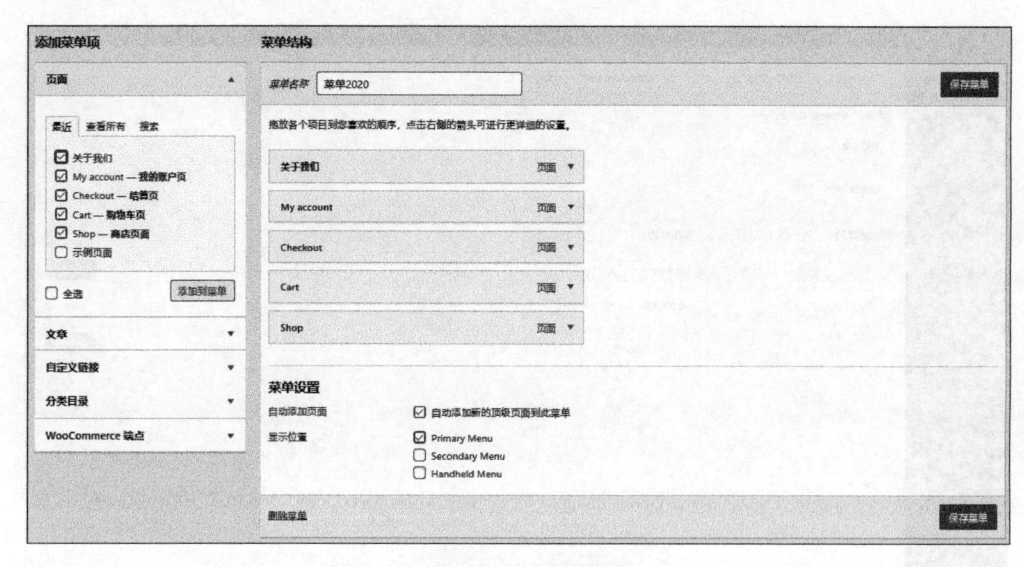

图 9-64　菜单选择

（5）由于没有预览功能，管理员需手动去前台页面刷新查看头部菜单，菜单显示的“关于我们”、My account、Checkout、Cart、Shop，就是管理员设置的菜单名称为“菜单 2020”的菜单，如图 9-65 所示。

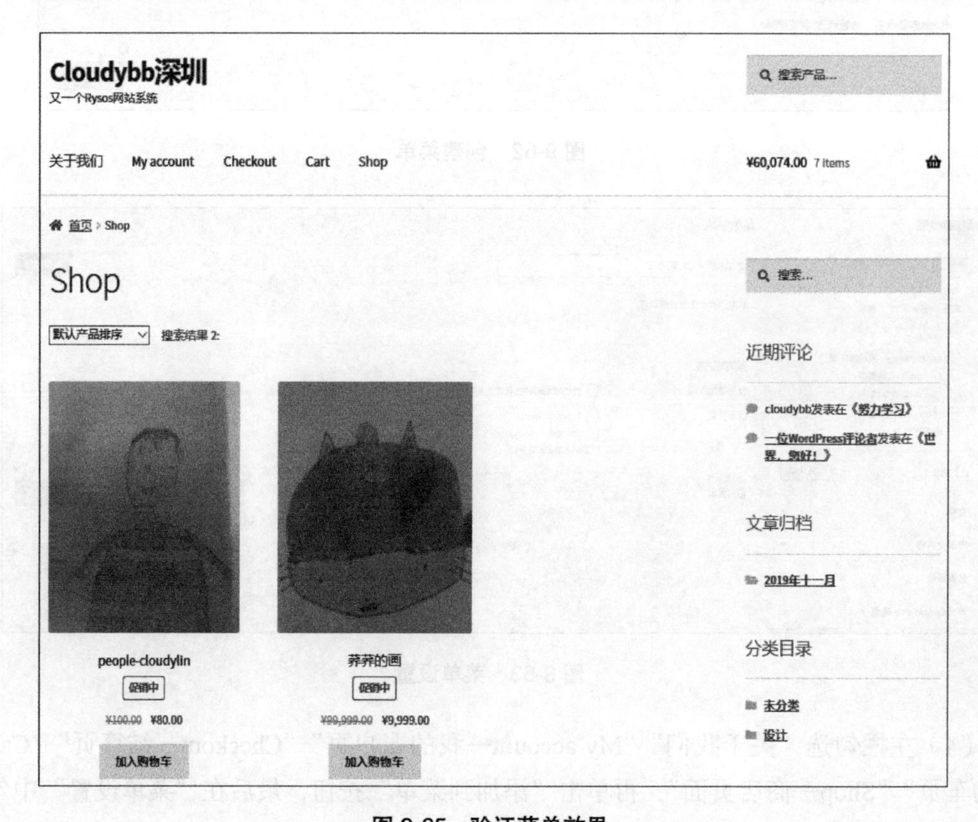

图 9-65　验证菜单效果

另外，WordPress的“外观”功能里还包括了“顶部”和“背景”的功能。关于这两部分的内容，在9.2节中已经详细讲解过，请读者翻阅Header和Background的相关内容以巩固记忆，确保学懂使用“顶部”和“背景”功能。

小技巧

电商运营技巧：不常用的功能也总有机会用到，如下面对话所示。

经理，“菜单”功能似乎首次上线设置后，都不需要用到，那做这个功能岂不是很浪费？

“菜单”功能一般在上线前设置完成后的几年内都不会用上。但几年后就可能又要重新设置。这个功能问题就像你赚了10万元工资，觉得够了，放在银行也没什么用，但是突然有一次病了，一次性要用上10万，你就觉得不够了。所以，系统功能多了不会影响电商系统运营，但是突然要使用到这些不常用的功能，可能就救了整个电商企业的运营。

9.4 主题编辑器

概念

主题编辑器就是用于修改主题的风格文件，包括样式表、模板函数、404模板、文章归档、评论、主题页脚、主题页眉、首页模板、单独页面、搜索结果、边栏、文章页面、页面模板等文件。

主题编辑器涉及HTML和PHP的网页代码，管理员无须使用Adobe Dreamweaver软件打开程序文件，直接使用主题编辑器功能即可修改代码，非常便于代码管理和修改。

实例

【实例9.15】 查看并了解“外观”→“主题编辑器”功能。

管理员可以从后台页面选择“外观”→“主题编辑器”功能来管理和编辑主题的代码文件。

在后台页面选择“外观”→“主题编辑器”功能后，就会显示主题中可以编辑的文件，可见当前编辑的主题名称为Shop的主题，Shop主题文件也会全部显示在右栏，左栏则显示文件名和详细的代码内容，如图9-66所示。

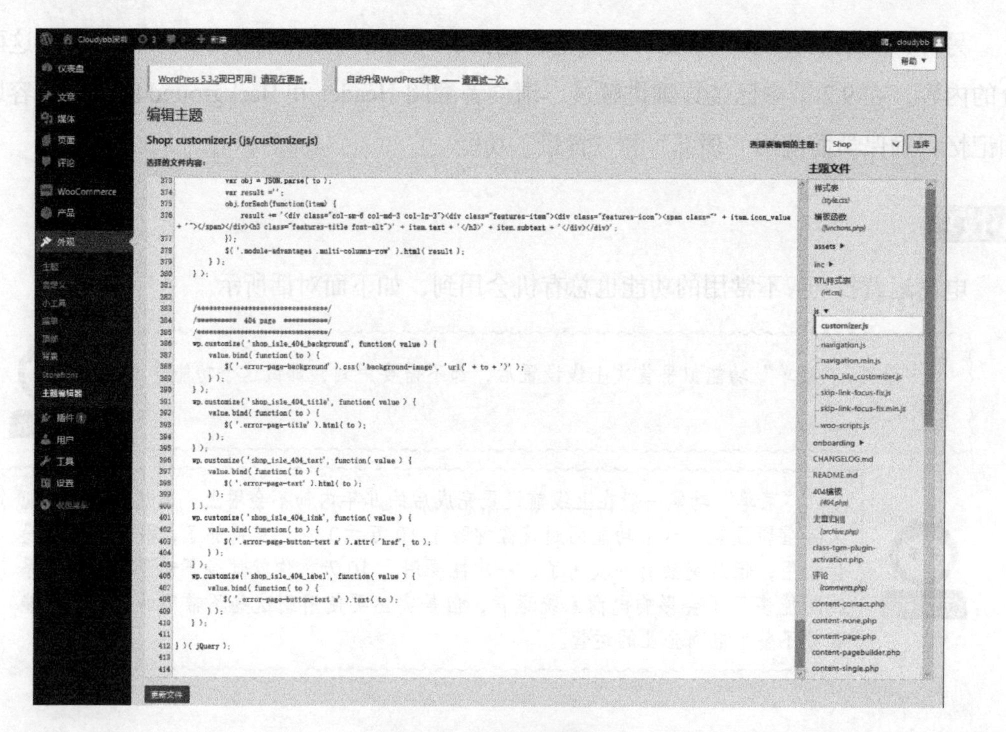

图 9-66　主题编辑器

小技巧

电商运营技巧 1：通过以下对话，了解“主题编辑器”应该学到什么程序。

经理，“主题编辑器”功能全部都是 PHP 和 HTML 的代码，如果想深入学习代码相关的知识，有什么书籍可以学习呢？

“主题编辑器”涉及程序代码、数据库、CSS 样式。想深入学习，可以查看 HTML+CSS、PHP+MySQL 相关的书籍。

经理，那么电商运营人员需要了解“主题编辑器”功能到什么程序呢？

需要知道有“主题编辑器”功能，了解该功能可以改变主题的显示位置。如果客户需要买个 50 万 / 月的首页底部广告，那么你知道有这个功能，就可以找开发工程师沟通增加广告代码。

电商运营技巧 2：通过以下对话，了解“主题编辑器”的文件放在哪个文件夹，以及为什么会有“主题编辑器”功能出现。

经理，“主题编辑器”的代码通常放在哪个文件夹下面？

“主题编辑器”通常放在服务器的 \AppServ\www\cart\wp-content\themes\rysos-com（模板名称）目录下。

电脑 > ... > AppServ > www > cart > wp-content > themes > rysos-com

assets	content.php	loop.php	template-fullwidth.php
blackfire	content-contact.php	page.php	template-fullwidth-no-title.php
inc	content-none.php	README.md	template-pagebuilder-blank.php
js	content-page.php	rtl.css	template-pagebuilder-full-width.php
languages	content-pagebuilder.php	screenshot.png	
onboarding	content-single.php	screenshot--.png	
vendor	footer.php	search.php	
404.php	front-page.php	sidebar.php	
archive.php	functions.php	sidebar-shop-archive.php	
CHANGELOG.md	header.php	single.php	
class-tgm-plugin-activation.php	home.php	style.css	
comments.php	index.php	template-contact.php	

服务器的文件通常由 IT 运维工程师管理，程序代码文件通常由开发工程师管理。如果程序代码放到服务器后，意味着电商系统正式运营，开发工程师是不允许直接在服务器修改代码的，需要走运维部流程。开发工程师为了节省时间，可以在服务器直接修改代码，估计就做了“主题编辑器”的功能。

你怎么连程序的文件夹都需要知道存放位置，按理说电商运营专员是不用知道这些内容的，你是不是想把公司的资源复制走。

经理，我知道复制公司资源，用于自己创业是不合规的。

第10章
“插件”功能

本章主要讲解 WordPress“插件”功能中已安装的插件、安装插件、插件编辑器三个功能模块的前台和后台的关系，管理员需要懂得如何安装插件，已安装的插件需要懂得启用和禁用，如图 10-1 所示。

管理员可以研究插件，成千上万个插件，总有插件满足网站站长的电子商务系统，帮助企业快速成长。

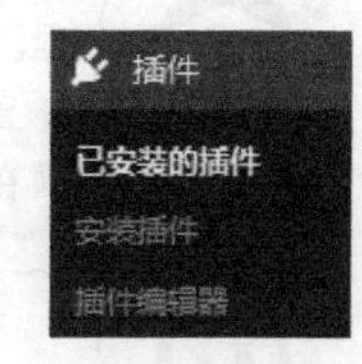

图 10-1 “插件”功能

10.1 已安装的插件

概念

“已安装的插件”指的是安装完成 WordPress 系统后，显示安装的插件，系统默认安装的插件有 Akismet Anti-Spam、你好多莉等。

Akismet 插件是保护 WordPress 网站系统免受垃圾评论的插件，它会不断地保护网站。

“你好多莉”插件在启用后，在 WordPress 站点后台每个页面的右上角都可以看到一句英文台词。

管理员可以查看到全部、已启用、未启用、可供更新的插件。

实例

【实例 10.1】 查看 WordPress 中已安装了哪些插件。

（1）管理员可以从后台页面选择“插件”→“全部”功能来查看和管理所有的插件。管理员可以查看每一个插件的插件名称和图像描述。

（2）选择“插件”→“全部”功能后，显示所有的插件，可见已经安装了 3 个插件：Akismet Anti-Spam、WooCommerce、你好多莉，如图 10-2 所示。

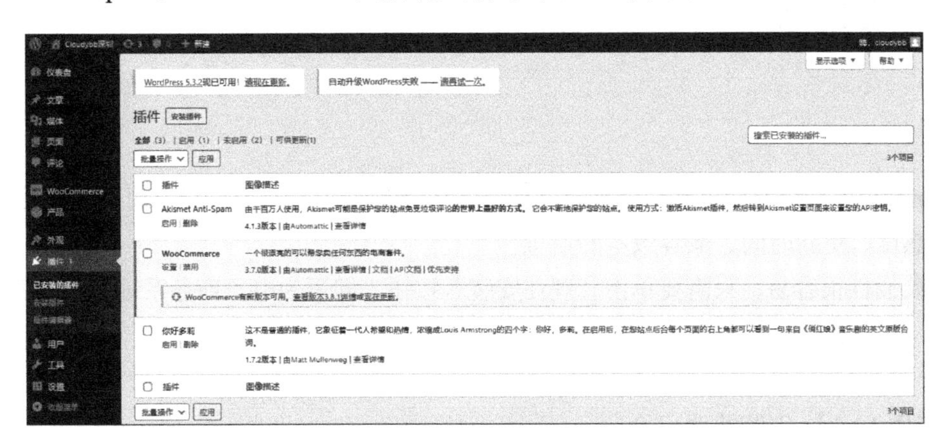

图 10-2 全部插件

【实例 10.2】 禁用插件。

在插件 WooCommerce 栏目里单击“禁用”按钮后，系统左边的导航栏没有显示插件 WooCommerce 的所有功能，如图 10-3 所示。

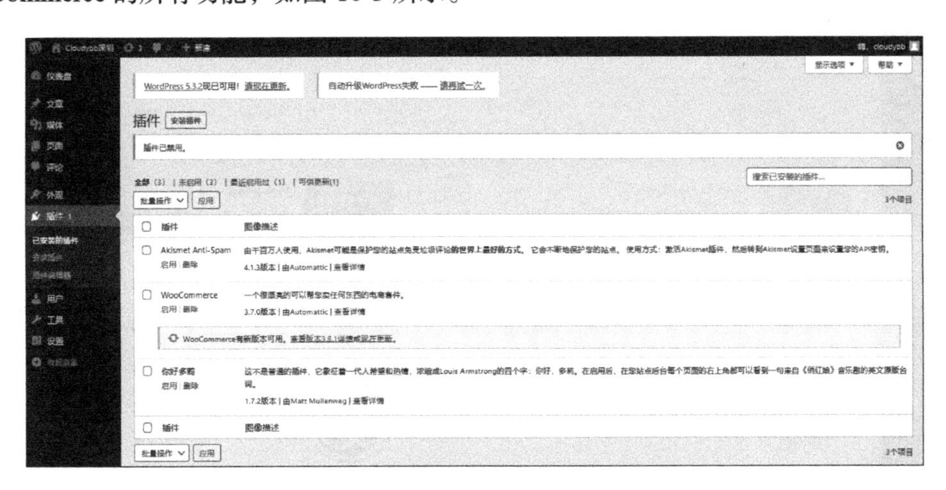

图 10-3 禁用插件 WooCommerce

【实例 10.3】 启用插件。

在插件 WooCommerce 栏目里单击“启用”按钮后，系统左边的导航栏已经显示插件 WooCommerce 的所有功能，如图 10-4 所示。

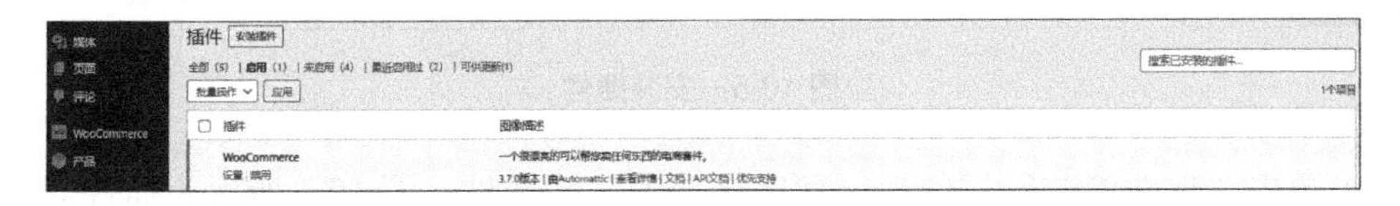

图 10-4 启用插件 WooCommerce

10.2 安装插件

概念

WordPress 系统的所有插件都能在功能页面里查到对应插件的名称、简述、开发者、用户安装热度、更新时间、兼容版本的信息。

安装插件很容易，只需要单击“现在安装”按钮，即可为电子商务系统安装此插件。

实例

【实例 10.4】 安装插件。

（1）管理员从后台页面选择“插件”→“安装插件”功能来安装想要的插件。管理员可以按特色、热门、推荐、收藏等分类快速查找到需要的插件，满足自己的网站系统日常运营的需求，如图 10-5 所示。

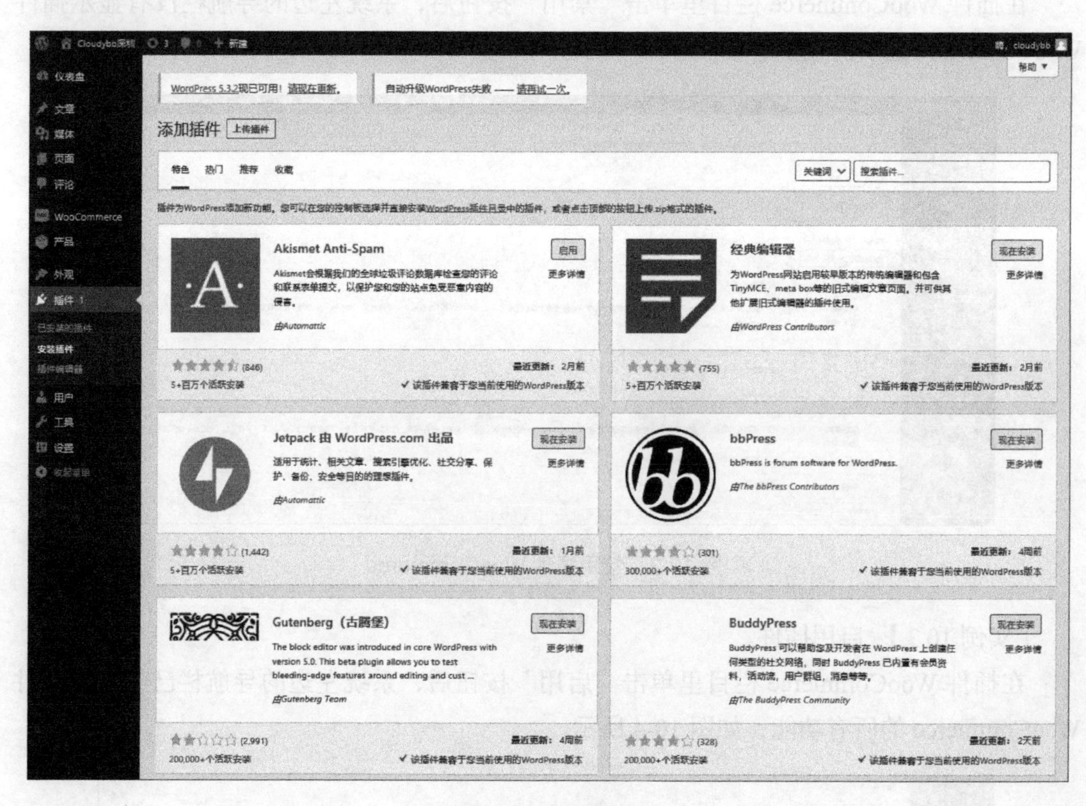

图 10-5 安装插件

（2）单击“现在安装”按钮后，程序会自动安装插件，图 10-6 所示为插件安装中的过程。

图 10-6 正在安装

10.3 插件编辑器

概念

插件编辑器专门用于编辑已安装插件文件的地址，管理员只需要选择要编辑的插件，就显示该插件的所有文件，用户可直接编辑某个插件文件的代码。

该功能供懂前端技术和程序代码的工程师使用，修改插件文件代码前，建议用户先备份好程序和数据库，以免修改后无法打开网站系统。

实例

【实例 10.5】 查看并了解插件编辑器的页面。

管理员可以从后台页面选择“插件”→“插件编辑器”功能，就可以编辑插件。左栏显示插件文件的内容，右栏显示插件文件，如图 10-7 所示。

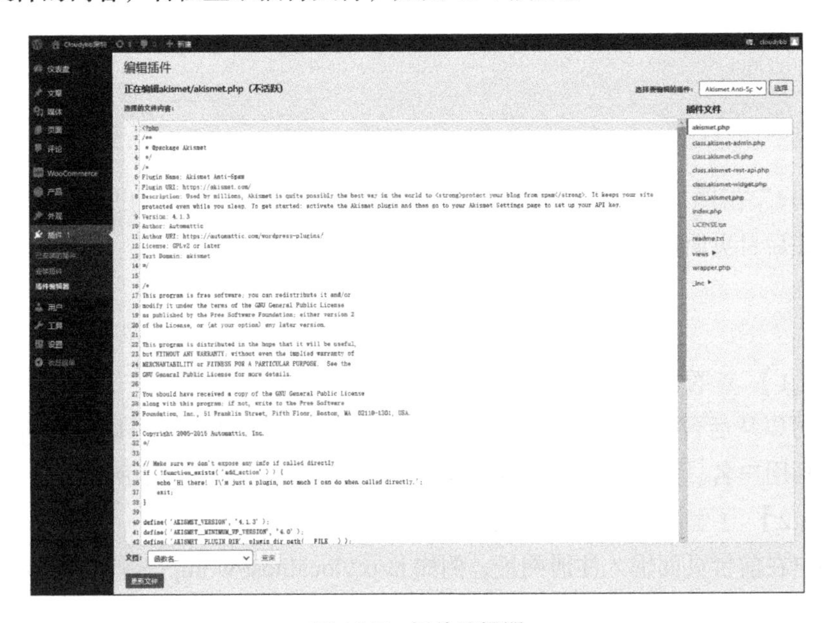

图 10-7 插件编辑器

第11章

“用户”功能

本章主要讲解“用户”功能中所有用户、添加用户、我的个人资料三个功能模块的前台和后台的关系。管理员需要懂得如何编辑我的个人资料，如何添加用户，如何管理好所有用户信息，如图 11-1 所示。

管理员可以添加用户，用户也可以自己在前台注册，最后在“所有用户”功能里可以查看到这些用户。管理员自己也有个人资料，可以在“我的个人资料”功能里修改。

图 11-1 “用户”功能

11.1 所有用户

概念

“所有用户”指网站系统前台页面注册的用户，用户可以使用用户名或电子邮件登录。管理员可以在后台页面查看用户注册的详细信息。

实例

【实例 11.1】 查看并了解“所有用户”功能。

管理员可以从后台页面选择“用户”→“所有用户”功能，就可以查看所有用户，其信息内容包括用户名、姓名、电子邮件、角色、文章数量，如图 11-2 所示。

【实例 11.2】 了解刚注册的用户数据。

（1）用户在前台页面输入注册网址，例如 http://localhost/wordpress/wp-login.php?action=register，显示注册网址页面，如图 11-3 所示。

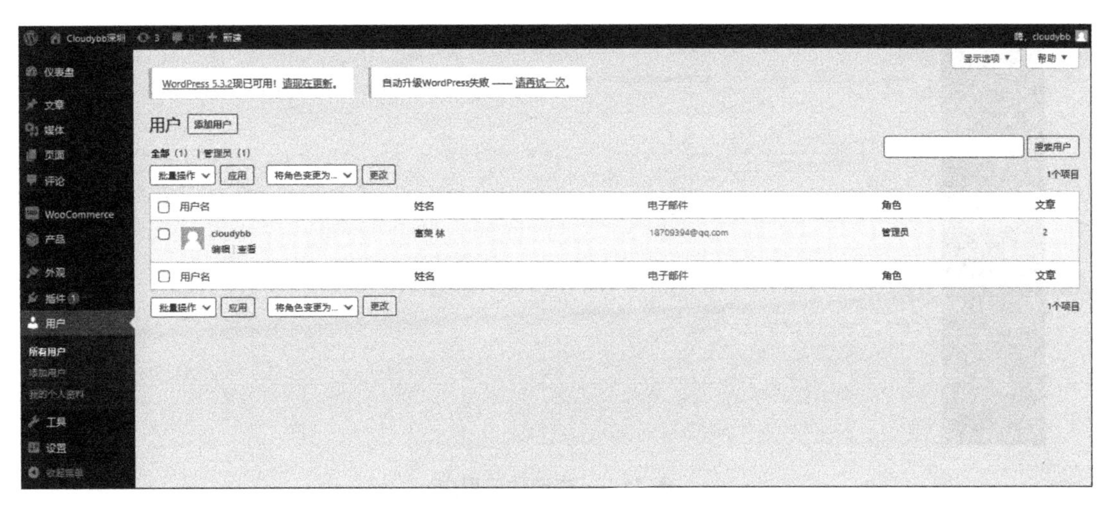

图 11-2 “所有用户”页面

（2）注册账号需要用户输入用户名和电子邮件地址，例如输入用户名为 rysos，电子邮件地址为 189394@qq.com，如图 11-4 所示。

图 11-3 注册

图 11-4 注册中

（3）用户单击“注册”按钮后，账号注册成功，管理员就可在后台界面“用户”→“所有用户”页面查看到用户 rysos 的注册信息，如图 11-5 所示。

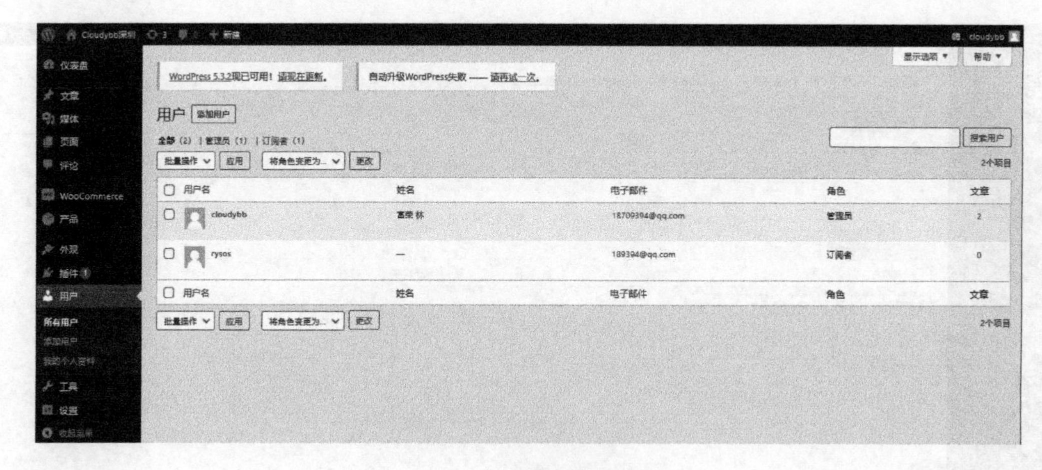

图 11-5　查询注册用户

小技巧

电商运营技巧：安装插件 Simple Local Avatars 可以更改用户的头像，如下面对话所示。

运营专员：经理，管理员可以修改头像吗？

运营经理：这个我们可以试一试，进入“我的个人资料”页面，可以查看“资料图片”选项，管理员自己也无法变更自己的头像。

运营经理：如果要变更自己的头像，可以安装插件 Simple Local Avatars 换一张漂亮的头像，但是不建议安装过多插件。

在前台页面的右上角可以查看到换上的新头像。

运营经理

在后台页面，管理员可以在“用户”界面查看到用户的头像。

经理，我知道怎么更换用户的头像了。

11.2 添加用户

概念

“添加用户”指管理员可以在后台直接添加用户，无须从前台页面注册，管理员就可以快速地添加用户账号。也就是说除了用户自己注册外，管理员也可以在后台页面直接添加用户。

实例

【实例 11.3】 查看并了解“添加用户”页面功能。

管理员可以从后台页面选择“用户”→“添加用户”功能来查看“添加用户”页面，管理员新建用户需要填写用户名、电子邮件、名字、姓氏、站点、密码、发送用户通知、角色等信息内容，如图 11-6 所示。

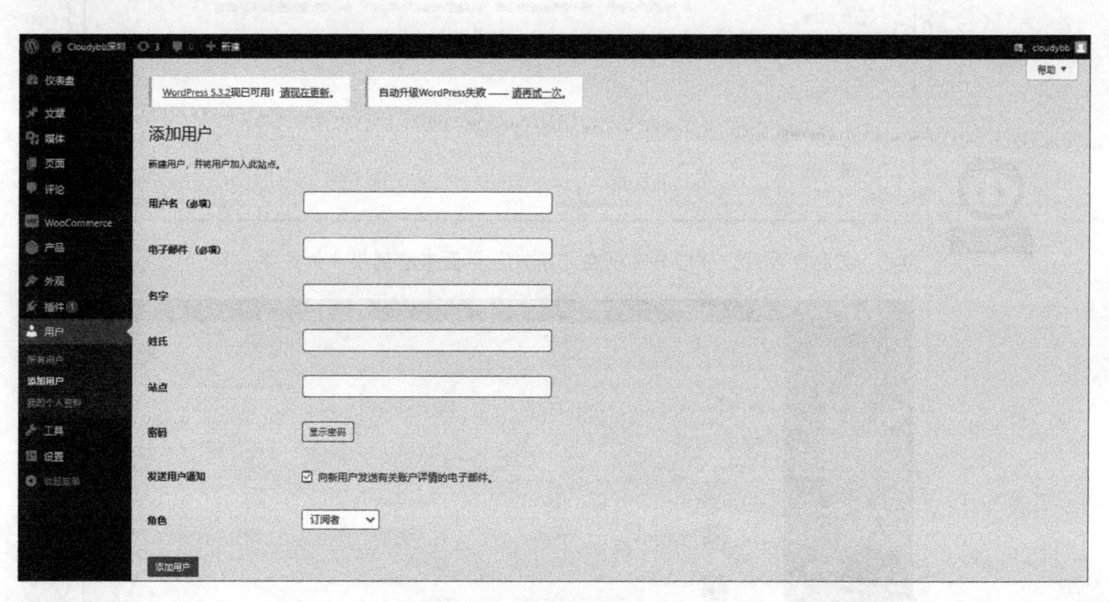

图 11-6 “添加用户”页面

【实例 11.4】 添加用户。

（1）添加用户需要管理员输入用户信息内容，例如输入用户名 szrysos，电子邮件地址 admin@rysos.com，名字为 szrysos，姓氏为 lin，站点为 szrysos web，密码为 123456789，勾选“确认使用弱密码”复选框，勾选“向新用户发送有关账户详情的电子邮件”复选框，选择角色为“订阅者”，如图 11-7 所示。

（2）单击“添加用户”按钮后，添加用户名为 szrysos 的账号成功，管理员可以在“用户”→“所有用户”查询到这个用户，如图 11-8 所示。

【实例 11.5】 验证添加用户是否成功。

（1）在前台用户登录页面，用户名输入 szrysos，密码输入 123456789，单击“登录”按钮，登录成功则证明添加用户成功，如图 11-9 所示。

（2）登录成功后，用户的“我的账户”页面如图 11-10 所示。

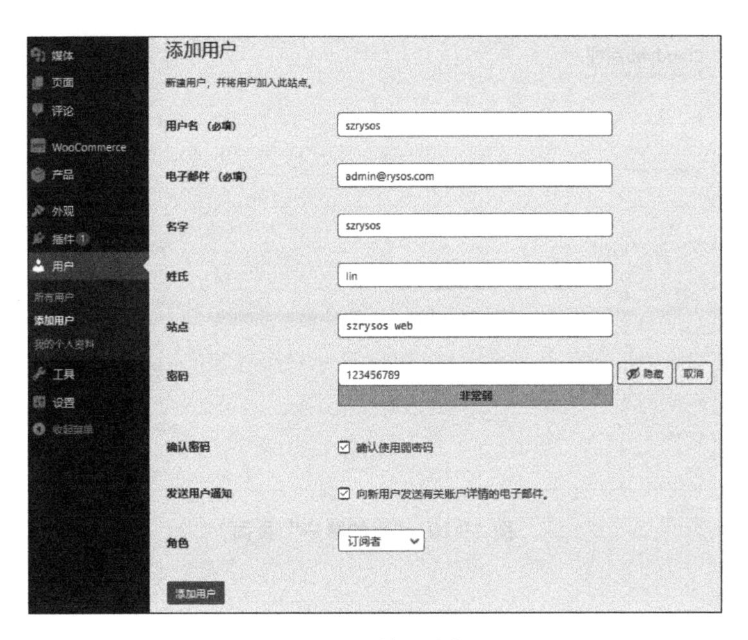

图 11-7 填写信息

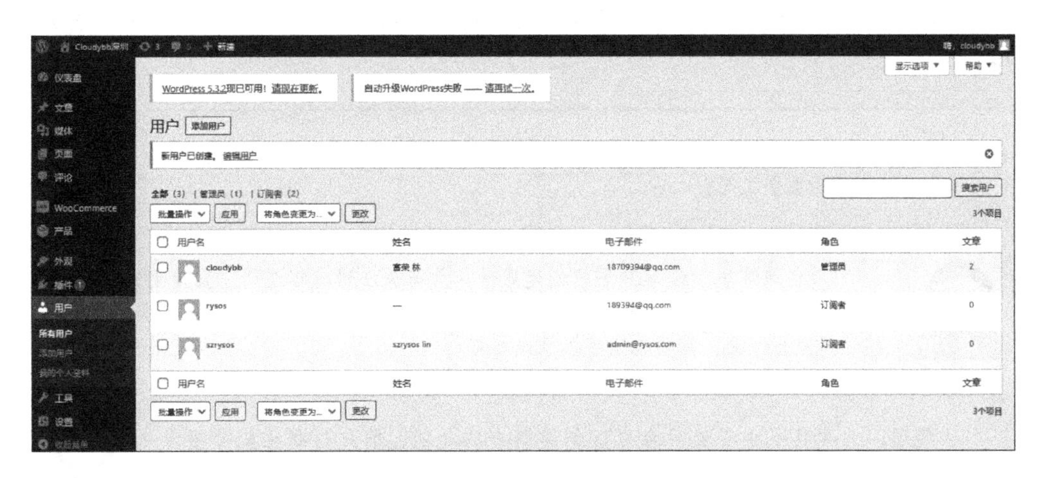

图 11-8 后台页面查看新账号

图 11-9 登录页面验证用户是否添加成功

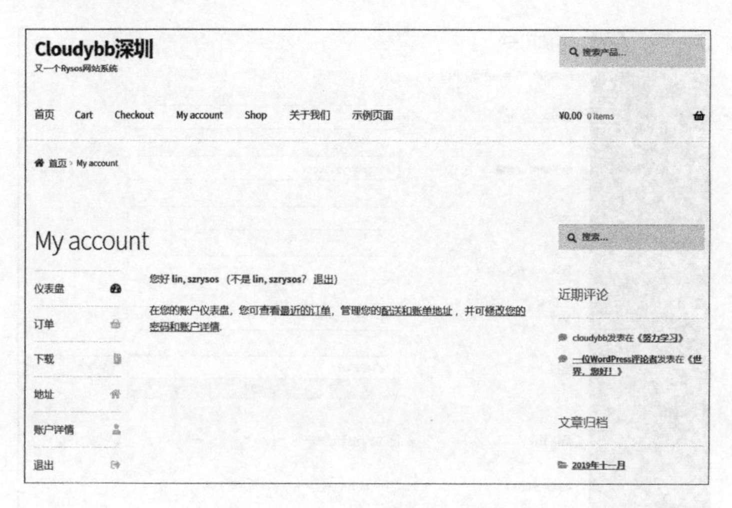

图 11-10 “我的账户”页面

小技巧

电商运营技巧：通过以下对话，可以了解管理员未经允许不可以在后台管理系统创建用户账号。

经理，管理员可以在后台创建添加用户，用户自己也可以在前台注册创建添加用户，功能不是重叠了吗？

后台通常用于给 VIP 用户创建账号，无需按注册流程注册，直接生成账号和密码，一般不用此功能。前台页面用户由自己创建，通常是用户自己需要注册，按注册流程注册，需要验证手机号或邮箱。

经理，上次我不小心说后台可以创建用户的功能，用户叫我生成个账号给他。

下次注意，未经允许，不可以在后台管理系统上创建用户账号。

11.3 我的个人资料

概念

“我的个人资料”指管理员自己的个人设置、姓名、联系信息、关于您自己、账户管理、顾客账单地址、顾客配送地址等信息内容。

个人设置的内容包括可视化编辑器、语法高亮、管理界面配色方案、键盘快捷键、工具栏、语言。

姓名的内容包括用户名、名字、姓氏、昵称、公开显示为。

联系信息的内容包括电子邮件、站点。

关于您自己的内容包括个人说明、资料图片。

账户管理的内容包括新密码、会话。

顾客账单地址的内容包括名字、姓氏、公司、地址行 1、地址行 2、城市、邮政编码、国家 / 地区、地区 / 县、电话、邮箱地址。

顾客配送地址的内容包括名字、姓氏、公司、地址行 1、地址行 2、城市、邮政编码、国家 / 地区、地区 / 县。

实例

【实例 11.6】 查看并了解“我的个人资料”页面功能。

管理员可以从后台页面选择“用户”→“我的个人资料”功能来查看“我的个人资料”页面，管理员可以编辑修改“我的个人资料”。其中的个人设置、姓名、联系信息、关于您自己、账户管理、顾客账单地址、顾客配送地址等信息内容如图 11-11 ~ 图11-13 所示。

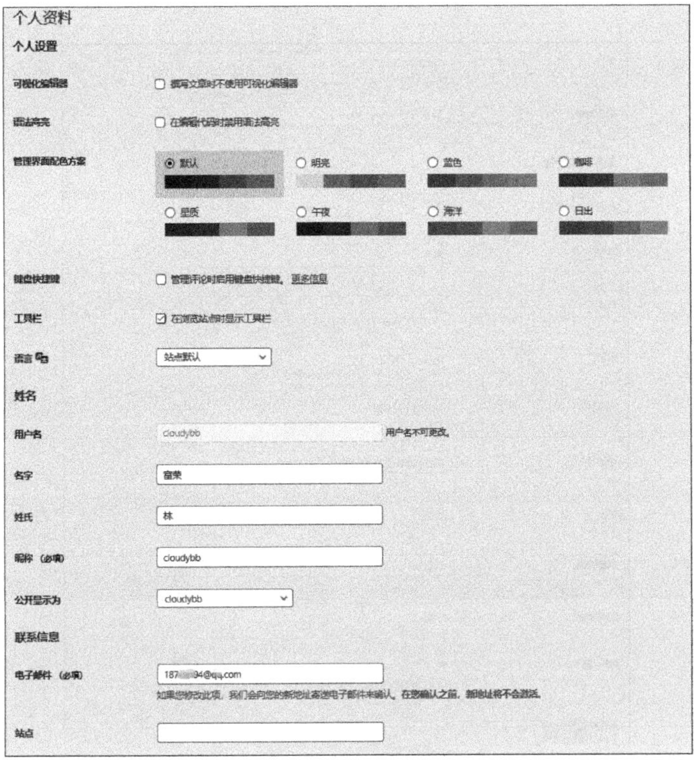

图 11-11 个人资料（一）

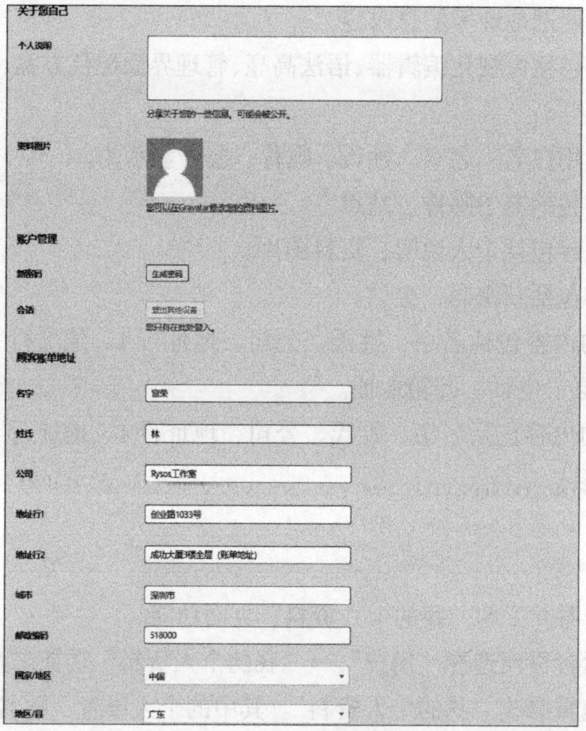

关于您自己

个人说明

分享关于您的一些信息。可能会被公开。

资料图片

您可以在Gravatar修改您的资料图片。

账户管理

新密码　生成密码

会话　登出其他设备

您只有在此处登入。

顾客账单地址

名字　富荣

姓氏　林

公司　Rysos工作室

地址行1　创业路1033号

地址行2　成功大厦3楼全层（账单地址）

城市　深圳市

邮政编码　518000

国家/地区　中国

地区/县　广东

图 11-12　个人资料（二）

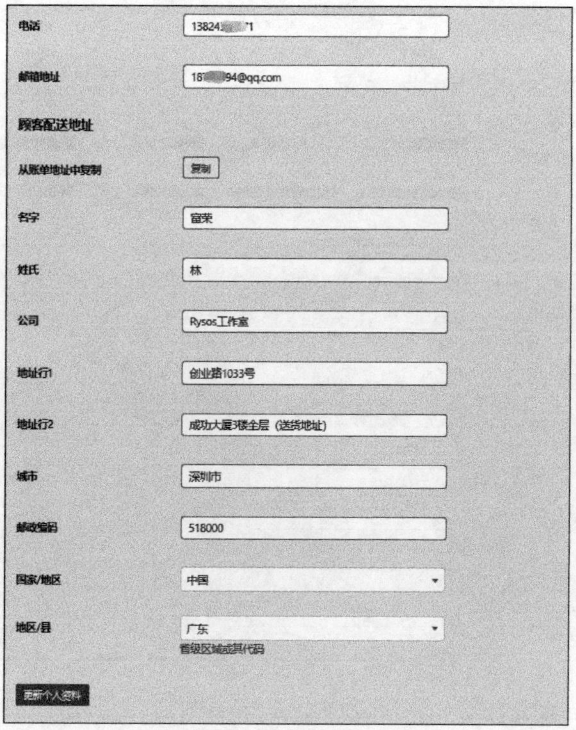

电话　13824[illegible]1

邮箱地址　18[illegible]94@qq.com

顾客配送地址

从账单地址中复制　复制

名字　富荣

姓氏　林

公司　Rysos工作室

地址行1　创业路1033号

地址行2　成功大厦3楼全层（送货地址）

城市　深圳市

邮政编码　518000

国家/地区　中国

地区/县　广东

省级区域或其代码

更新个人资料

图 11-13　个人资料（三）

小技巧

电商运营技巧：查看管理界面配色方案的效果。

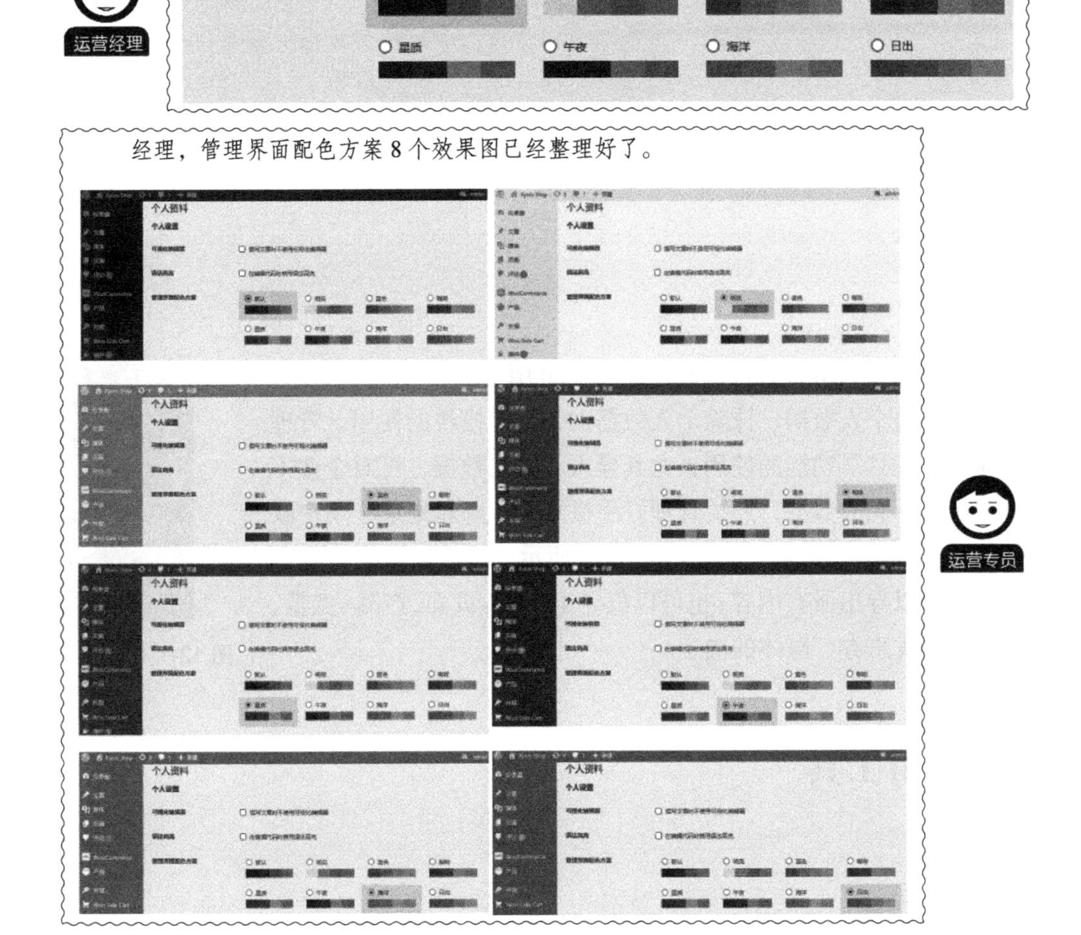

第12章
“工具”功能

本章主要讲解 WordPress“工具”中的可用工具、导入、导出、站点健康、导出个人数据、抹除个人数据六个功能模块的使用。管理员需要懂得“工具”功能的使用，尤其导入和导出数据，可对企业不同的部门给出不同的数据，还要管理好手机号码、邮箱地址、用户收货地址等重要数据。“工具”功能如图 12-1 所示。

管理员可以导出所有内容，也可以仅导出文章、页面、产品、变量、订单、退款、优惠券、媒体的内容。

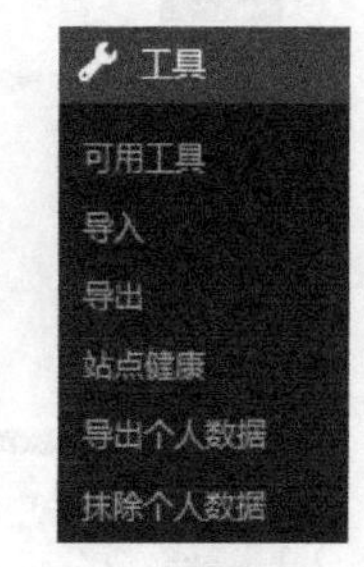

图 12-1 “工具”功能

12.1 可用工具

概念

“可用工具”在 WordPress 中显示为分类目录 - 标签转换器，功能是将分类目录转为标签，或者将标签转为分类目录，管理员可以选用“导入”页面上的“分类目录 - 标签转换器”来实现。

实例

【实例 12.1】 查看并了解“可用工具”页面功能。

管理员可以从后台页面选择“工具”→“可用工具”功能，查看“可用工具”页面，进入页面可以查看到“分类目录 - 标签转换器”功能，如图 12-2 所示。

【实例 12.2】 安装“分类目录 - 标签转换器”工具。

（1）在后台页面单击“分类目录 - 标签转换器”超链接文字按钮，页面自动跳转至“导入”页面，可见“分类目录 - 标签转换器”的功能，需要管理员自行安装，如图 12-3 所示。

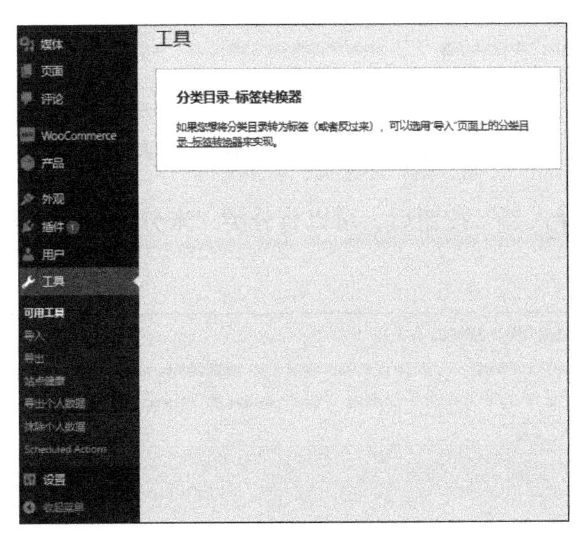

图 12-2 “可用工具”页面

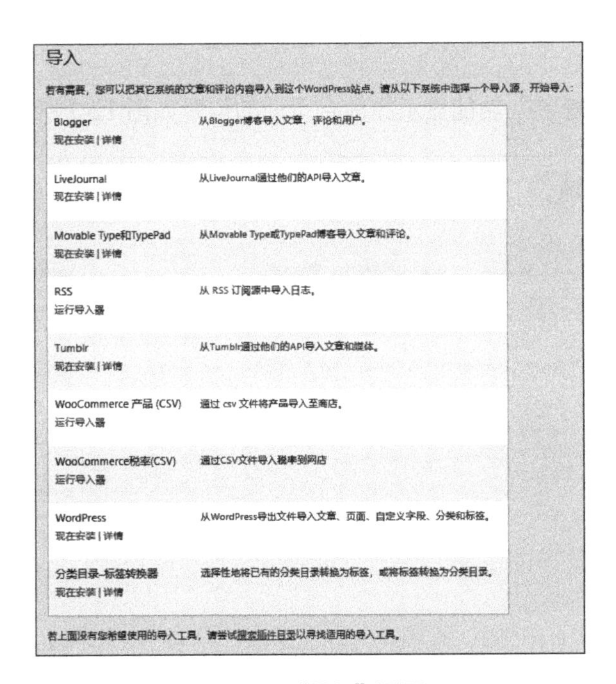

图 12-3 “导入”页面

（2）在“分类目录 - 标签转换器”下，单击“现在安装”按钮，则自动安装工具，如图 12-4 所示。

图 12-4 “分类目录 - 标签转换器”工具安装中

（3）安装完成后，可见“现在安装”按钮已经变为“运行导入器”按钮，如图 12-5 所示。

图 12-5 “分类目录 - 标签转换器”工具安装完成

（4）单击“运行导入器”按钮后，可以将分类“未分类”和“设计”转换为标签，如图 12-6 所示。

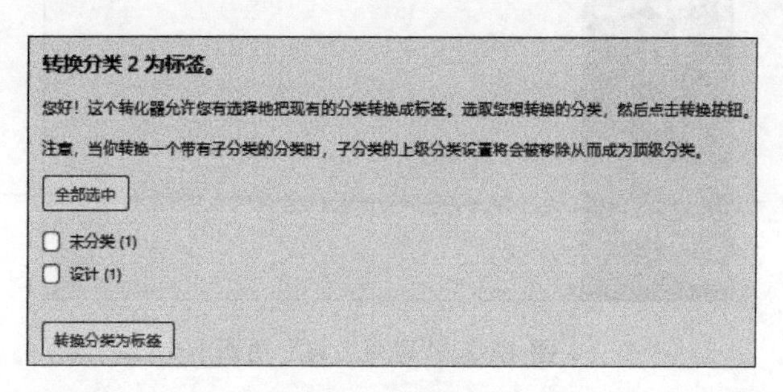

图 12-6 运行导入器

（5）“分类”和“标签”功能显示在前台页面的位置如图 12-7 所示。

图 12-7 显示分类目录

12.2 导入

概念

导入指将其他系统的文章和评论内容导入到自己的 WordPress 站点。管理员可以安装一个导入源工具，即可实现导入功能。

实例

【实例 12.3】 查看并了解“导入”功能。

管理员可以从后台页面选择“工具”→“导入”功能来查看“导入”页面，进入页面可以看到导入的功能，例如 RSS 工具，如图 12-8 所示。

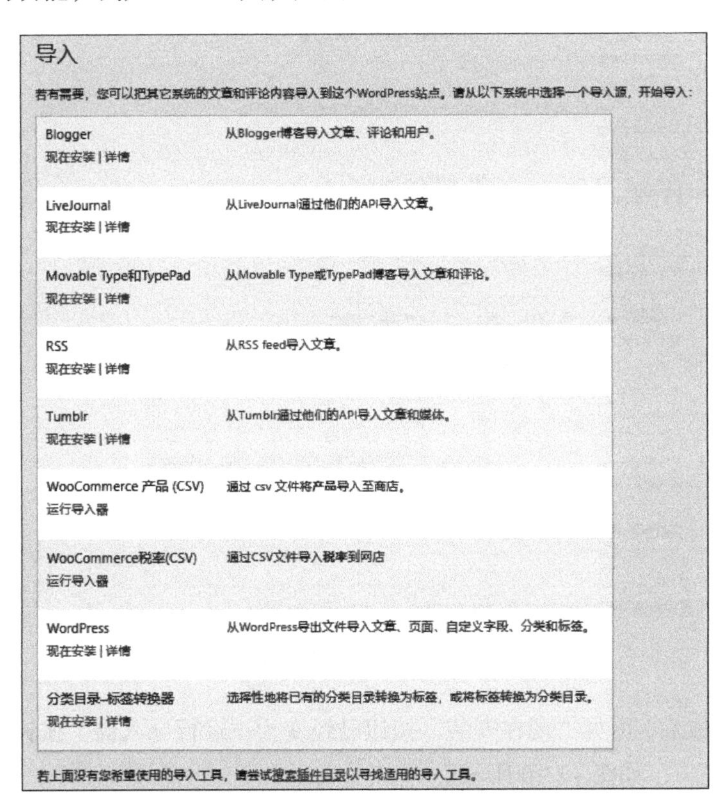

图 12-8 “导入”页面

【实例 12.4】 安装 RSS 工具。

RSS 是一种信息聚合的技术，是一种描述和同步网站内容的格式，是使用最广泛的 XML 应用。RSS 搭建了信息快速传播的一个技术平台，使得每个人都成为潜在的信息提供者。发布一个RSS文件后，这个RSS文件中包含的信息就能直接被其他网站调用，而且由于这些数据都是标准的XML格式，所以也能在其他的终端和服务中使用，是一种描述和同步网站内容的格式。

RSS被广泛用于互联网新闻内容，使用RSS订阅能更快地获取信息，网站提供的RSS输出有利于让用户获取网站内容的最新更新。网络用户可以在客户端借助支持RSS的聚合工具软件，在不打开网站内容页面的情况下快速阅读支持RSS输出的网站内容。也有用户在有网络的情况下载RSS文件，断开网络后使用RSS工具软件阅读。

（1）在后台界面的RSS栏目里单击“现在安装”按钮，即可自动安装工具，如图12-9所示。

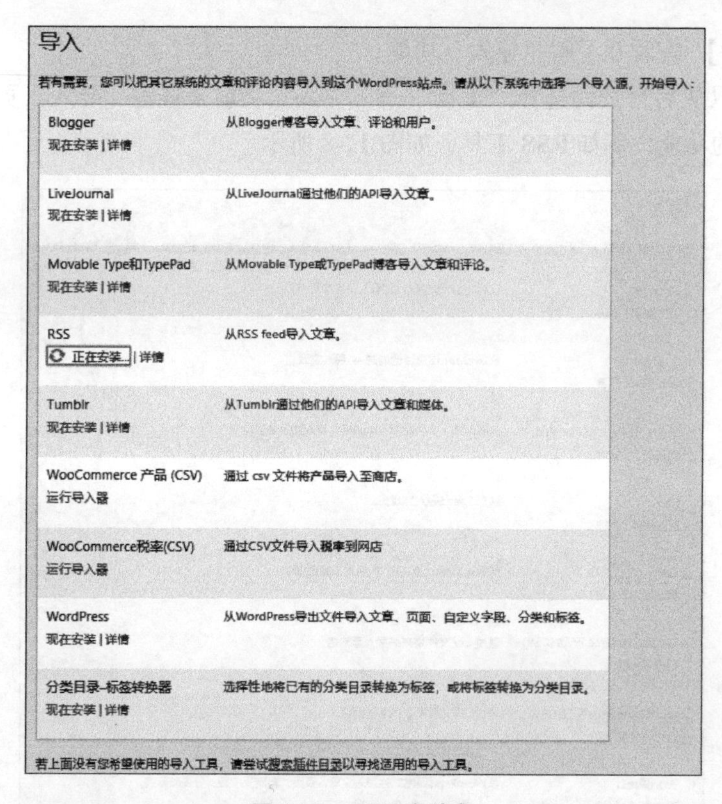

图 12-9　RSS 安装中

（2）安装完成后，可见“现在安装”按钮已经变为“运行导入器”按钮，顶部显示文字“导入器安装成功。”，如图12-10所示。

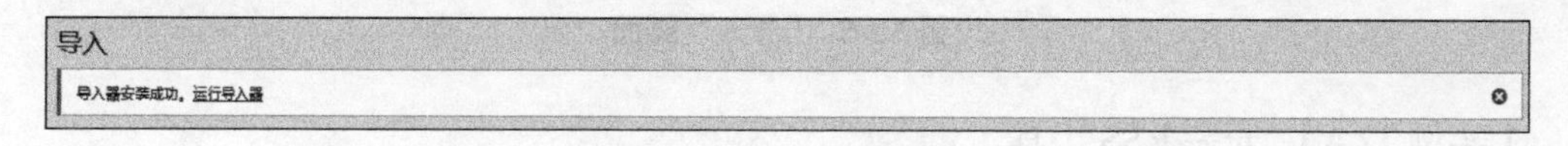

图 12-10　RSS 安装完成

（3）在RSS栏目中，单击“运行导入器”，则显示“导入RSS”功能界面，管理员可以导入 RSS 文件，如图 12-11 所示。

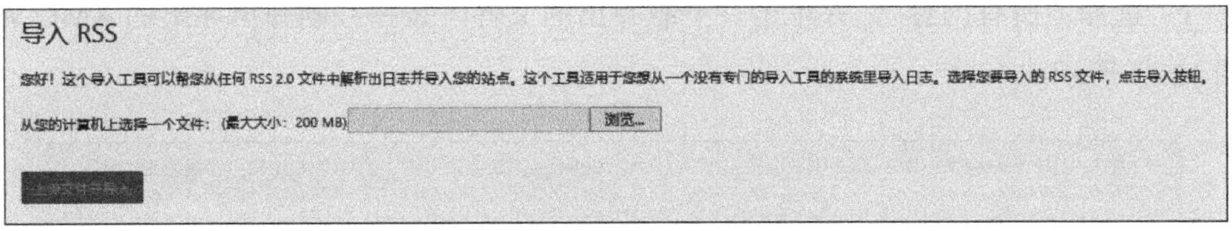

图 12-11 “导入 RSS”功能界面

12.3 导出

概念

“导出”指将本系统的所有内容导出为一个 XML 文件，包括文章、页面、产品、变量、订单、退款、优惠券、媒体等内容。管理员可以将导出的 XML 文件作为一种备份方式，也可以导入到其他的系统使用。

实例

【实例 12.5】 查看并了解“导出”功能。

管理员可以从后台页面选择“工具”→“导出”功能来查看“导出”页面，进入页面可以查看到“导出”功能，管理员可以选择导出内容，如图 12-12 所示。

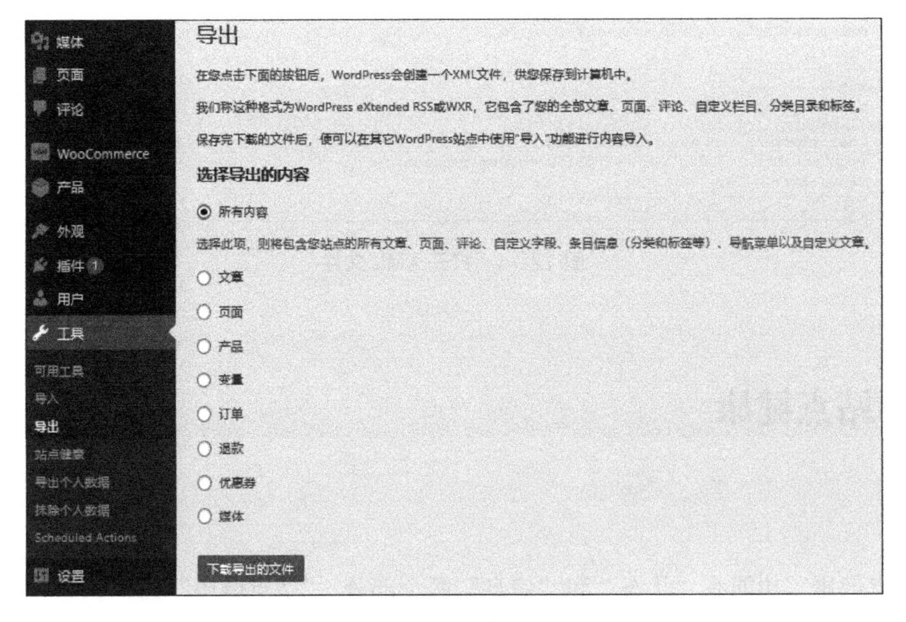

图 12-12 “导出”页面

【实例 12.6】 导出所有内容。

（1）选择“所有内容”，并单击“下载导出的文件”按钮，则弹出导出的 XML 文件，如图 12-13 所示。

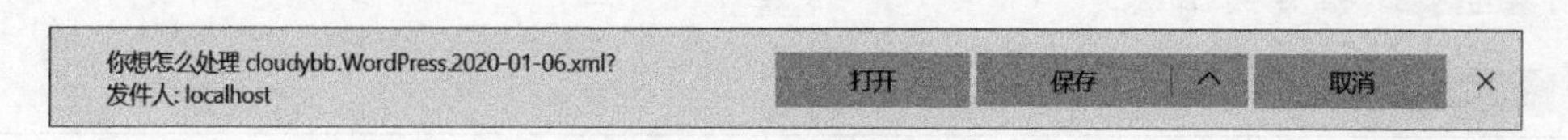

图 12-13 导出 XML 文件

（2）导出 XML 文件后，可以使用 Dreamweaver 软件打开导出的 cloudybb.Wordpress.2020-01-06.xml 文件，如图 12-14 所示。

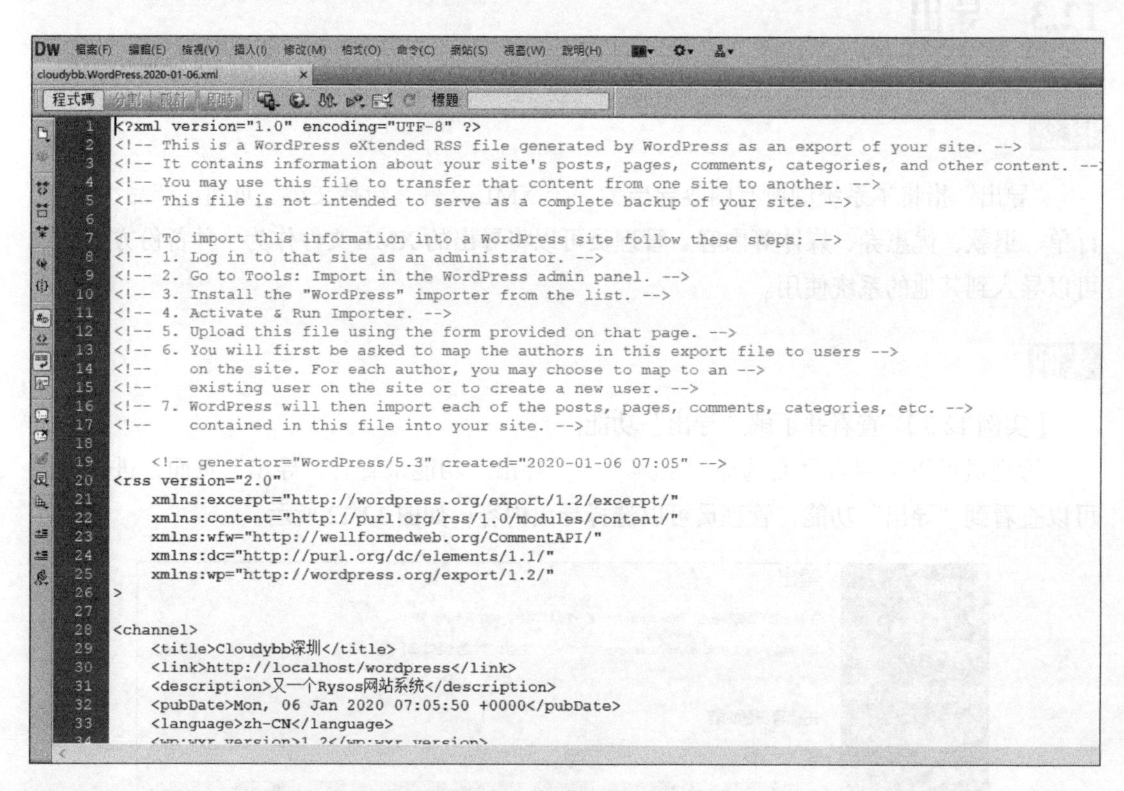

图 12-14 打开 XML 文件

12.4 站点健康

概念

“站点健康”功能有“状态”和“信息”两个部分。“站点健康”的“状态”部分检查显示关于站长的 WordPress 配置的关键问题，及需要站长注意和改进的项目。“信息”部分显示 WordPress 网站的每一项配置详情。

“状态”下面包含关键问题、推荐的改进。这些状态问题通常涉及安装、性能的问题。

“信息”通常有 WordPress 信息、目录和尺寸、已启用的主题、未启用的主题、已启用的插件、未启用的插件、媒体处理、服务器、数据库、WordPress 常量、文件系统权限。

实例

【实例 12.7】 查看并了解“站点健康”功能。

（1）管理员从后台页面选择“工具”→“站点健康”功能，就可以查看“站点健康”页面，进入页面可以查看到“站点健康状态”页面，管理员可以查看关键问题、推荐的改进等详细内容，如图 12-15 所示。

图 12-15 “站点健康状态”页面

（2）单击“信息”按钮后，进入“站点健康信息”页面，可以查看站点健康信息的内容，如图 12-16 和图 12-17 所示。

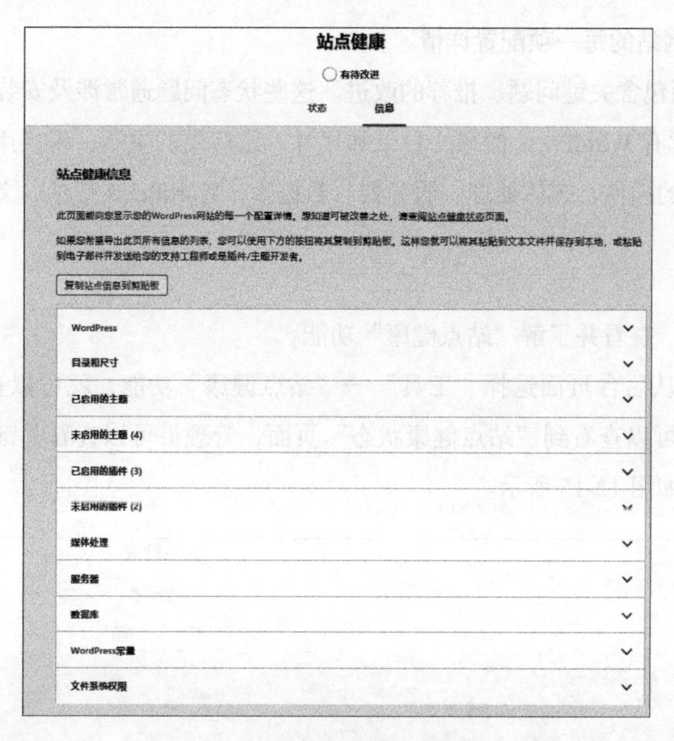

图 12-16 “站点健康信息”页面（一）

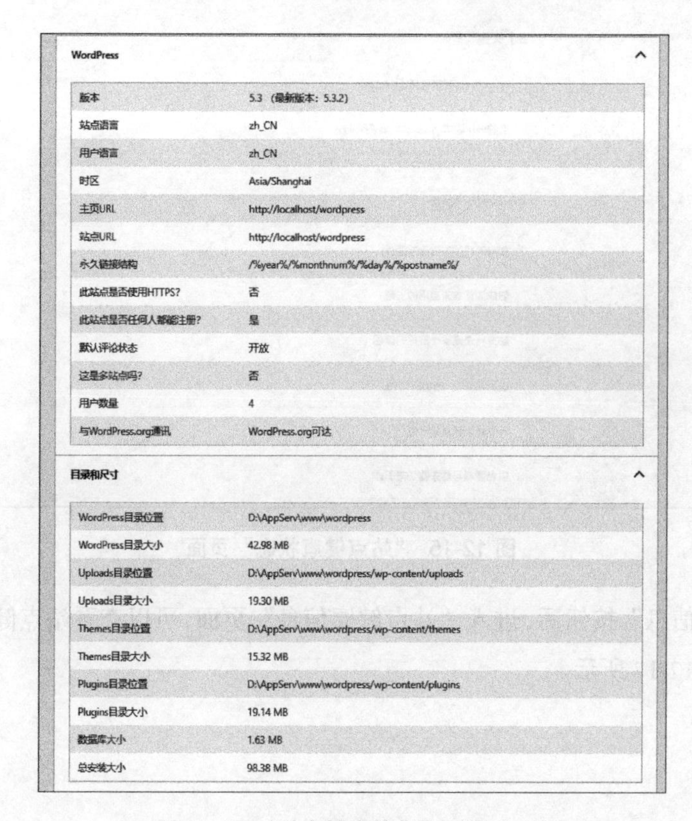

图 12-17 “站点健康信息”页面（二）

小技巧

电商运营技巧：通过以下对话，了解如何查看“站点健康”功能页面对电商运营有用的内容。

经理，“站点健康”页面的功能，我看很多数据都与运维工程师、开发工程师相关，是便于维护服务器和软件系统的信息，有没有信息是对我们电商运营专员有用的数据？

有3个数据对我们电商运营有用。

1. 此站点是否任何人都能注册? 是

说明：“任何人都能注意”说明开放给所有用户注册成为会员。

“任何人都不能注册”说明只开放给老会员和特定会员。

当我们电商运营要求开放任何人都能注册，但是用户注册不了，那么电商运营专员就要找开发工程师打开“任何人都能注册”设置。

2. 默认评论状态 开放

说明：评论状态，所有用户可以对商品评论。

关闭评论状态，所有用户都不可以对商品评论。

如果评论状态开放，用户还是评论不了，那么就要找开发工程师重新开放评论状态，刷新服务器和软件系统的缓存。

3. 用户数量 

说明：当运营经理问运营专员，我们的电商系统从开业到现在为止有多少用户数量了，那么就可以从这里查询到，目前一共有3个用户。

经理，我了解了，原来根据数据也可以分析出电商运营相关的问题。

12.5 导出个人数据

概念

“导出个人数据”指管理员可以导出指定用户的个人数据，用户的个人数据包括关于用户、客户数据、订单、评论、媒体。

实例

【实例12.8】 查看并了解“导出个人数据”功能。

管理员可以从后台页面选择“工具”→“导出个人数据”功能来导出个人数据，管理员填写用户名或电子邮件地址，并单击“发送请求”按钮，如图12-18所示。

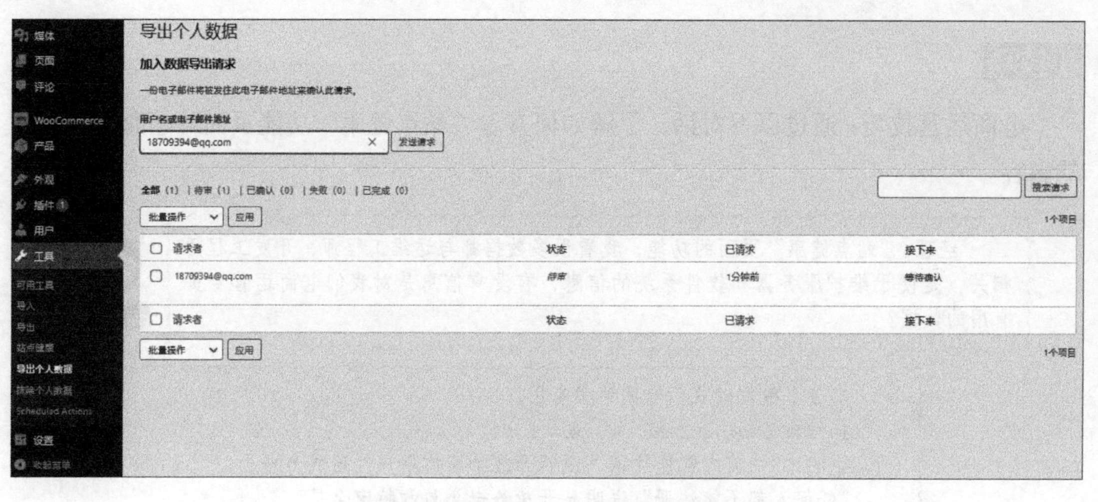

图 12-18 “导出个人数据”页面

【实例 12.9】 下载用户个人数据。

（1）单击“下载个人数据”按钮后，就可以下载该用户的数据，如图 12-19 所示。

图 12-19 下载个人数据

（2）打开下载的 HTML 文件，下载的个人数据内容包括关于、用户、客户数据、订单、评论、媒体，如图 12-20 ~ 图12-23 所示。

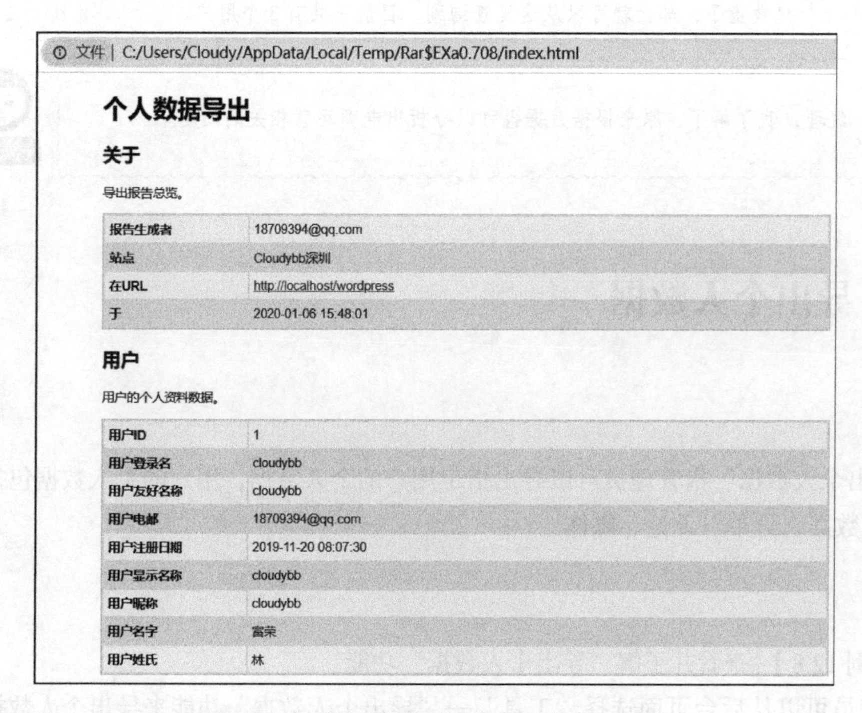

文件 | C:/Users/Cloudy/AppData/Local/Temp/Rar$EXa0.708/index.html

个人数据导出

关于

导出报告总览。

报告生成者	18709394@qq.com
站点	Cloudybb深圳
在URL	http://localhost/wordpress
于	2020-01-06 15:48:01

用户

用户的个人资料数据。

用户ID	1
用户登录名	cloudybb
用户友好名称	cloudybb
用户电邮	18709394@qq.com
用户注册日期	2019-11-20 08:07:30
用户显示名称	cloudybb
用户昵称	cloudybb
用户名字	富荣
用户姓氏	林

图 12-20 个人数据导出 HTML- 关于、用户

客户数据

帐单支付者姓氏	富荣
帐单支付者名字	林
帐单邮寄地址所在公司	Rysos工作室
账单地址 1	创业路1033号
账单地址 2	成功大厦3楼全层
帐单邮寄地址所在城市	深圳市
帐单邮寄地址邮政编码	518000
帐单邮寄地址所在州/省	CN20
帐单邮寄地址所在国家/地区	CN
电话号码	13[illegible]171
电子邮件地址	18709394@qq.com
收货人姓氏	富荣
收货人名字	林
收货地址所在公司	Rysos工作室
配送地址 1	创业路1033号
配送地址 2	成功大厦3楼全层
收货地址所在城市	深圳市
收货地址邮政编码	518000
收货地址所在州/省	CN20
收货地址所在国家/地区	CN

图 12-21　个人数据导出 HTML- 客户数据

订单

订单编号	24
订单日期	2019年11月21日, 下午9:34
订单总计	9999.00
购买的物品	莽莽的画 x 1
IP 地址	::1
浏览器用户代理	Mozilla/5.0 (Windows NT 10.0; Win64; x64) AppleWebKit/537.36 (KHTML, like Gecko) Chrome/70.0.3538.102 Safari/537.36 Edge/18.18362
账单地址	518000, 广东, 深圳市, 成功大厦3楼全层, 创业路1033号, Rysos工作室, 富荣 林
配送地址	518000, 广东, 深圳市, 成功大厦3楼全层, 创业路1033号, Rysos工作室, 富荣 林
电话号码	13[illegible]71
电子邮件地址	18709394@qq.com

评论

用户的评论数据。

评论作者	cloudybb
评论作者电邮	18709394@qq.com
评论作者IP	::1
评论作者User Agent	Mozilla/5.0 (Windows NT 10.0; Win64; x64) AppleWebKit/537.36 (KHTML, like Gecko) Chrome/70.0.3538.102 Safari/537.36 Edge/18.18362
评论日期	2019-11-21 16:00:20
评论内容	大家都要加油!
评论URL	http://localhost/wordpress/2019/11/21/%e5%8a%aa%e5%8a%9b%e5%ad%a6%e4%b9%a0/#comment-2

图 12-22　个人数据导出 HTML- 订单、评论

媒体 (10)

用户的媒体数据。

URL	http://localhost/wordpress/wp-content/uploads/woocommerce-placeholder.png
URL	http://localhost/wordpress/wp-content/uploads/2019/11/1.png
URL	http://localhost/wordpress/wp-content/uploads/2019/11/g1.jpg
URL	http://localhost/wordpress/wp-content/uploads/2019/11/g2.jpg
URL	http://localhost/wordpress/wp-content/uploads/2019/11/IMG_20191120_112704-scaled-e1577935632701.jpg
URL	http://localhost/wordpress/wp-content/uploads/2019/11/IMG_20191120_112704-1-scaled-e1577935659156.jpg
URL	http://localhost/wordpress/wp-content/uploads/2019/12/IMG_20101121_145348-scaled.jpg
URL	http://localhost/wordpress/wp-content/uploads/2019/12/IMG_20191121_145235-scaled.jpg
URL	http://localhost/wordpress/wp-content/uploads/2019/12/IMG_20191121_145238-scaled.jpg
URL	http://localhost/wordpress/wp-content/uploads/2019/12/IMG_20191121_145258-scaled-e1577772957574.jpg

图 12-23　个人数据导出 HTML- 媒体

12.6　抹除个人数据

概念

“抹除个人数据”指管理员可以删除指定用户的个人数据，删除用户的个人数据包括关于、用户、客户数据、订单、评论、媒体。

实例

【实例 12.10】 抹除用户的个人数据。

（1）管理员可以从后台页面选择“工具”→“抹除个人数据”功能，则进入“抹除个人数据”功能页面，管理员填写用户名或电子邮件地址，并单击“发送请求”按钮，如图 12-24 所示。

（2）鼠标停放在某个“请求者”的栏目上，就会显示“强行抹除个人数据”按钮，如图 12-25 所示。

（3）单击“强行抹除个人数据”按钮后，会显示删除客户的个人数据清单，如图 12-26 所示。

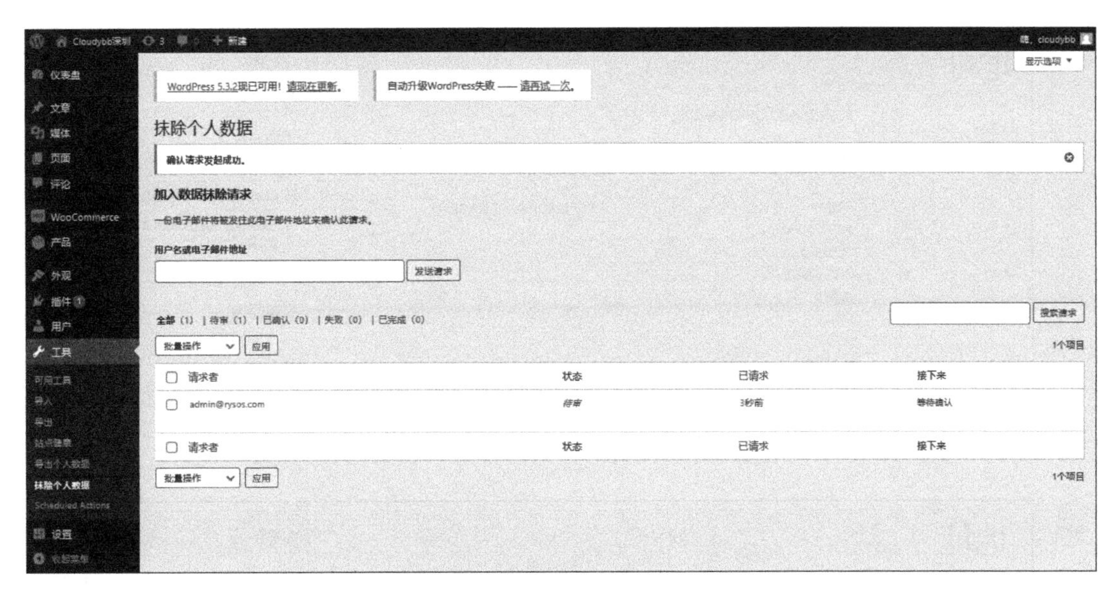

图 12-24 “抹除个人数据”页面

请求者

admin@rysos.com
强行抹除个人数据

图 12-25 显示“强行抹除个人数据”功能

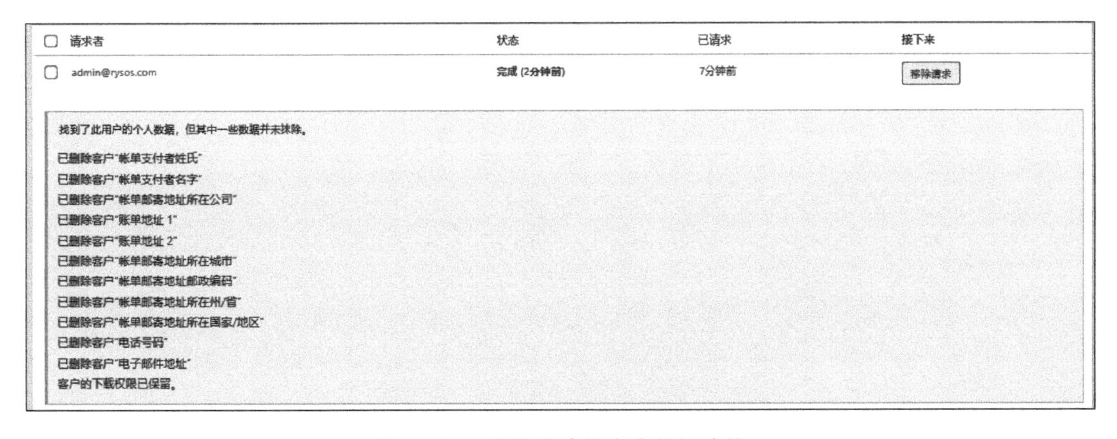

图 12-26 删除客户的个人数据清单

【实例 12.11】 查看抹除个人数据后，用户的账号发生了什么变化。

（1）删除前的用户数据页面：用户登录账户后，可以看见自己的账单地址信息是有数据的，如图 12-27 所示。

（2）删除后的用户数据页面：用户登录账户后，可以看见自己的账单地址信息是没有数据的，如图 12-28 所示。

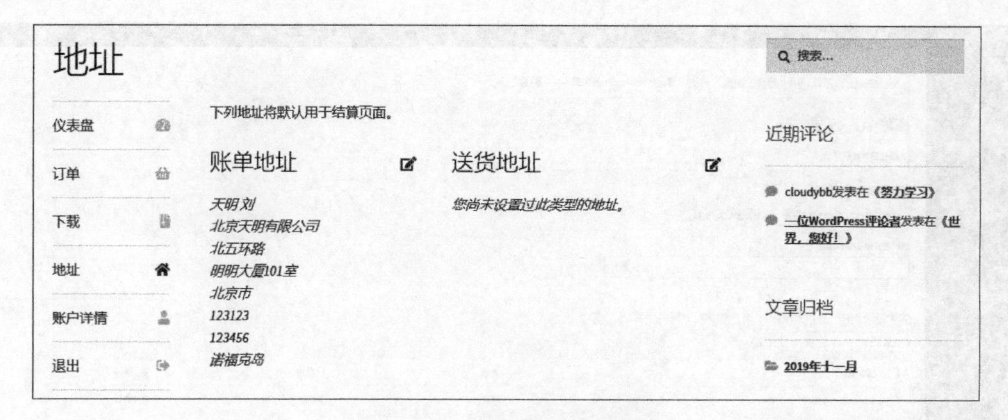

地址
搜索...
下列地址将默认用于结算页面。
仪表盘
订单
下载
地址
账户详情
退出
账单地址
天明 刘
北京天明有限公司
北五环路
明明大厦101室
北京市
123123
123456
诺福克岛
送货地址
您尚未设置过此类型的地址。
近期评论
cloudybb发表在《努力学习》
一位WordPress评论者发表在《世界，您好！》
文章归档
2019年十一月

图 12-27　删除前的用户数据

地址
搜索...
下列地址将默认用于结算页面。
仪表盘
订单
下载
地址
账户详情
退出
账单地址
您尚未设置过此类型的地址。
送货地址
您尚未设置过此类型的地址。
近期评论
cloudybb发表在《努力学习》
一位WordPress评论者发表在《世界，您好！》
文章归档
2019年十一月

图 12-28　删除后的用户数据

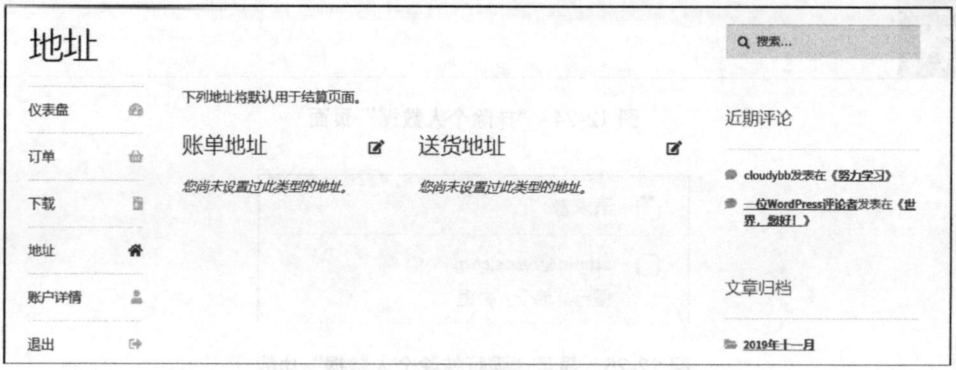

第13章
“设置”功能

本章主要讲解“设置”功能中常规、撰写、阅读、讨论、媒体、固定链接、隐私七个功能模块的使用。管理员需要懂得如何设置站点标题、副标题、站点地址、新用户默认角色、站点语言、时区、日期格式等等，如图 13-1 所示。

图 13-1 “设置”功能

管理员可以一次性设置好这一块内容，电子商务系统运营正常后，这些设置最好不要随意改变，因为客户已经习惯使用原先的设置内容。

13.1 常规

概念

“常规”选项的内容包括站点标题、副标题、WordPress 地址（URL）、站点地址（URL）、管理邮件地址、成员资格、新用户默认角色、站点语言、时区、日期格式、时间格式、一星开始于。

实例

【实例 13.1】 查看并了解“常规”选项功能。

管理员可以从后台页面选择“设置”→“常规”功能，进入“常规选项”页面，管理员填写和勾选“常规”选项的内容，如图 13-2 所示。

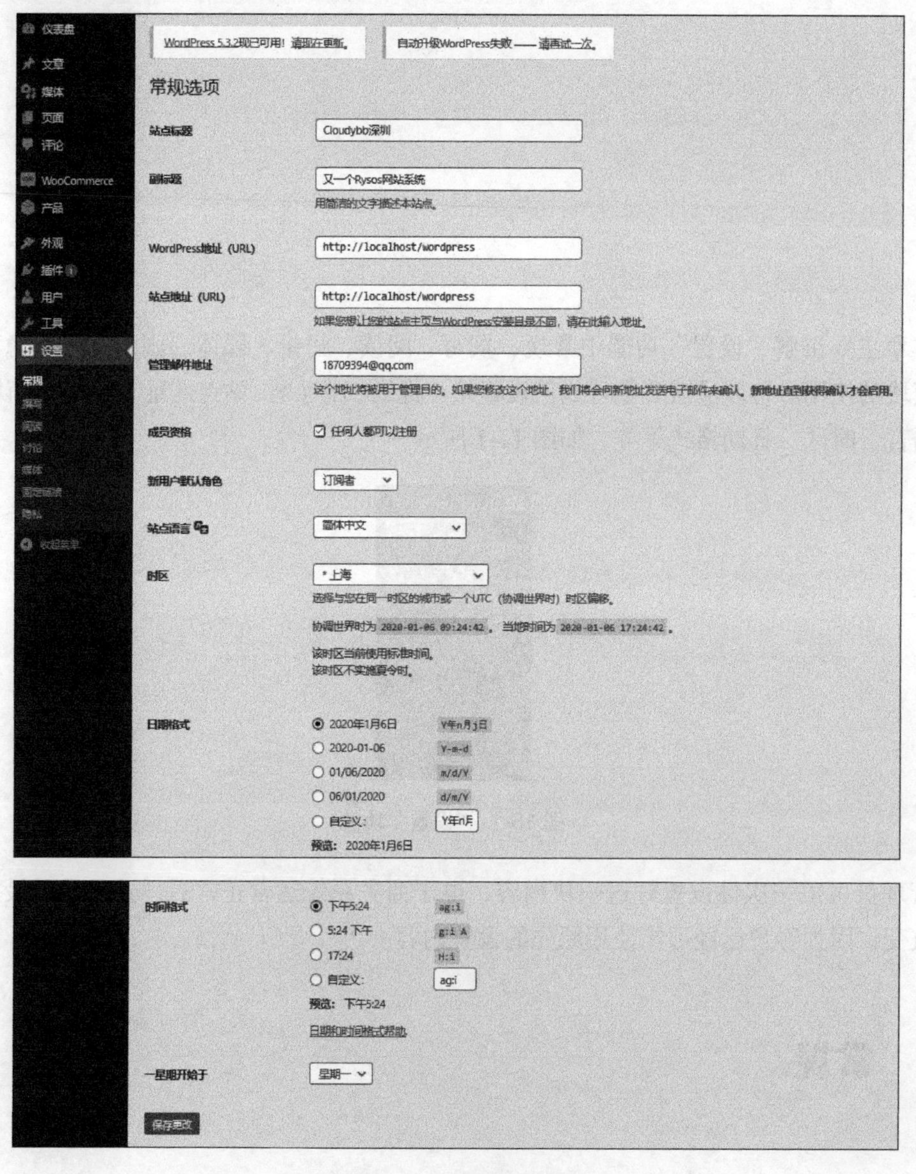

图 13-2 “常规选项”页面

【实例 13.2】 在前台页面查看管理员设置的站点名称、副标题、日期格式等信息。

根据后台设置常规选项的内容，在前台页面可以找到站点名称为“Cloudybb 深圳”，副标题为“又一个 Rysos 网站系统”的页面，文章归档的日期格式“Y 年 N 月 J 日”为“2019 年十一月”，如图 13-3 所示。

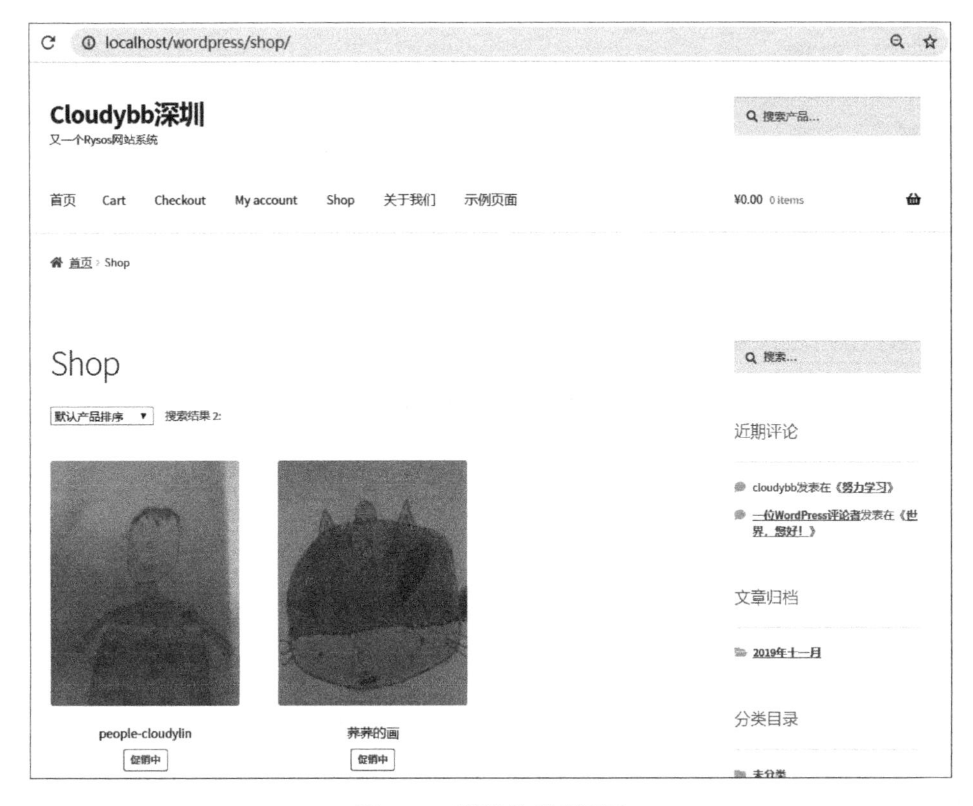

图 13-3 “常规”选项显示

【实例 13.3】 修改 WordPress 地址和站点地址后，无法查看前台页面或无法查看前台模板，此时应该如何恢复？

（1）管理员在后台页面设置 WordPress 地址和站点地址为 http://localhost/wordpress/18709394，如图 13-4 所示。

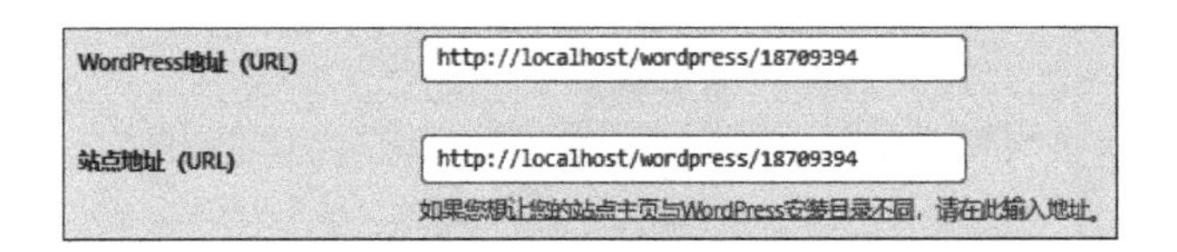

图 13-4 地址设置

（2）设置完成后，管理员登录前台页面，发现页面错误了，有些功能也无法使用，如图 13-5 所示。

（3）在浏览器中，使用 PHP 开源程序 phpMyAdmin，找到数据库 wordpress 的表 wp_options，可看到里面的 siteurl 和 home 的值 option_value 为 http://localhost/wordpress/18709394，如图 13-6 所示。

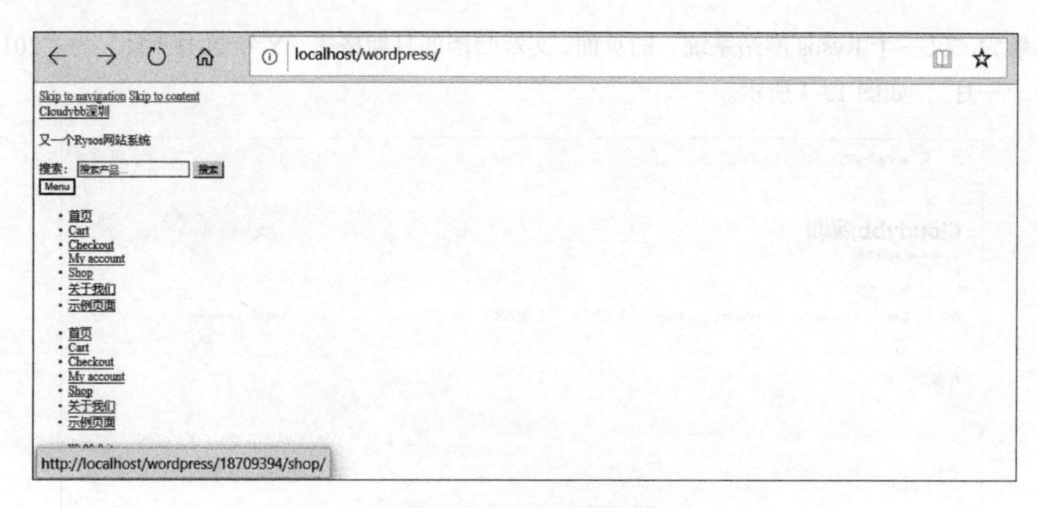

图 13-5　主题无法使用

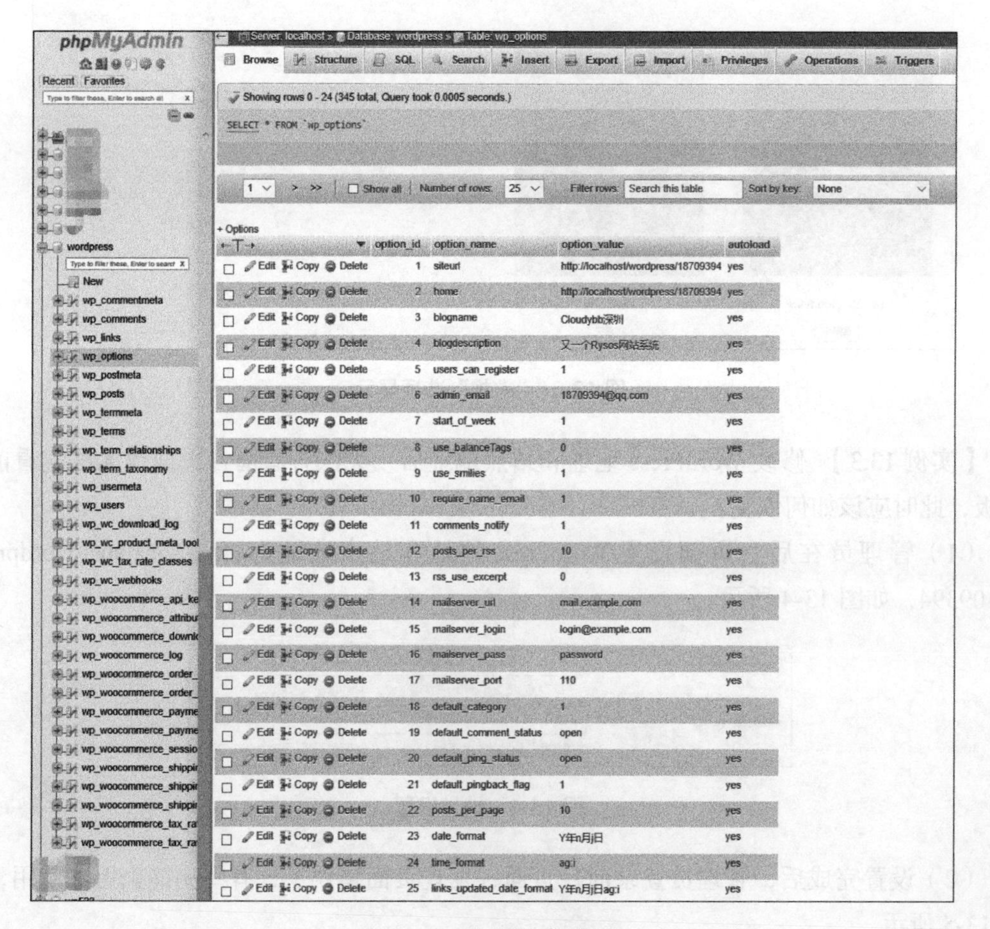

图 13-6　MySQL 数据库

（4）将数据库 wordpress 的表 wp_options 中的 siteurl 和 home 的值 option_value 修改为 http://localhost/wordpress/，修改成功后，效果如图 13-7 所示。

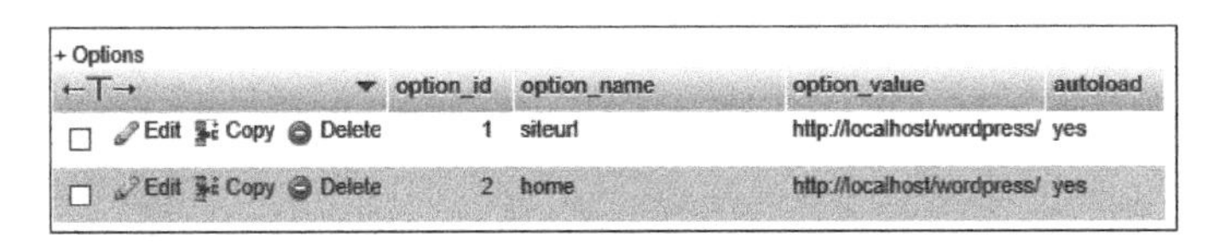

+ Options

←T→	option_id	option_name	option_value	autoload
☐ Edit Copy Delete	1	siteurl	http://localhost/wordpress/	yes
☐ Edit Copy Delete	2	home	http://localhost/wordpress/	yes

图 13-7 修改数据库

（5）再回到前台页面，按 F5 键刷新前台页面，可见页面已经恢复正常的状态，如图 13-8 所示。

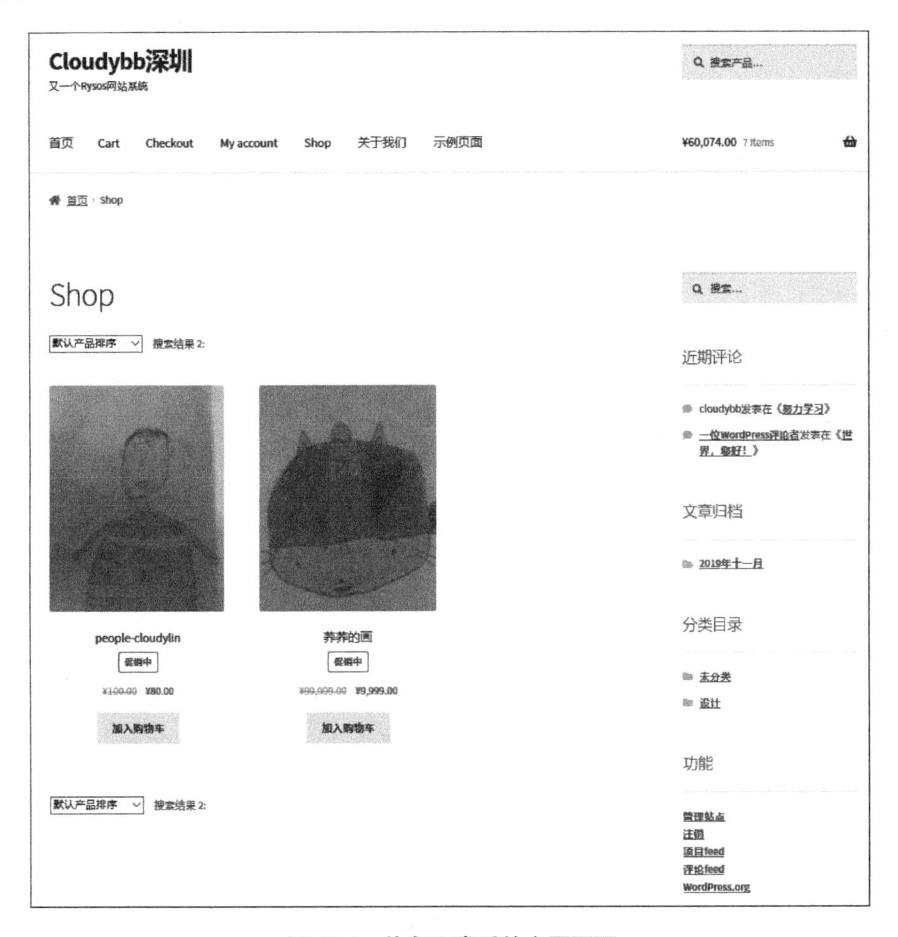

图 13-8 恢复正常后的主题页面

【实例 13.4】 修改系统，使其实现允许 / 不允许所有用户注册。

（1）管理员可以从后台页面选择“设置”→“常规”功能，则进入常规的功能页面，管理员查看“成员资格”选项，勾选“任何人都可以注册”，如图 13-9 所示。

（2）用户在前台页面可以看“注册”功能，用户可以按注册流程注册账号，如图 13-10 所示。

（3）管理员可以从后台页面选择“设置”→“常规”功能，则进入“常规”功能页面，管理员查看成员资格的选项，不勾选“任何人都可以注册”，如图 13-11 所示。

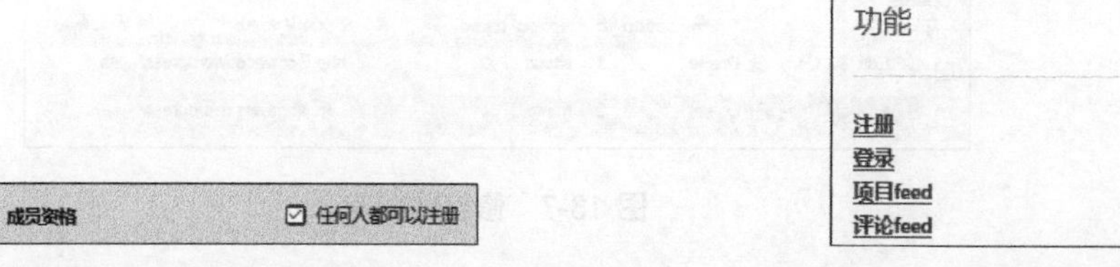

图 13-9 “成员资格”中“任何人都可以注册”复选框设置勾选　　图 13-10 设置后显示注册功能

（4）用户在前台页面无法查看到“注册”功能，用户无法注册账号，如图 13-12 所示。

图 13-11 成员资格设置不勾选　　图 13-12 设置后不显示注册功能

小技巧

电商运营技巧：通过以下对话，了解“常规”功能页面“站点标题”和“副标题”的设置，并懂得“常规”页面其他功能来源于安装系统时的设置，如下所示。

经理，“常规”设置功能，有哪些是电商运营需要经常设置的。

“常规”设置系统安装时，已经设置好，有些设置一经修改，软件系统都进不了，所以请勿乱修改“常规”设置。常用的设置有“站点标题”和“副标题”。

修改“站点标题”和“副标题”，在电商系统首页的左上角就显示出来了。

经理，我懂了，上次我修改了“WordPress 地址（URL）”和“站点地址（URL）”，就进不了电商系统了。

13.2 撰写

概念

“撰写”设置的内容包括默认文章分类目录、默认文章形式、通过电子邮件发件、邮件服务器、端口、登录名、密码、默认邮件发表分类目录、更新服务。

这个功能适合商务人士和企业使用，他们可以通过撰写电子邮件发布文章。现在所有手机都可以通过浏览器查看 HTML5 网站，可以直接使用系统撰写文件，因此邮件发文章的功能作用不大，而且大部分免费邮箱都不支持。

实例

【实例 13.5】 查看并了解“撰写”设置功能。

管理员可以从后台页面选择“设置”→“撰写”功能来进入“撰写”设置的功能页面，管理员填写“撰写”设置的内容，如图 13-13 所示。

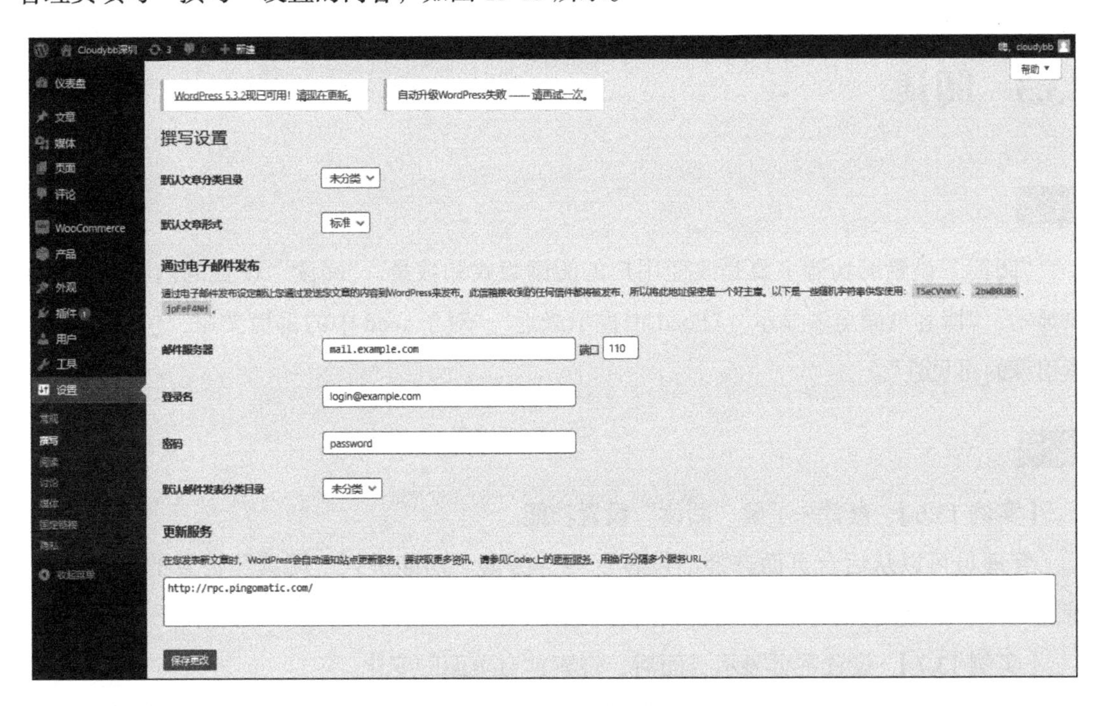

图 13-13 “撰写”设置

小技巧

电商运营技巧：通过以下对话，了解“撰写”功能页面可以自动发布文章。

经理，“撰写”设置功能，电商运营需要用到吗？

通过电子邮件发布设定，能让你的邮箱接收到的内容自动发布到系统，此信箱接收到的任何信件都将被发布。

也就是说，这个功能是给博客系统用的，当博主发送一条新闻到自己的邮箱，这个邮箱就会自动发布新闻到博客系统中。

做电商系统，这个功能是不安全的。如果你想使用这个功能，需要搭建一台邮件服务器，然后在系统里输入邮箱服务器的账号、密码和端口的信息，就可以了。

经理，我学会这个功能了。

13.3 阅读

概念

“阅读”设置的功能主要是改变用户的阅读版式和数量。“阅读”设置的内容包括“主页显示”“博客页面至多显示”“Feed 中显示最近”“对于 feed 中的每篇文章，包含”“对搜索引擎的可见性”。

实例

【实例 13.6】 查看并了解“阅读”设置功能。

管理员可以从后台页面选择“设置”→“阅读”功能进入“阅读”设置的功能页面，管理员可以设置关于主页显示的相关内容，如图 13-14 所示。

【实例 13.7】 设置主页显示页面后，观察前台页面的变化。

（1）在后台将“您的主页显示”默认选择为“您的最新文章”，如图 13-15 所示。

（2）用户登录前台首页页面 http://localhost/wordpress/，首页页面显示最新的文章即“努力学习”，如图 13-16 所示。

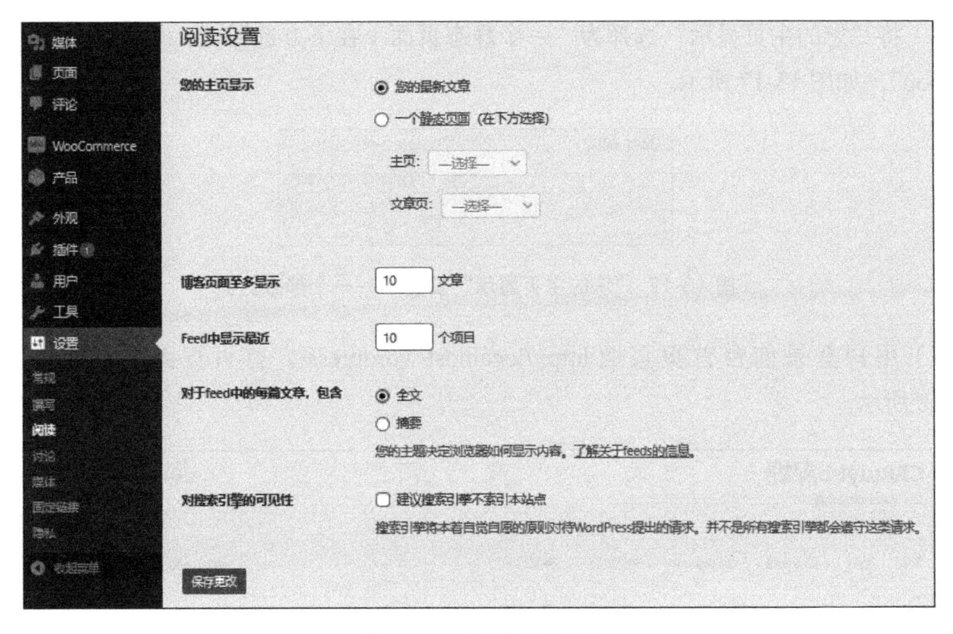

图 13-14 “阅读”设置

图 13-15 “您的主页显示”设置——您的最新文章

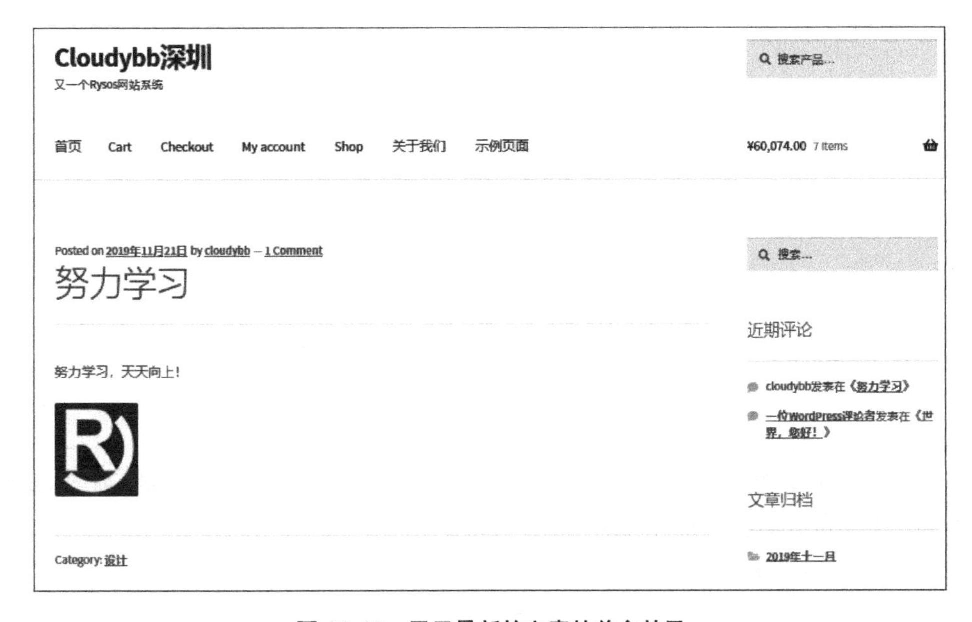

图 13-16 显示最新的文章的前台效果

（3）将“您的主页显示”选择为“一个静态页面（在下方选择）”，将“主页：”项选择为“Shop”，如图 13-17 所示。

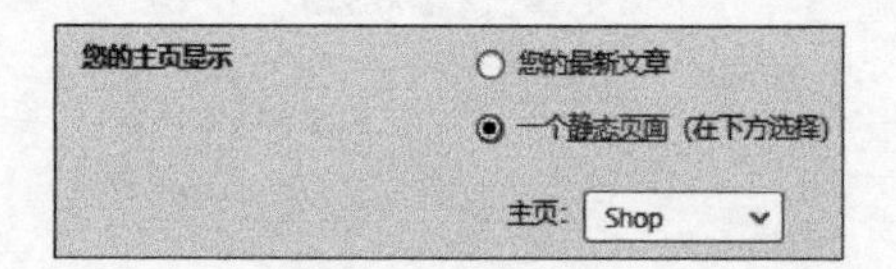

图 13-17 “您的主页显示”设置——一个静态页面

（4）用户登录前台首页页面 http://localhost/wordpress/，首页页面显示商店页，如图 13-18 所示。

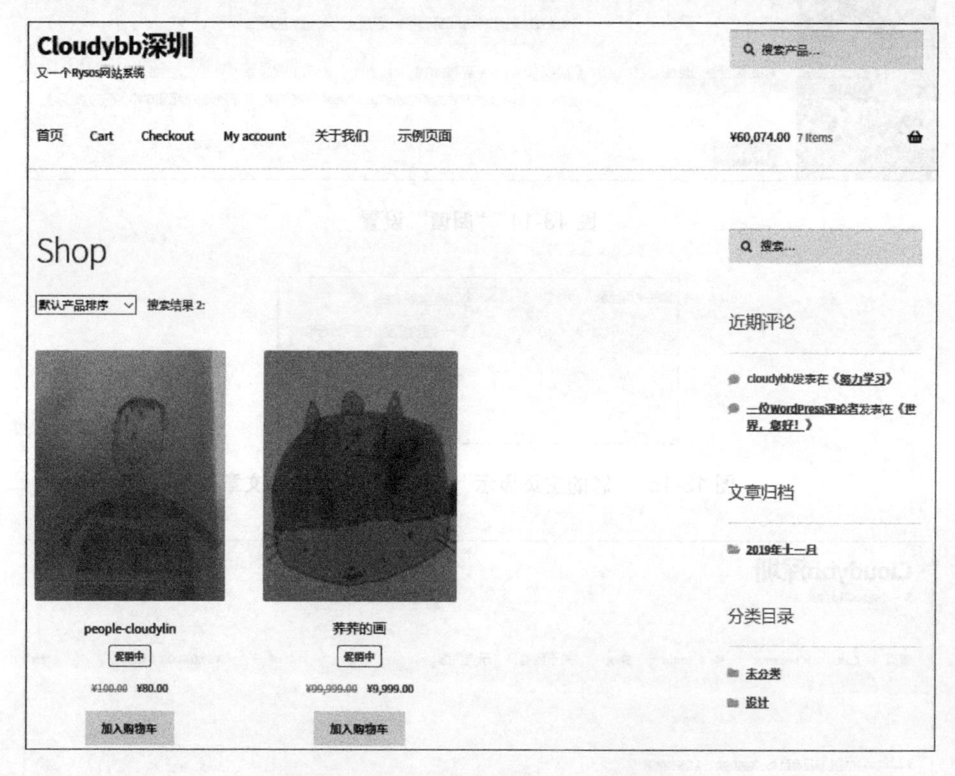

图 13-18 显示静态页面 shop 的效果

【实例 13.8】 如何控制前台页面的博客页面显示的文章数量？

（1）在后台页面的“博客页面至多显示”输入数值“1”文章，如图 13-19 所示。

图 13-19 博客页面至多显示设置

（2）用户登录文章页面，可见每 1 页都显示 1 个文章，想查看下一个文章就需要翻页，如图 13-20 所示。

（3）“博客页面至多显示”设置项输入数值“10”文章，如图 13-21 所示。

（4）用户登录文章页面，可见每页都显示 10 篇文章，想查看第 11 篇文章才需要翻页，如图 13-22 所示。

图 13-20 博客页面至多显示 1 篇文章的效果

图 13-21 “博客页面至多显示”设置——10 文章

图 13-22 博客页面至多显示 10 篇文章的效果

小技巧

电商运营技巧：通过以下对话，了解电商运营系统如何设置“阅读”功能页面。

经理，“阅读”设置功能，电商运营推荐怎样设置呢？

推荐设置：“您的主页显示”设为“一个静态页面”，“主页”选“Shop”，“文章页”选“示例页面”，其他按默认设置。这样用户进入电商系统，就可以直接查看商品，用户想学习如何支付、收货等信息可以查看示例页面。

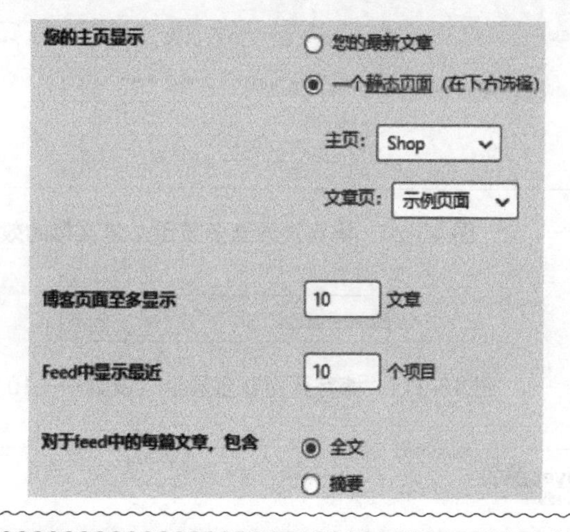

这个设置的效果简洁好用，非常适合电商系统。

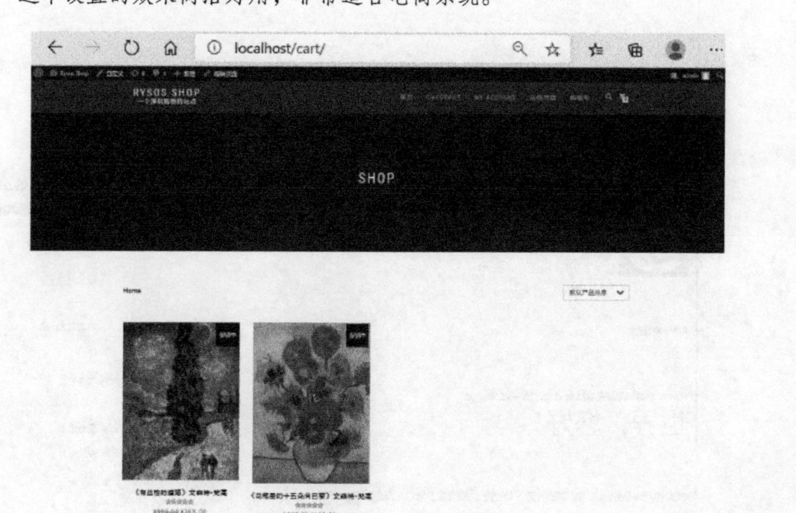

经理，我明白了，也就是“阅读”设置功能可以在后台快速变更。

13.4 讨论

概念

“讨论”设置的功能主要包括默认文章设置、其他评论设置、发送电子邮件通知我、在评论显示之前、评论审核、评论黑名单、头像。

- 默认文章设置包括尝试通知文章中链接的博客、允许其他博客发送链接通知到新文章、允许他人在新文章上发表评论。
- 其他评论设置包括评论作者必须填入姓名和电子邮件地址、用户必须注册并登录才可以发表评论、自动关闭发布多少天后的文章上的评论功能、显示评论 cookies 复选框、允许设置评论作者 cookies、启用评论嵌套 - 最多嵌套多少层、分页显示评论。
- 发送电子邮件通知我包括有人发表评论时、有评论等待审核时。
- 在评论显示之前包括评论必须经人工批准、评论者先前须有评论通过了审核。
- 头像设置包括头像显示、等级、默认头像。

实例

【实例 13.9】 了解“讨论”设置功能。

管理员可以从后台页面选择“设置”→“讨论”功能来进入“讨论”设置的功能页面，管理员可以设置“讨论”相关的设置，如图 13-23 ~ 图13-25 所示。

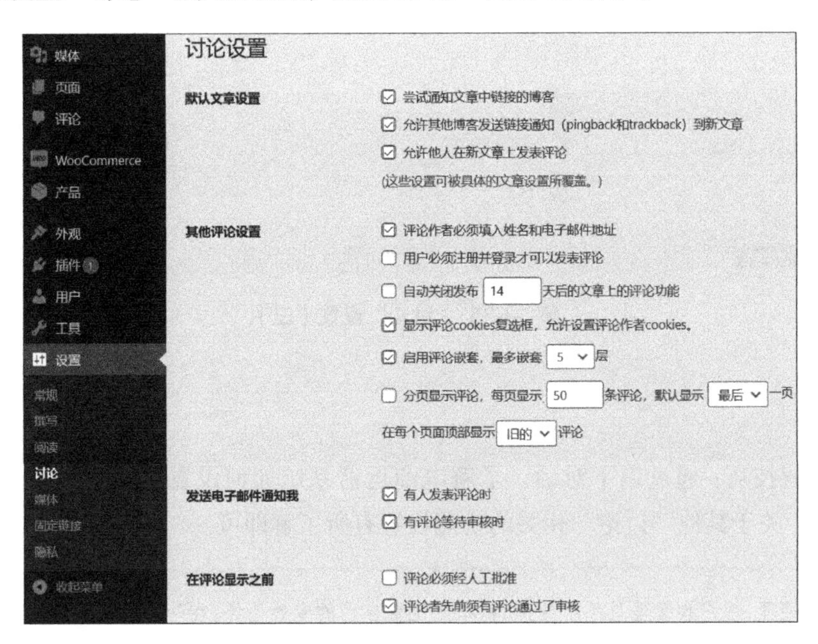

图 13-23 “讨论”设置（一）

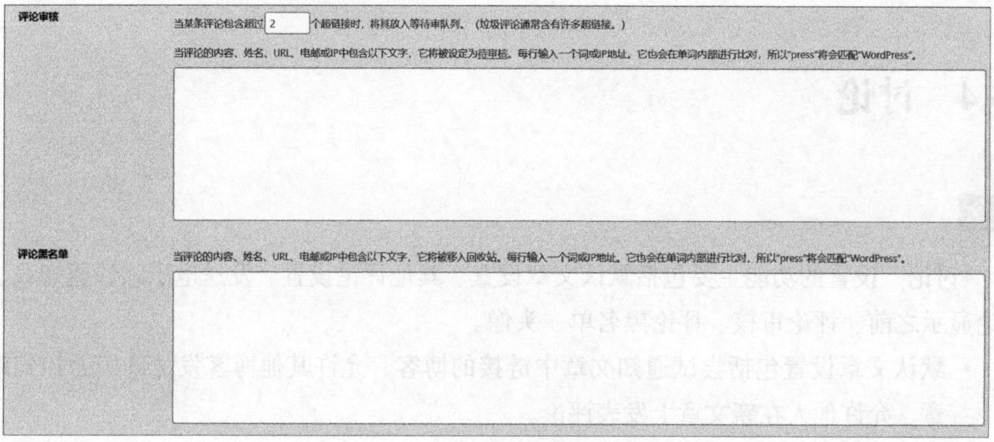

评论审核

当某条评论包含超过 2 个超链接时，将其放入等待审队列。（垃圾评论通常含有许多超链接。）

当评论的内容、姓名、URL、电邮或IP中包含以下文字，它将被设定为待审核。每行输入一个词或IP地址，它也会在单词内部进行比对，所以"press"将会匹配"WordPress"。

评论黑名单

当评论的内容、姓名、URL、电邮或IP中包含以下文字，它将被移入回收站。每行输入一个词或IP地址，它也会在单词内部进行比对，所以"press"将会匹配"WordPress"。

图 13-24 “讨论”设置（二）

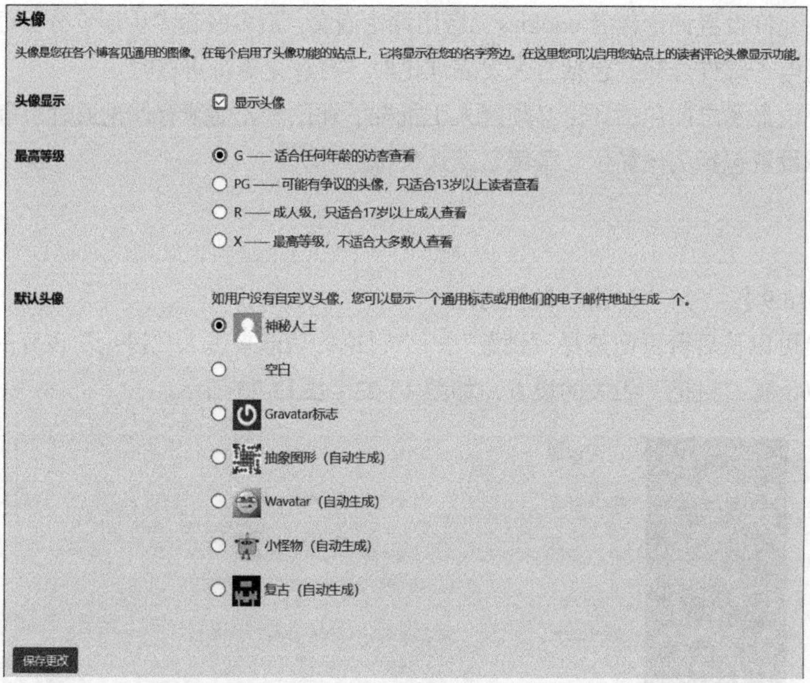

头像

头像是您在各个博客见通用的图像。在每个启用了头像功能的站点上，它将显示在您的名字旁边。在这里您可以启用您站点上的读者评论头像显示功能。

头像显示 显示头像

最高等级
- G —— 适合任何年龄的访客查看
- PG —— 可能有争议的头像，只适合13岁以上读者查看
- R —— 成人级，只适合17岁以上成人查看
- X —— 最高等级，不适合大多数人查看

默认头像 如用户没有自定义头像，您可以显示一个通用标志或用他们的电子邮件地址生成一个。
- 神秘人士
- 空白
- Gravatar标志
- 抽象图形（自动生成）
- Wavatar（自动生成）
- 小怪物（自动生成）
- 复古（自动生成）

保存更改

图 13-25 “讨论”设置（三）

小技巧

电商运营技巧：通过以下对话，了解电商运营系统如何设置“讨论”→“默认头像”功能页面的。关于其他“讨论”相关的功能设置有所了解即可。

陈经理，用户和管理员不用插件，都不能设置自己的专属头像，在“讨论”→“默认头像”设置功能，可以设置自动生成头像，电商运营推荐自动生成头像吗？

自动生成的头像都是随机生成的，头像文件都是在别人的服务器，也就是别人的服务器坏了，你的电商系统头像也坏了。当电商企业还处在萌芽阶段时，请专注做电商系统运营业务推广、上架、销售，这套电商系统要懂上架商品、发货商品。

如果你设置“默认头像”为小怪物。

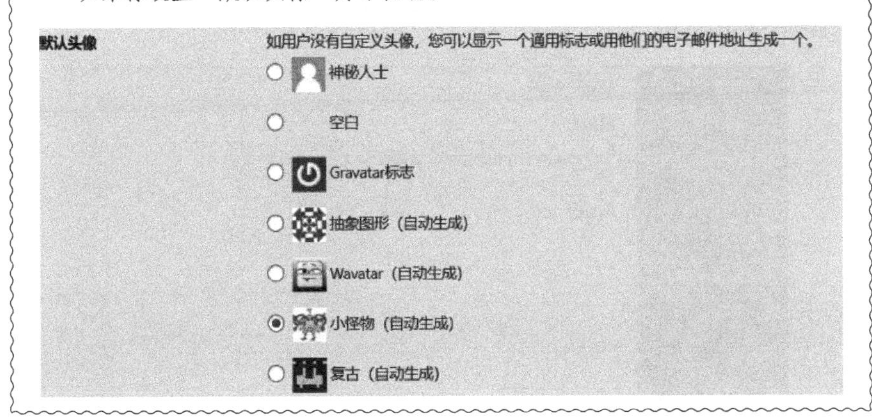

可以在“用户”页面中看到所有的用户头像都是自动生成的不同小怪物头像。

经理，我明白了。我会专注电商运营方面。其他设计和技术的功能，明白作用就可以。

13.5 媒体

概念

“媒体”设置主要是设置文章上传媒体的图像大小，可以设置缩略图大小、中等大小、大尺寸、文件上传的目录格式等。

实例

【实例 13.10】 查看并了解“媒体”功能。

管理员可以从后台页面选择“设置”→“媒体”功能进入“媒体”设置的功能页面，管理员可以设置图片的尺寸和文件上传的目录格式等，如图 13-26 所示。

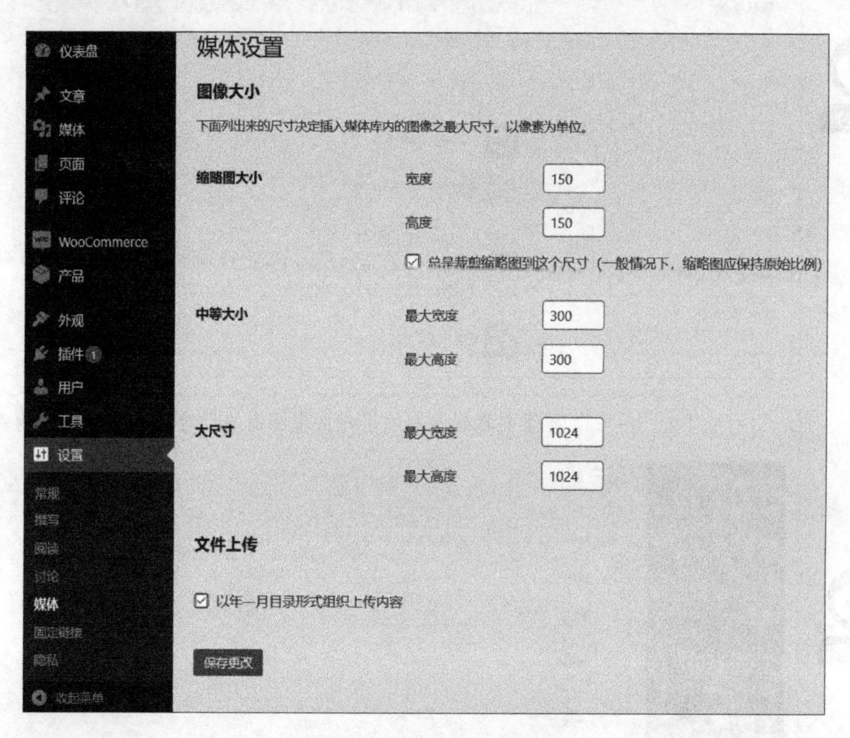

图 13-26 “媒体”设置

勾选“以年—月目录形式组织上传内容”复选框，那么不管媒体库是否有内容，程序每个月都会生成一个按年月组织的目录，如图 13-27 所示。

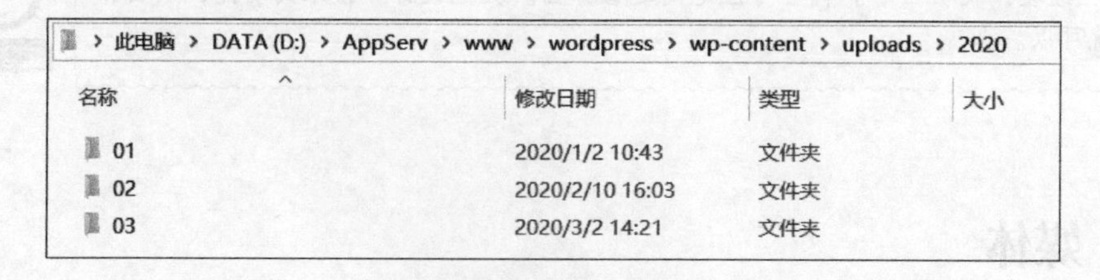

图 13-27 年—月目录

小技巧

电商运营技巧：通过以下对话，了解电商运营系统如何设置“媒体”功能页面 ，使打开多图的页面更加快速。

经理，设置“媒体”功能对电商运营有用吗？

小企业做个电商平台，最多也就一台服务器。一个页面读取 10 个大尺寸的图，需要很长时间；一个页面读取 10 个缩略图，需要很短时间。在企业自身硬件不足的条件下，可以用软件系统功能来弥补。

选择图片并上传就会自动生成不同尺寸的图片，如果勾选了“以年—月目录形式组织上传内容”，通常文件储存在“\wp-content\uploads\ 年 \ 月”目录。

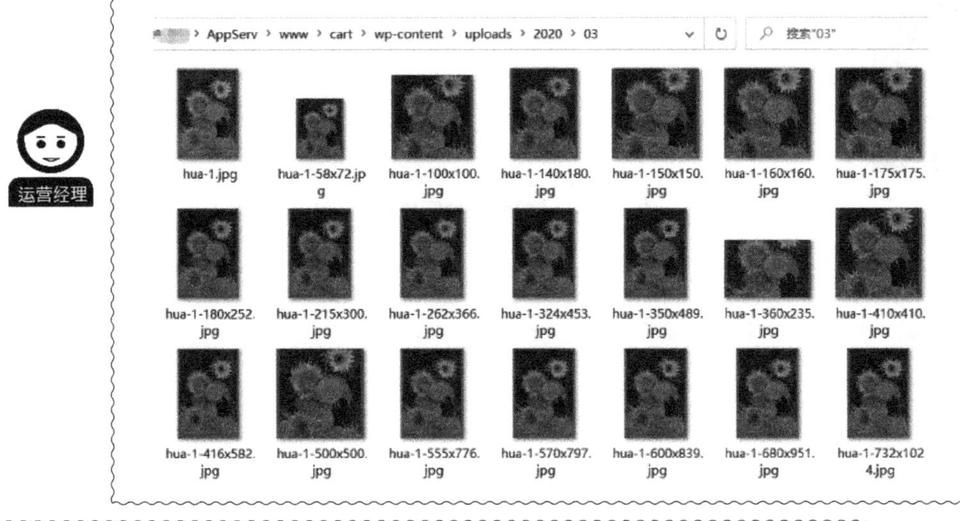

经理，我明白了。电商运营推荐勾选“以年—月目录形式组织上传内容”，尺寸按照默认值即可。

13.6 固定链接

概念

“固定链接”设置主要设置网站显示的地址方式，程序系统让站长能够为自己的永久链接和存档建立自定义 URL 结构。自定义 URL 结构可以为站长的网站链接提高美感、可用性和前向兼容性。

实例

【实例 13.11】 查看并了解“固定链接”设置功能。

管理员可以从后台页面选择“设置”→“固定链接”功能进入“固定链接”设置的功能页面。管理员可以设置网址 URL 的格式，如图 13-28 和图 13-29 所示。

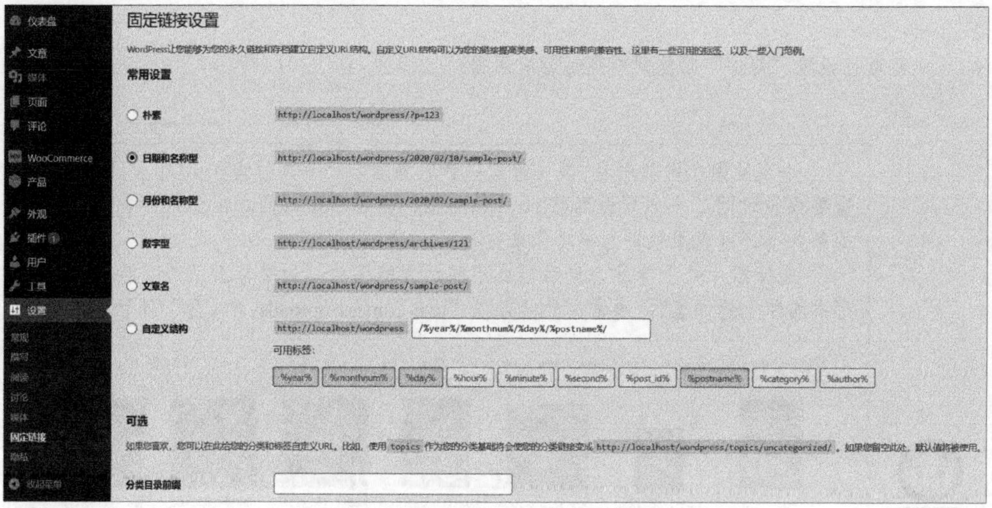

图 13-28 “固定链接”设置（一）

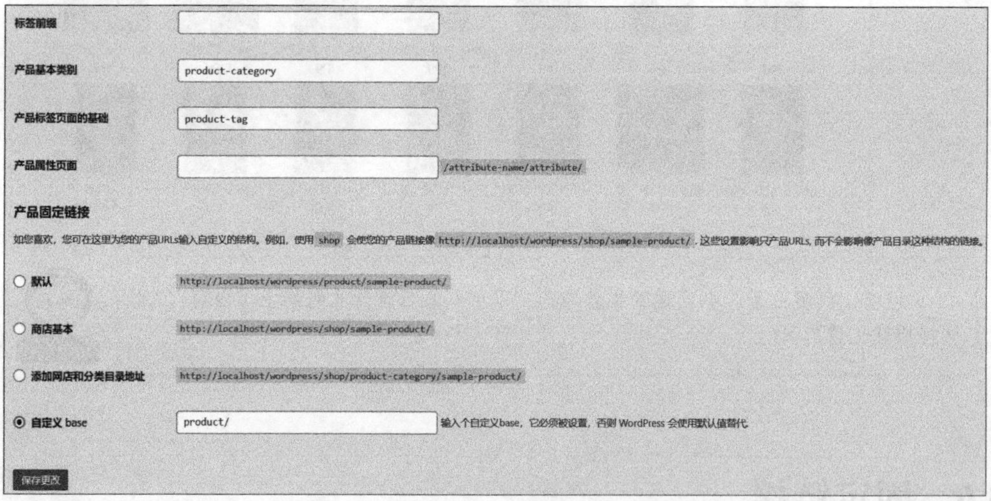

图 13-29 “固定链接”设置（二）

【实例 13.12】 改变博客文章的 URL 地址。

（1）在后台页面选择“设置”→“固定链接”功能，在“常用设置”功能里选择“日期和名称型”，如图 13-30 所示。

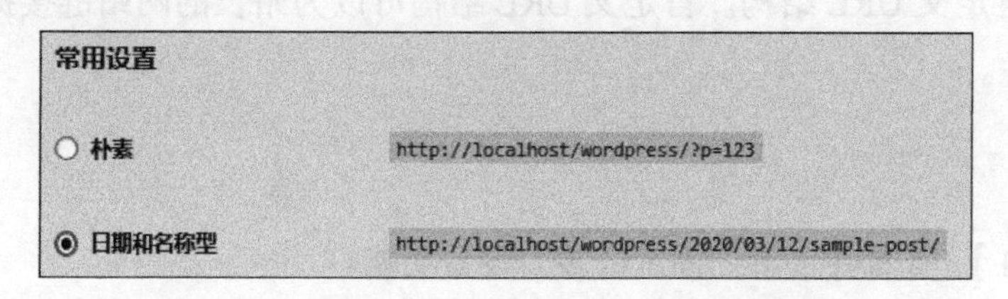

图 13-30 “常用设置”功能选择“日期和名称型”

（2）用户在前台页面进入文章“努力学习”的页面，可见顶部的 URL 地址为管理员设置的“日期和名称型”，即 URL 地址为 http://localhost/wordpress/2019/11/21/ 努力学习 /，如图 13-31 所示。

图 13-31 “日期和名称型”的显示效果

【实例 13.13】 改变商店的 URL 地址。

（1）在后台页面选择“设置”→“固定链接”功能，在“产品固定链接”功能里选择“自定义 base”，在输入框内填写“product/”，如图 13-32 所示。

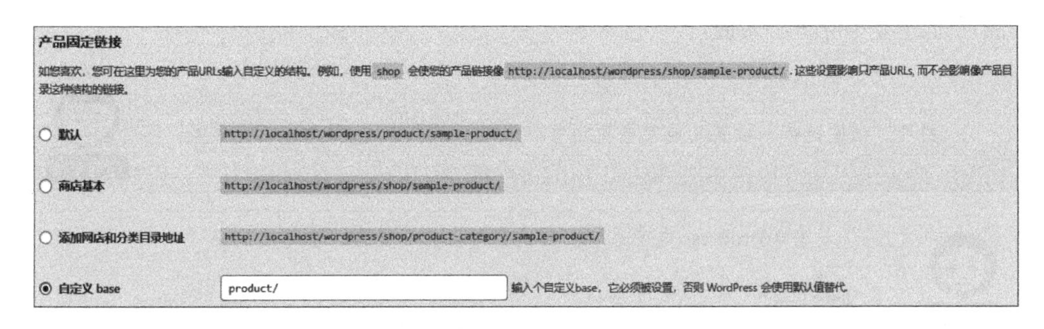

图 13-32 “产品固定链接”→“自定义 base”

（2）用户进入商店，在前台页面查看产品“荞荞的画”，可见顶部的URL地址包含管理员设置的“product/”，即URL地址为http://localhost/wordpress/product/荞荞的画/，如图13-33所示。

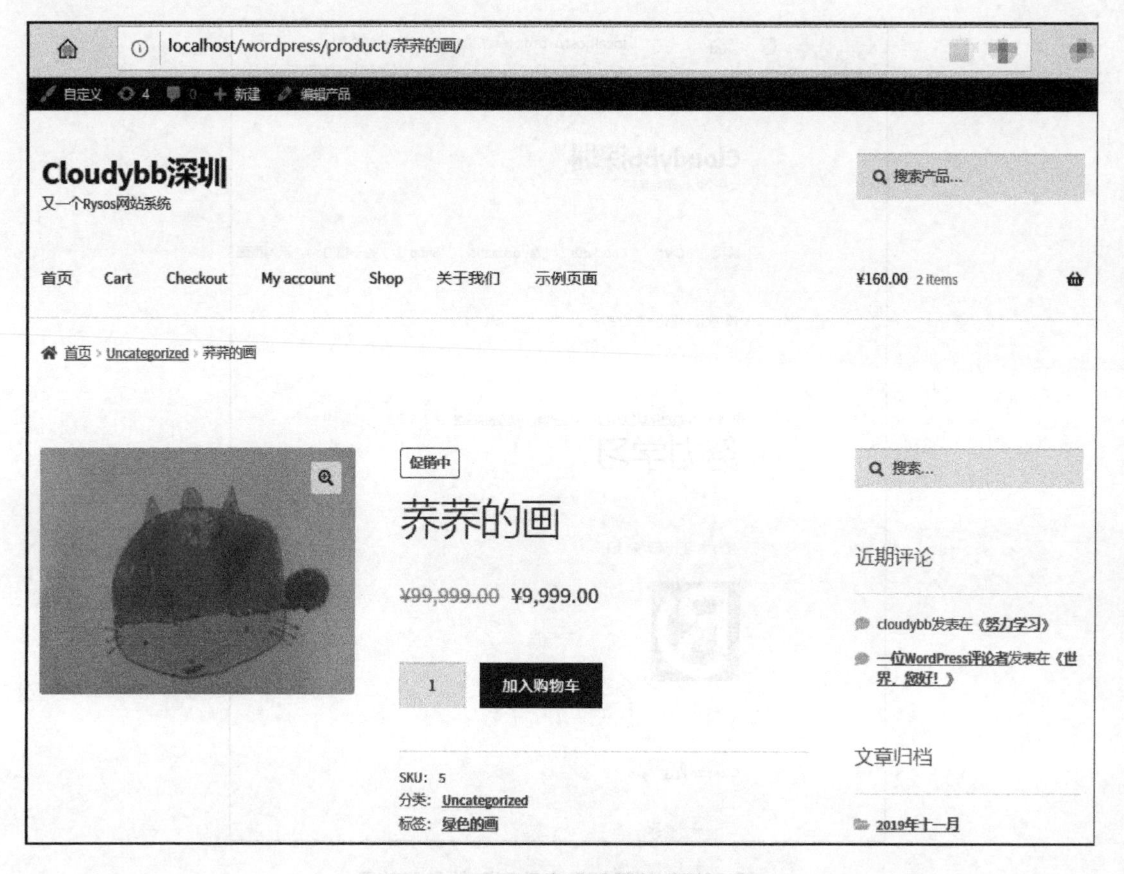

图13-33　显示自定义链接的效果

小技巧

电商运营技巧：通过以下对话，了解电商运营系统如何设置“固定链接”功能页面，使商品网址链接变得简洁易懂。

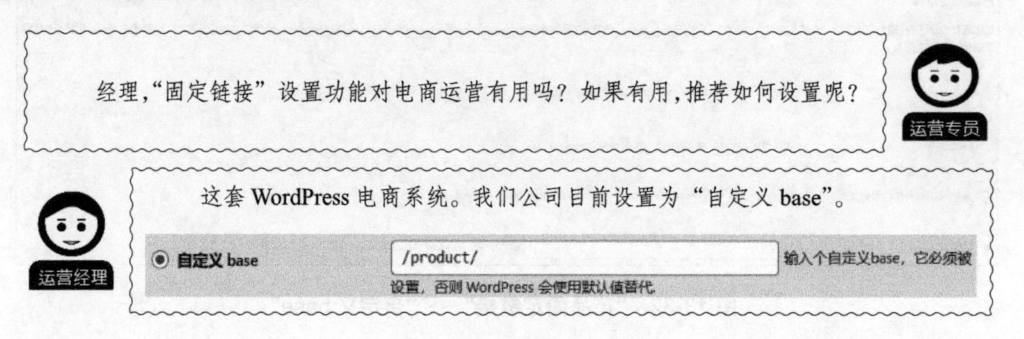

经理，“固定链接”设置功能对电商运营有用吗？如果有用，推荐如何设置呢？
运营专员
这套WordPress电商系统。我们公司目前设置为“自定义base”。
运营经理
自定义 base
/product/
输入个自定义base，它必须被设置，否则WordPress会使用默认值替代。

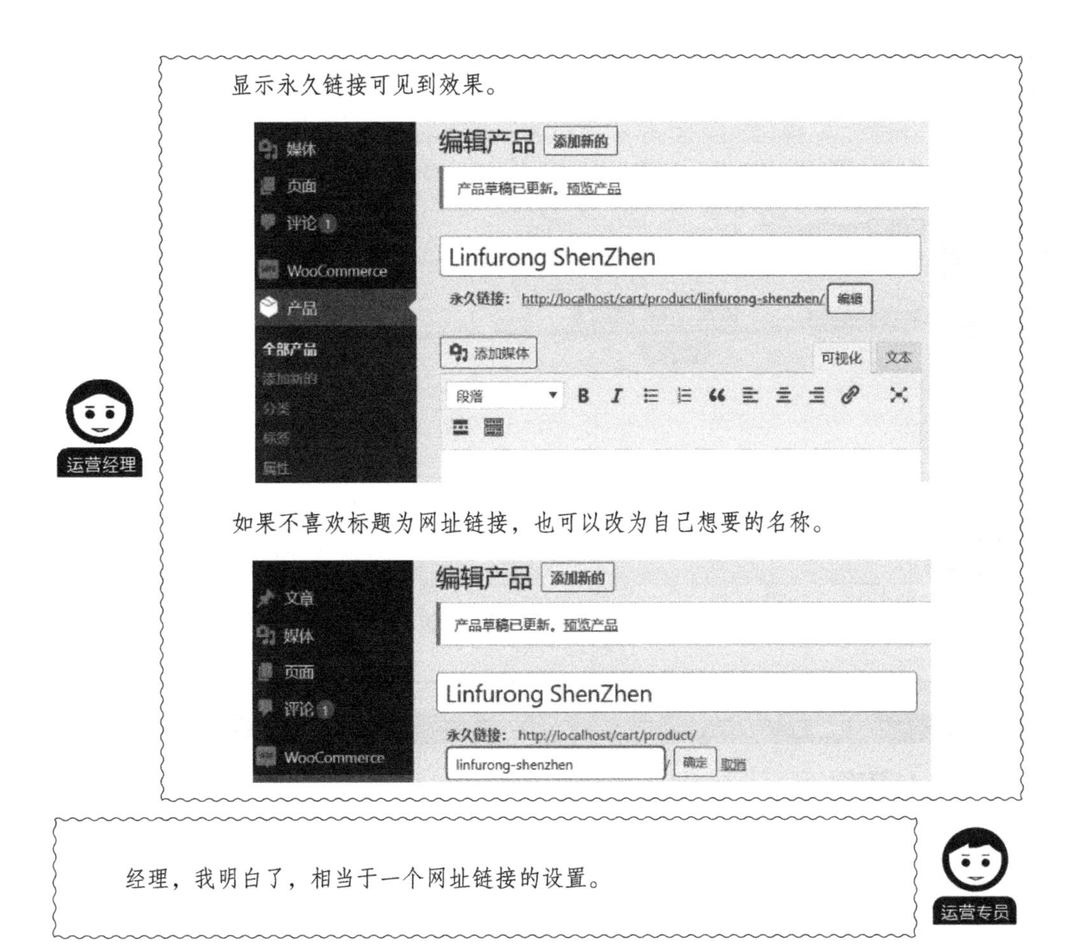

经理，我明白了，相当于一个网址链接的设置。

运营专员

13.7 隐私

概念

“隐私”设置指设置隐私政策页面使用哪一个页面，管理员可以使用已有的页面，也可以自己创建一个新的页面作为隐私政策页面。

实例

【实例 13.14】 查看并了解“隐私”设置功能。

（1）管理员可以从后台页面选择“设置”→“隐私”功能进入“隐私”设置的功能页面，管理员可以在此设置功能下设置隐私政策页面，如图 13-34 所示。

（2）单击图 13-34 中“预览”按钮，即可跳转到“隐私政策”页面显示的内容，如图 13-35 所示。

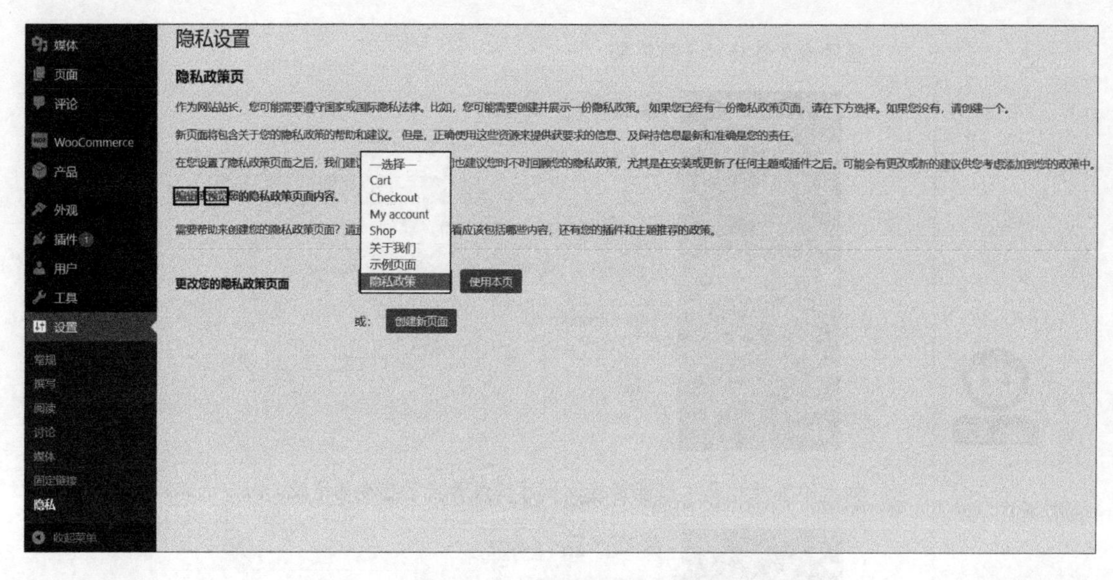

图 13-34 “隐私设置”页面

图 13-35 “隐私政策”页面——前台效果

（3）单击图 13-34 中“编辑”按钮管理员即可编辑隐私政策的页面内容，如图 13-36 和图 13-37 所示。

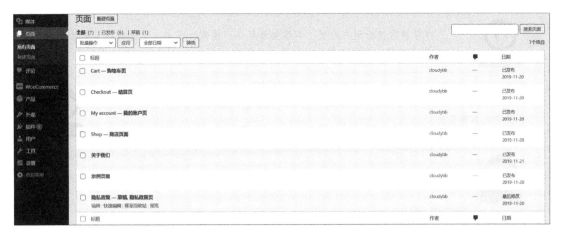

图 13-36 页面

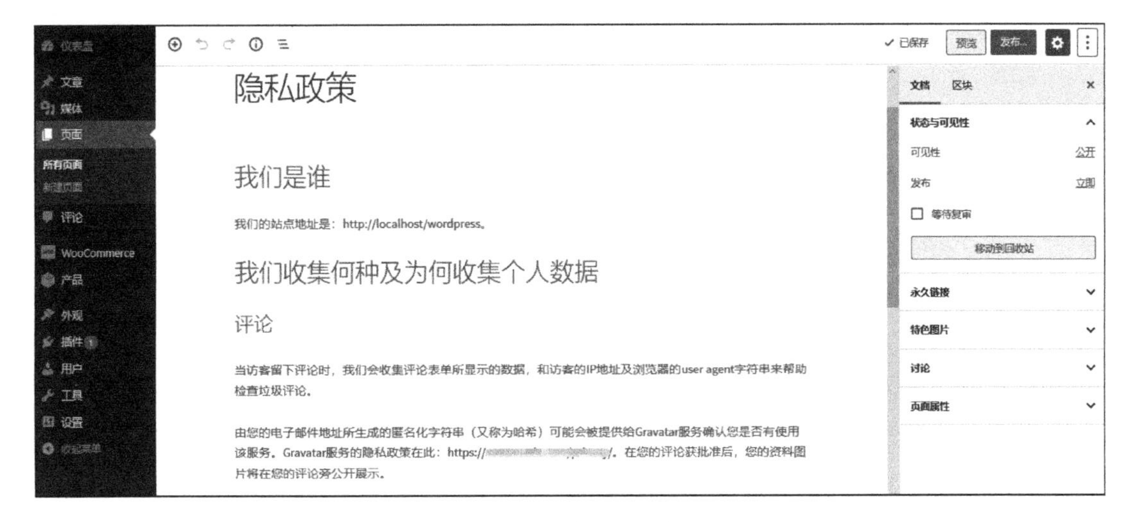

图 13-37 编辑隐私政策

小技巧

电商运营技巧：通过以下对话，了解电商运营隐私的合同内容从哪里而来，专业的合同应交给专业的律师撰写，如下所示。

经理，在“隐私”设置功能中，电商运营隐私的合同内容怎么写呢？

对于大的电商企业，“隐私”的内容可以找公司的律师撰写；对于小的电商企业，“隐私”的合同可以依照其他电商企业的合同文本撰写。

内容通常包括用户注册、商品信息展示、搜索、下单、支付功能、交付产品与/或服务功能、客服与售后功能等合同条款。

经理，刚已经问公司李律师拿到合同了，我现在按律师的合同，把新合同放到隐私条款页面。

注意不要打错字了。

WordPress

运营实践篇

第14章 备　份

电子商务系统是一套程序，所以要学会将服务器程序备份至本机，才能确保在新的机器上也可以安装这套程序。

电子商务系统运营一段时间，会产生数据内容。数据保存在数据库中，需要备份服务器数据库至本机确保数据安全。

就算未来有一天硬盘或服务器损坏无法恢复，也可以使用备份的程序和备份的数据库恢复。

Windows 服务器是否可以使用 Ghost 软件一键备份和还原呢？

经过测试后，Ghost 软件可以全盘备份和还原。有的用户也会出现备份成功，但是还原失败的案例。为了备份有效，建议使用 Ghost 备份的用户进行还原操作测试备份是否可用。

Ghost 软件备份和还原的优点是安装简单、安装速度快；可以省略复杂的安装程序步骤；Windows 服务器、PHP 环境和电子商务运营数据可一键备份和还原。

Ghost 软件备份和还原的缺点是会对硬盘有损害，硬盘比较容易出现坏道；Windows 服务器系统功能备份不太完整，需要服务器和客户端备份机硬件一致，驱动才能全部可用；Ghost 系统运行也不太稳定。

Linux 服务器是否可以使用 rsync 工具备份和还原呢？

rsync 是 Linux 系统下的数据镜像备份工具，使用快速增量备份工具 Remote Sync 可以远程同步，支持本地复制，或者与其他 SSH、rsync 主机同步。

rsync 工具的原理是服务器端安装 rsync 工具并运行 rsync 进程，客户端运行 rsync 来备份服务器端的数据内容。

由于服务器 rsync 的进程需要长期开启，如果服务器被入侵，那么使用 delete 命令可能会导致备份机的备份文件被删除。

综合以上，本书中的服务器端使用的是 Centos 系统，客户端使用的是 Windows 系统，使用 FlashFXP 软件备份和还原。即使服务器端被入侵，也能快速重装服务器端系统，并使用客户端的备份文件还原到服务器端，拖拉式的可视化使用既简单又实用。

一个 2TB 机械硬盘价值 400 元，但其中的 2 TB 数据是无价的。如果硬盘损坏，拿去市场做硬盘恢复，那么少则 1000 元，多则 1 万元，数据还不一定能全部恢复。所以如果时间允许，可以使用 2 ~ 3 种方法备份。如果时间不允许，那么可以只使用 FlashFXP 软件备份。多一种方法备份，就多一份安全感，百利而无一害。

本章将会手把手教懂读者备份程序和备份数据库，读者只需要学懂 FlashFXP 软件这一种方法，就可以备份 WordPress 电子商务系统和数据库，还可以备份其他程序和数据库，例如物流管理系统、财务系统、办公自动化系统、新闻系统等。

14.1　备份服务器程序至本机

概念

备份服务器程序至本机常指将服务器程序的文件备份至本地计算机。如果服务器有任何问题，可以用这个备份程序文件将其还原。程序文件一般会记录程序的功能，所以还原也是还原程序的功能。程序代码经过改动后，需要备份程序。

视频讲解

备份服务器程序至本机，常用的 FTP 软件有 FlashFXP、FileZilla、CuteFTP、FTP Cattle、SmartFTP 等，在这里使用 FlashFXP 软件举例。

实例

【实例 14.1】 备份服务器程序至本机。

（1）安装好 FlashFXP 软件后，双击图标打开软件，如图 14-1 所示。

（2）按快捷键 F8 连接服务器，弹出“快速连接”对话框，如图 14-2 所示。

（3）选择连接类型，输入地址或 URL、端口、用户名称、密码等内容，如图 14-3 所示。

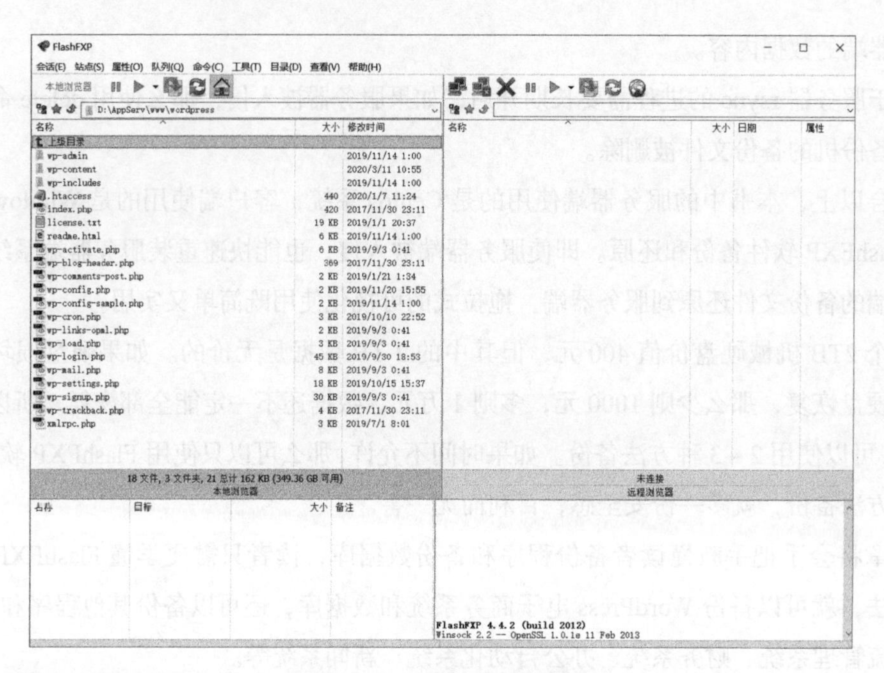

图 14-1 FlashFXP 软件页面

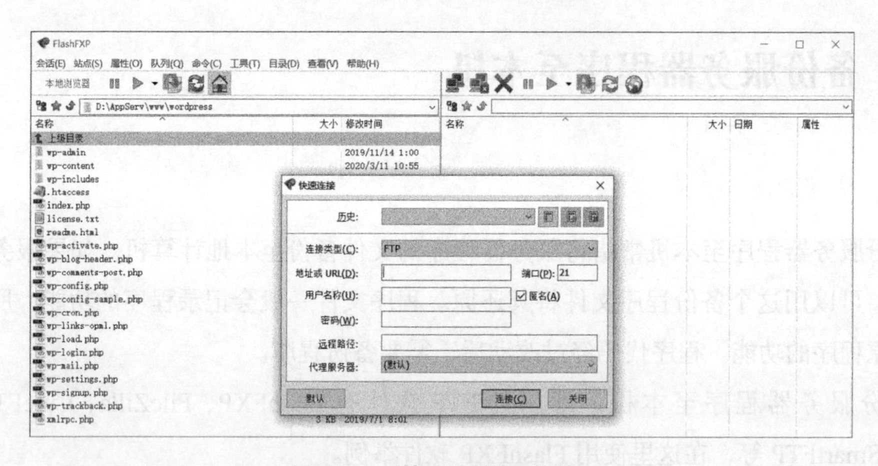

图 14-2 “快速连接”对话框

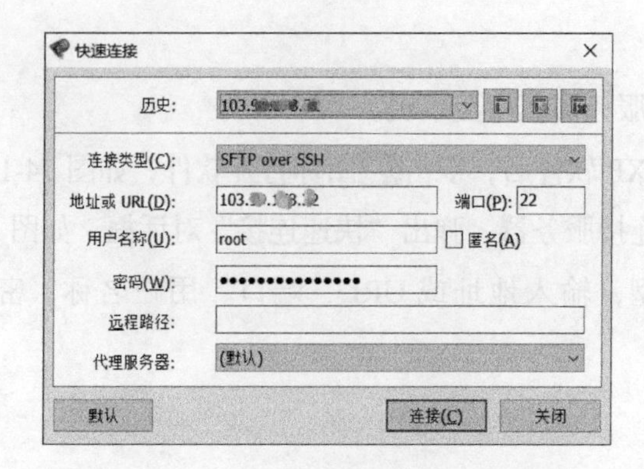

图 14-3 “快速连接”详细内容设置

（4）单击“连接”按钮即可连接到服务器上。页面左边为本地计算机的内容，右边为服务器的内容，如图 14-4 所示。

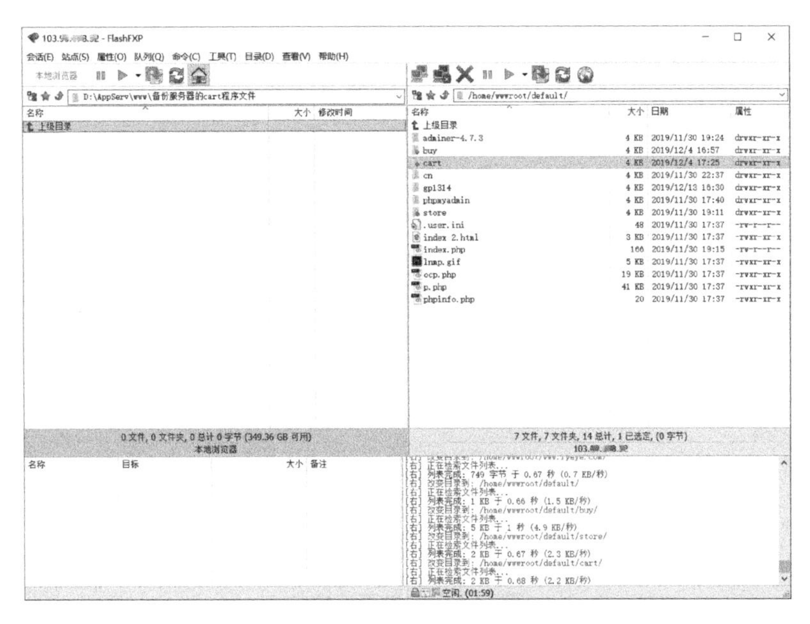

图 14-4　远程连接成功

【实例 14.2】 将服务器的程序文件 cart 备份到本地计算机的文件夹“备份服务器的 cart 程序文件”。

（1）在右栏服务器中，单击 cart 文件夹，即可选中文件夹，再将文件夹拖动至左边本地计算机文件夹“备份服务器的 cart 程序文件”中，如图 14-5 所示。

图 14-5　备份程序中

（2）现在程序已经备份到本地计算机中，在左边本地服务里可见已经显示 cart 文件夹，如图 14-6 所示。

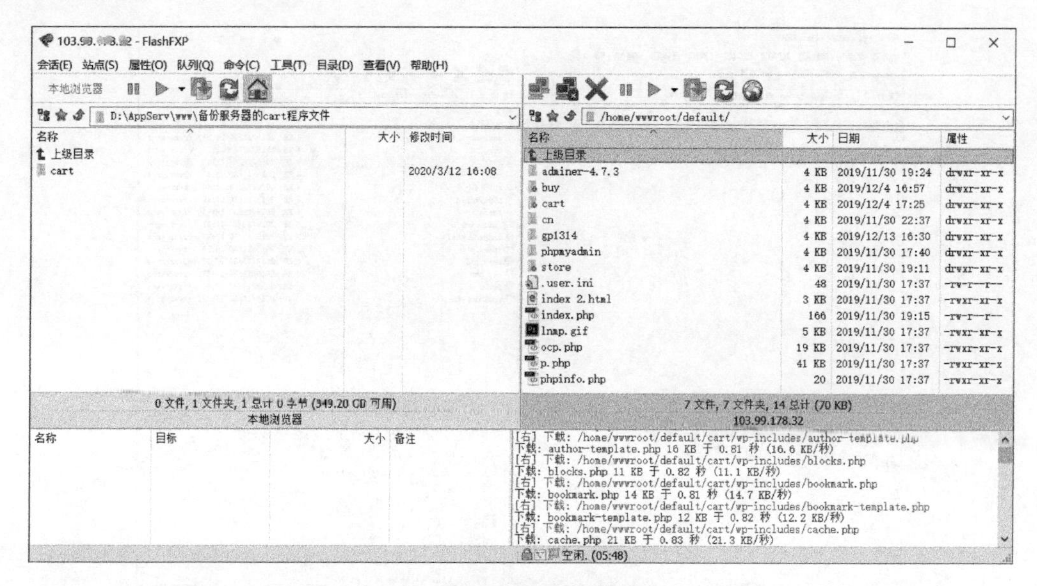

图 14-6　备份程序完成

14.2　备份服务器数据库至本机

概念

视频讲解

备份服务器数据库至本机常指将服务器数据库的文件备份至本地计算机。如果服务器有任何问题，可以用这个备份数据库将文件还原。数据库文件一般记录数据，不记录功能，所以还原也是还原显示的数据信息。

程序系统一直没有改动过，只是在服务器上运营。用户在系统上做登录、注册、浏览、发布等操作，就需要备份数据库。

备份服务器数据库至本机的常用软件和工具有 FlashFXP、phpMyAdmin、adminer。在这里同样使用 FlashFXP 软件举例。

实例

【实例 14.3】 备份服务器数据库至本机。

（1）服务器 MySQL 数据库的目录一般为 /usr/local/MySQL/var/cart/，打开目录可见 MySQL 数据库的文件扩展名有 .opt、.frm、.ibd 等，如图 14-7 所示。

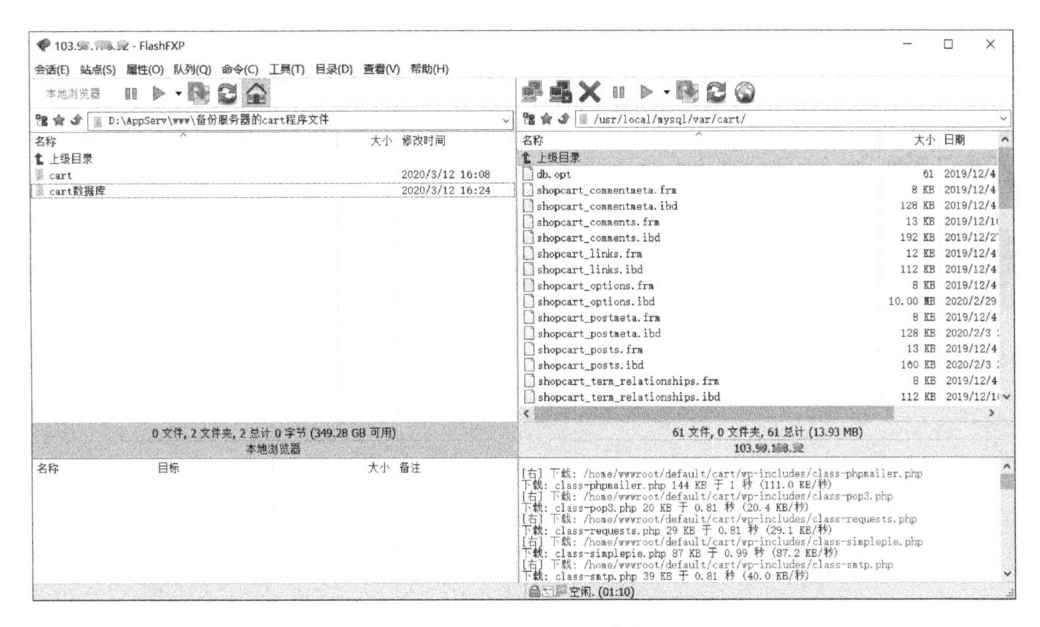

图 14-7　数据库文件夹

（2）按住 Ctrl+A 组合键，全选服务器的数据库文件，再将其拖动至左边本地计算机文件夹“cart 数据库”中，数据库文件显示在左边本地计算机中，就说明备份数据库成功，如图 14-8 所示。

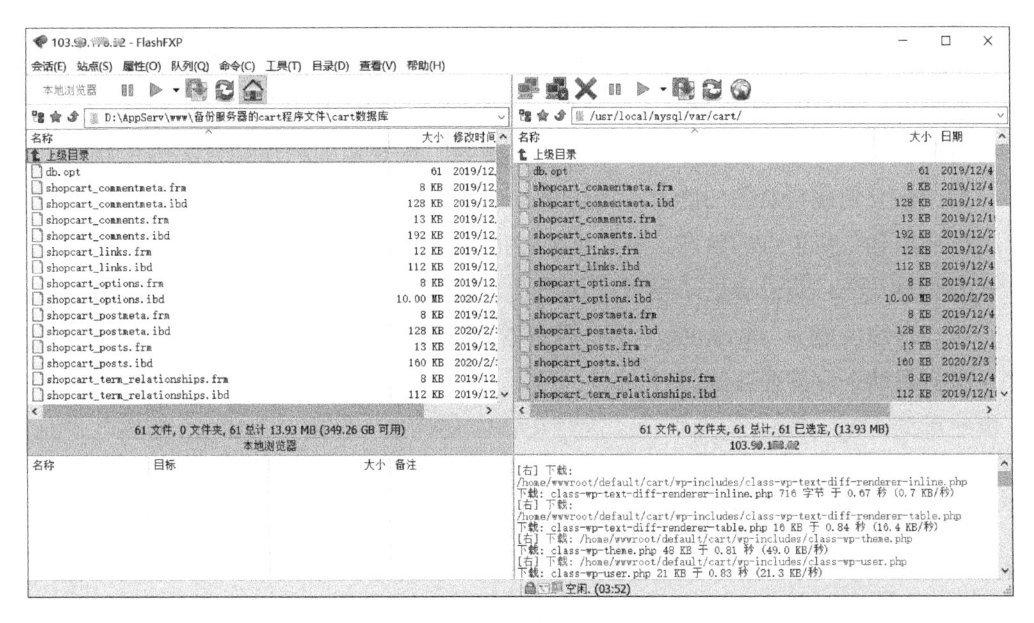

图 14-8　备份数据库完成

第15章

电商运营实战（画室）

采用 WordPress 搭建电商平台是比较成熟的方式。此处从 RAMS 的角度考虑电商平台的可靠性（Reliability）、可用性（Availability）、可维护性（Maintainability）、安全性（Safety）。

- 可靠性：产品在规定的条件和规定的时间内，完成规定功能的能力。WordPress 平台能够在 5 分钟内上线一款商品，能够在 1 分钟内下架一款商品。
- 可用性：产品在任意时间需要和开始执行任务时，都处于可以工作或可以使用状态的程度。WordPress 平台需要在任何时间都处于可以工作的程度。
- 可维护性：产品在规定条件下和规定时间内，按规定的程序和方法进行修改时，保持或恢复到规定状态的能力。WordPress 平台就算整个服务器崩溃，只要有备份就可以还原到备份节点的状态，可见维护性很高。
- 安全性：产品所具有的不导致人员伤亡、系统损坏、重大财产损失，不危害员工健康与环境的能力。WordPress 平台服务器通常在远程的机房，如果整个系统损坏，机房会帮助企业重装系统。

由此可见，WordPress 电商平台已达到 RAMS 的标准，使用 WordPress 搭建电子商务平台运营是较好的选择。

本章旨在让用户真正学懂如何运营一个电商平台。本章将会以画室为例，手把手指导读者运营自己的电商平台，学懂管理员和客户的人机交互，真正懂得 WordPress 电商平台运营。读者只需要掌握这一个案例，就可以采用 WordPress 平台搭建出销售任何商品的网店，例如销售珠宝首饰、数码产品、潮流衣服、书籍、化妆品和鲜花等商品的网店。

个人网站站长管理员日常运营需要做什么操作，客户日常购物需要做什么操作，整个标准化运营模式的流程如图 15-1 所示。

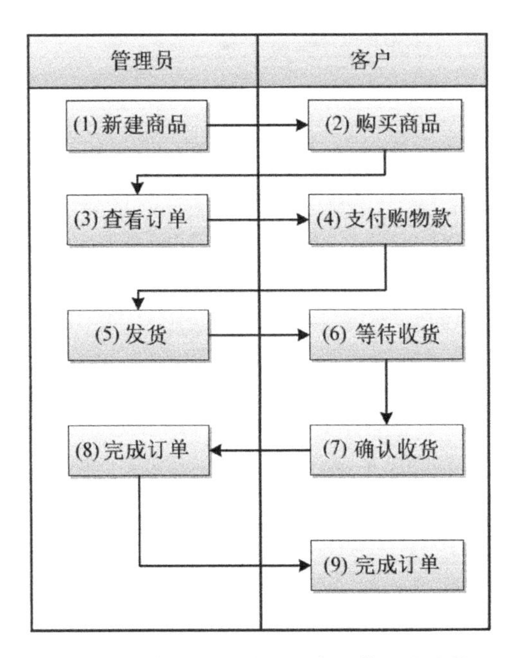

图 15-1　个人网站站长日常运营工作实战

详细流程说明如下。

（1）管理员新建商品：首先需要管理员新建商品，网店才会有商品可卖；

（2）客户购买商品：网店有商品可以卖，客户才可以正常购买商品；

（3）管理员查看订单：客户购买了商品，管理员可以实时查看订单的状态；

（4）客户支付购物款：客户需要支付购物款,付款方式可以是银行汇款、第三方支付等；

（5）管理员发货：管理员确认收到购物款,就可以线下发货给客户,并录入快递订单号；

（6）客户等待收货：付款后，客户可以在系统查看快递订单号并等待收货；

（7）客户确认收货：客户签收货物，整个订单就完成了，客户可以在系统上对商品进行评价；

（8）管理员完成订单：管理员在物流系统上查看到客户已经收货，整个订单就交易完成了。如果客户在系统上对商品进行了评价，那么管理员需要对评论进行审核；

（9）客户完成订单：客户收货，整个订单就完成了，客户可以在系统上查看自己的订单状态。

15.1　管理员：新建商品

在后台管理面板选择“产品”→“添加新的”选项后，显示“添加新产品”功能页面，此时即可新建一个商品，如图 15-2 所示。

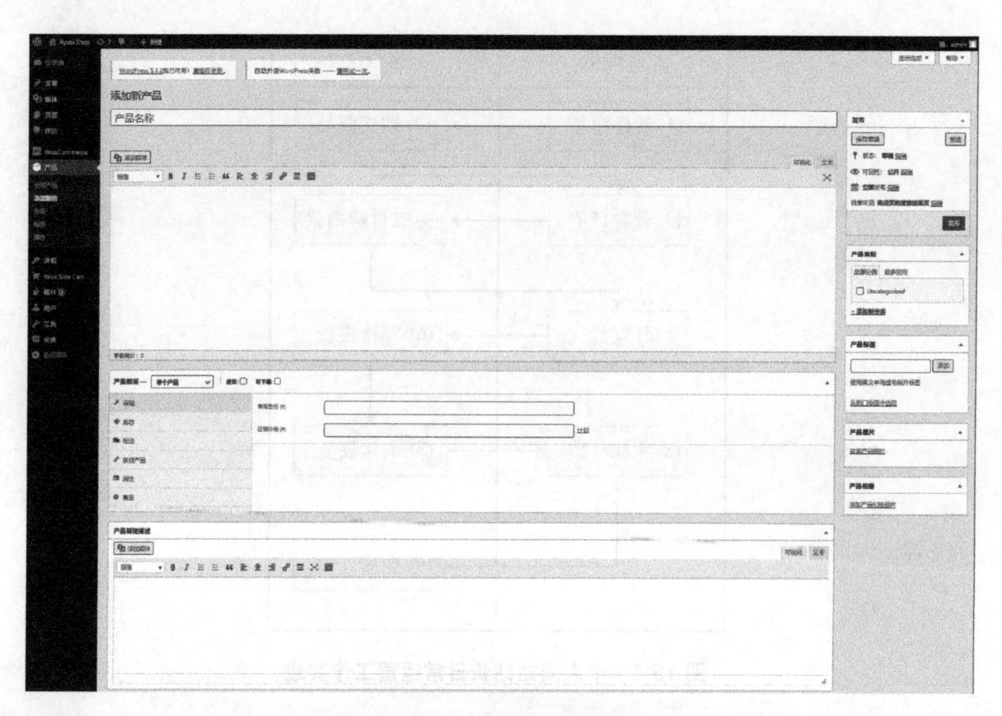

图 15-2 “添加新产品”页面

管理员为新添加的产品添加属性，还需要在后台页面进行如下操作：

（1）在“产品名称”输入框中输入产品名称“《花瓶里的十五朵向日葵》文森特 · 梵高”，输入名称后系统生成永久链接，如图 15-3 所示。

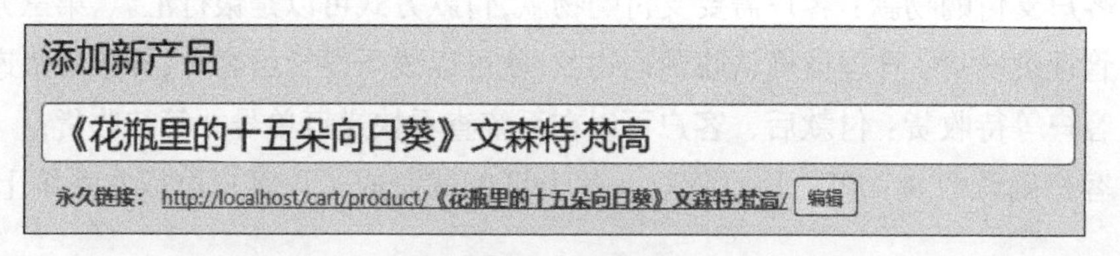

图 15-3 产品名称

（2）在内容输入框中输入下列文本内容：

作品中文名称：花瓶里的十五朵向日葵

作品英文名称：Still Life - Vase with Fifteen Sunflowers

创作者：文森特 · 梵高 Vincent van Gogh

创作年代：1888

材质：布面油画

现位于：荷兰阿姆斯特丹梵高博物馆

如图 15-4 所示。

（3）选择“常规”选项后，输入“常规售价”数值为 800，输入“促销价格”数值为

168，设置后客户付款是按促销价格支付的，如图 15-5 所示。

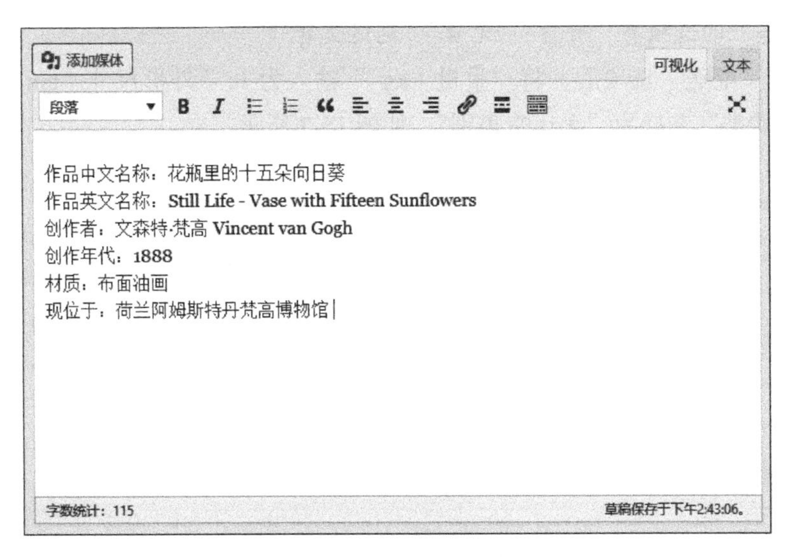

图 15-4 产品详细内容

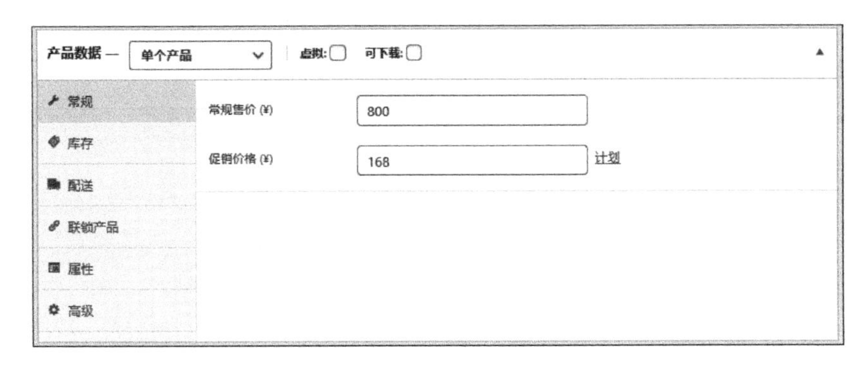

图 15-5 “常规”设置

（4）选择“库存”选项后，输入 SKU 的库存单位“幅”，“库存状态”选择“有货”，如图 15-6 所示。

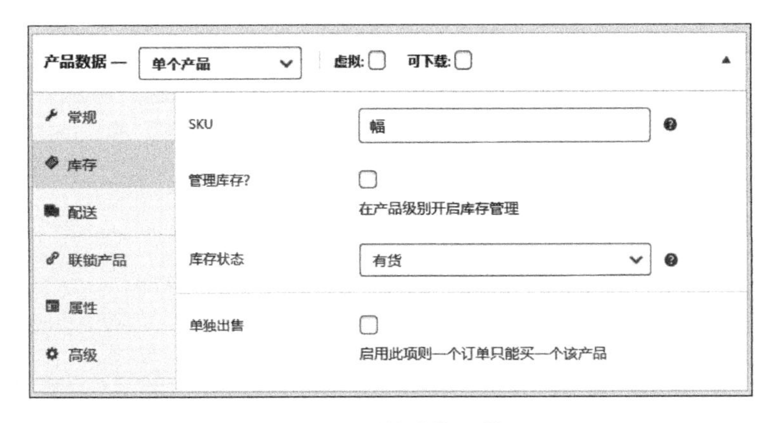

图 15-6 “库存”设置

说明

“库存状态”的选项有“有货”“无货”“延迟交货”。

（5）选择“配送”选项后，将“重量（kg）”输入为1，“外形尺寸（cm）”输入为25、15、0.1，“运费类”选择为“无运费类别”，如图15-7所示。

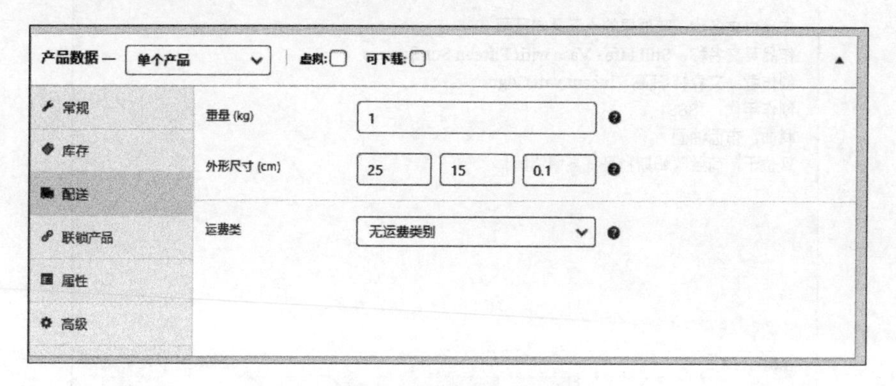

图15-7 “配送”设置

（6）选择“联锁产品”选项，此处不需要交叉销售产品，可以不输入任意内容，如图15-8所示。

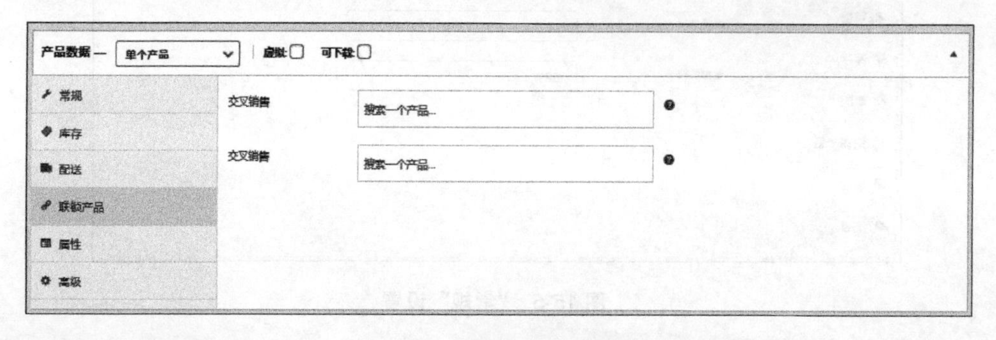

图15-8 “联锁产品”设置

（7）选择“属性”选项后，不需要自定义产品属性，可以不输入任意内容，如图15-9所示。

图15-9 “属性”设置

（8）选择“高级”选项后，在“购物备注”中输入“本画是实物商品，每周五发货”的内容，勾选“允许评论”复选框，如图 15-10 所示。

图 15-10　“高级”设置

（9）单击“产品简短描述”内容框，输入内容“文森特 · 威廉 · 梵高（1853 年 3 月 30 日—1890 年 7 月 29 日）”，如图 15-11 所示。

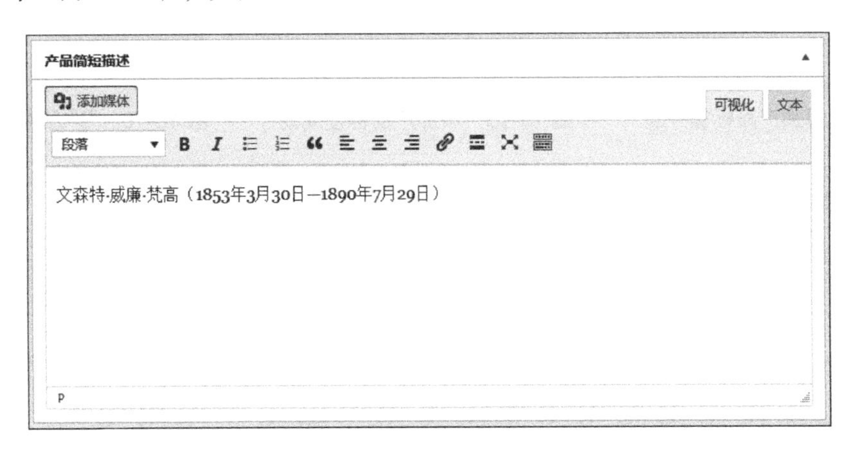

图 15-11　产品简短描述

（10）“发布”功能栏目里的状态、可见性、发布时间都按默认设置，如图 15-12 所示。

（11）“产品类别”功能栏目里，默认不选择分类，这里也按默认不选择分类，如图 15-13 所示。

（12）“产品标签”功能栏目里，在文本框中输入“画”，如图 15-14 所示。

（13）单击“添加”按钮后，产品标签添加成功，如图 15-15 所示。

（14）在“产品图片”功能栏目中，可见“设置产品图片”选项，如图 15-16 所示。

（15）单击“设置产品图片”按钮后，弹出产品图片上传文件的功能页面，如图 15-17 所示。

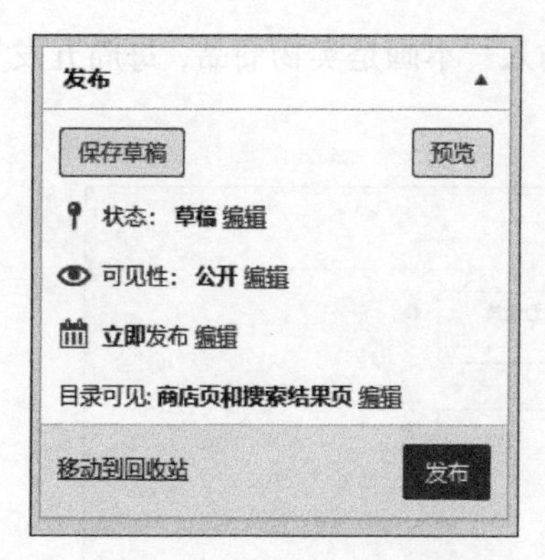

图 15-12 “发布”设置

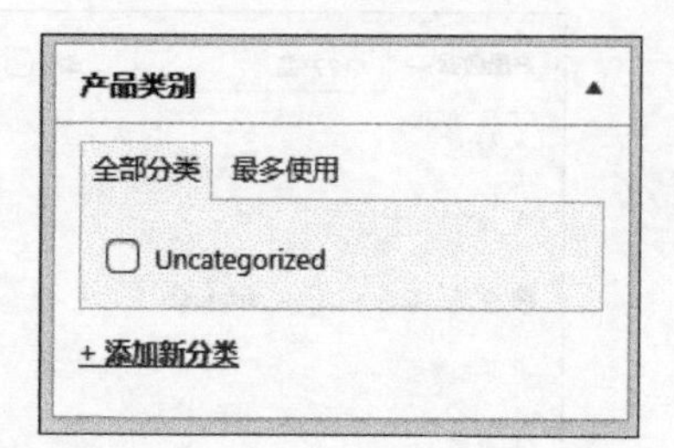

图 15-13 “产品类别”设置

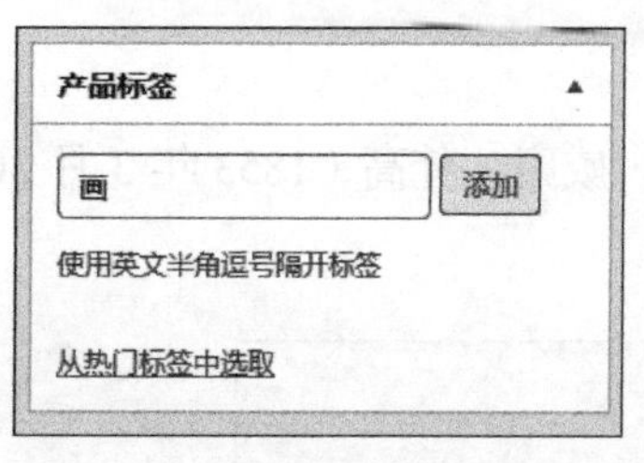

图 15-14 添加产品标签“画”

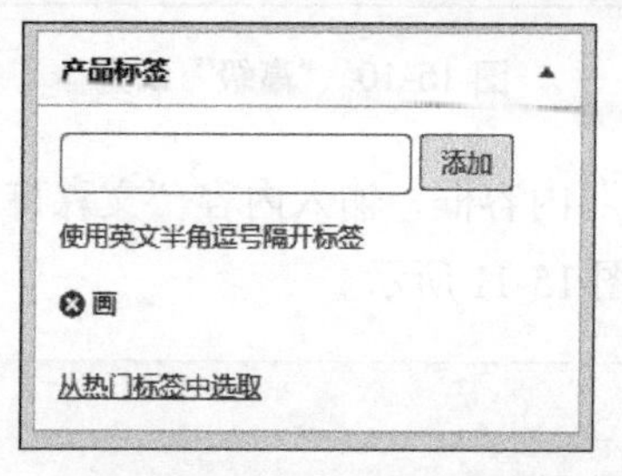

图 15-15 添加产品标签成功

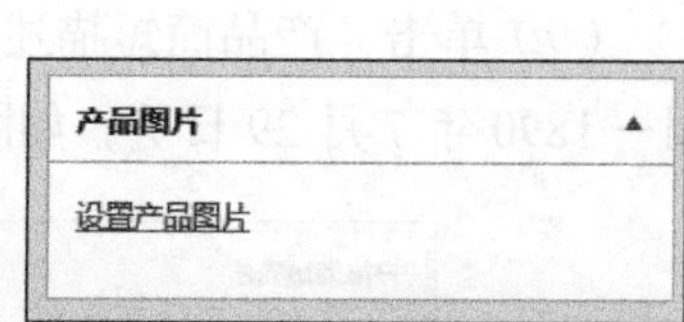

图 15-16 “产品图片”设置

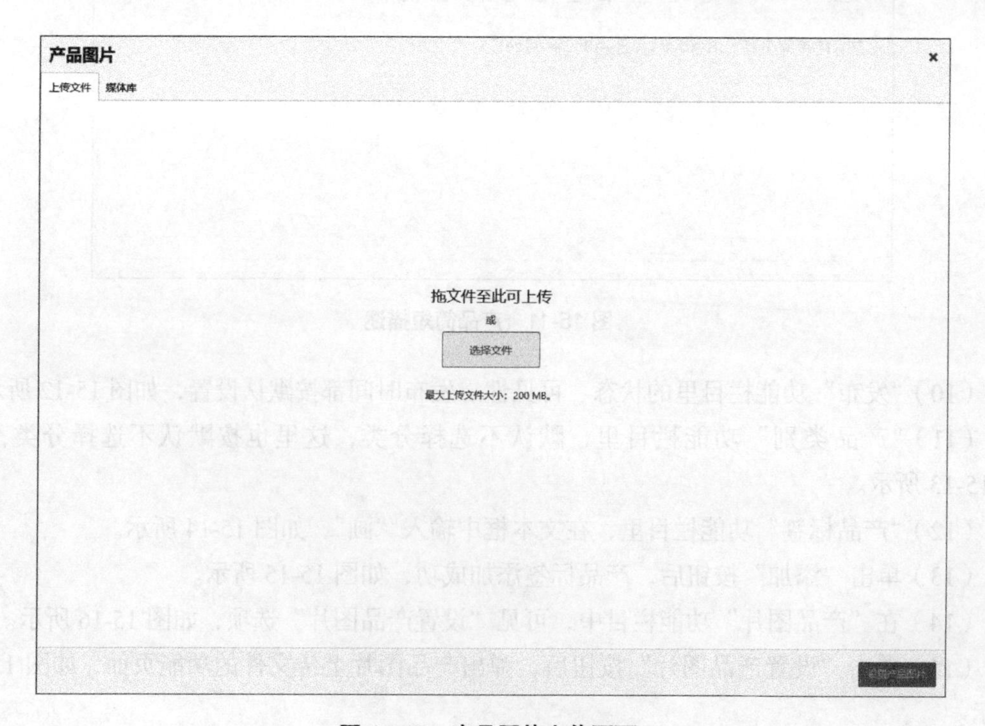

图 15-17 产品图片上传页面

（16）将本地计算机中的图片拖动至产品图片功能框里，即上传图片至服务器，如

图 15-18 所示。

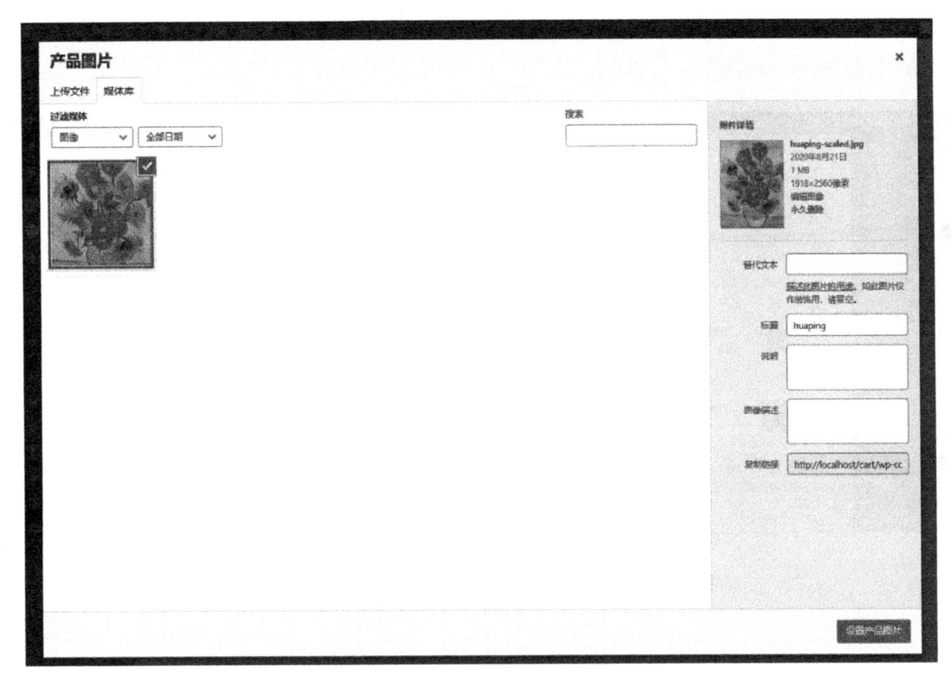

图 15-18　产品图片媒体库

（17）上传图片成功后，产品图片功能框里已经显示了图片，如图 15-19 所示。

（18）在“产品图片”功能栏目里可见“设置产品图片”按钮，如图 15-20 所示。

（19）单击“添加产品相册图片”按钮后，在媒体库里选择了 2 张图片，如图 15-21 所示。

图 15-19　显示产品图片

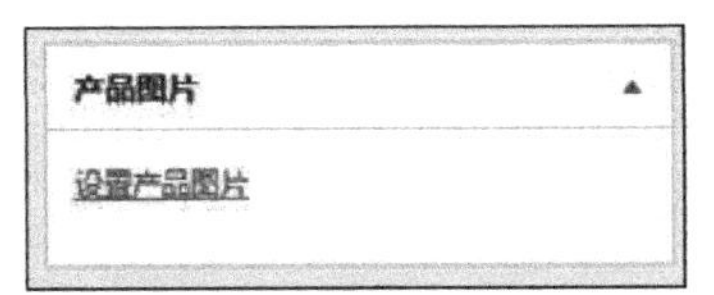

图 15-20　“产品图片”功能

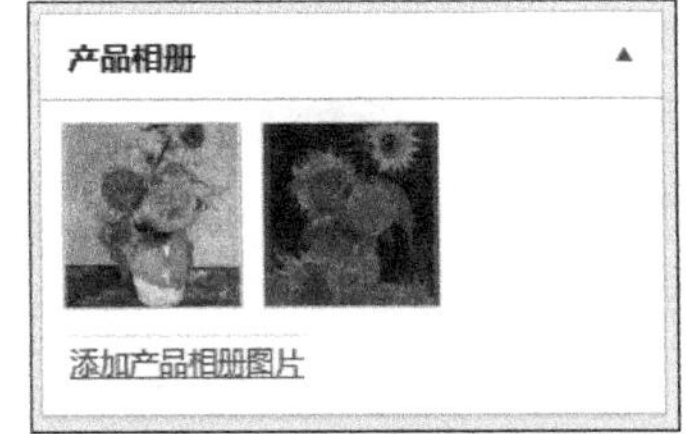

图 15-21　添加产品相册后效果

（20）内容全部输入完成后，最后单击“发布”按钮，那么一个产品就发布成功了。发布成功后，管理员可以在“产品”→“全部产品”页面中查看到商品“《花瓶里的十五朵向日葵》文森特·梵高”已经发布，证明产品已发布成功。按照上面的步骤，下面再发布另一个产品“《有丝柏的道路》文森特·梵高”，如图 15-22 所示。

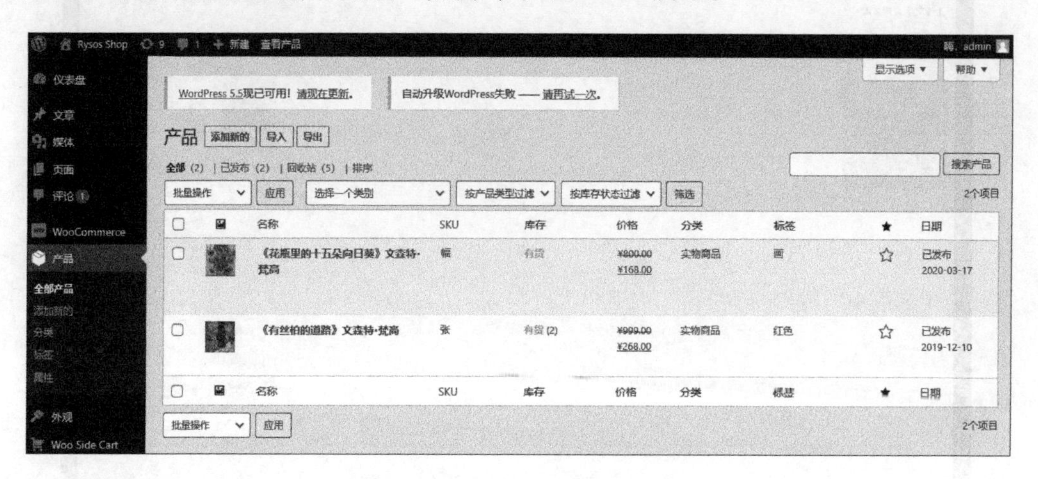

图 15-22　2 件产品发布成功

15.2　客户：购买商品

视频讲解

客户的购物步骤如下所示。

（1）客户需要登录账号。输入账号和密码，并单击“登录”按钮，如图 15-23 所示。

图 15-23　登录页面

（2）登录成功后，客户可以查看自己的账户信息，如图 15-24 所示。

图 15-24　登录成功页面

（3）客户登录后，可以查看所有商品，如图 15-25 所示。

图 15-25　全部商品页面

（4）单击“《花瓶里的十五朵向日葵》文森特 · 梵高”文字按钮，则进入商品的详情页面，如图 15-26 所示。

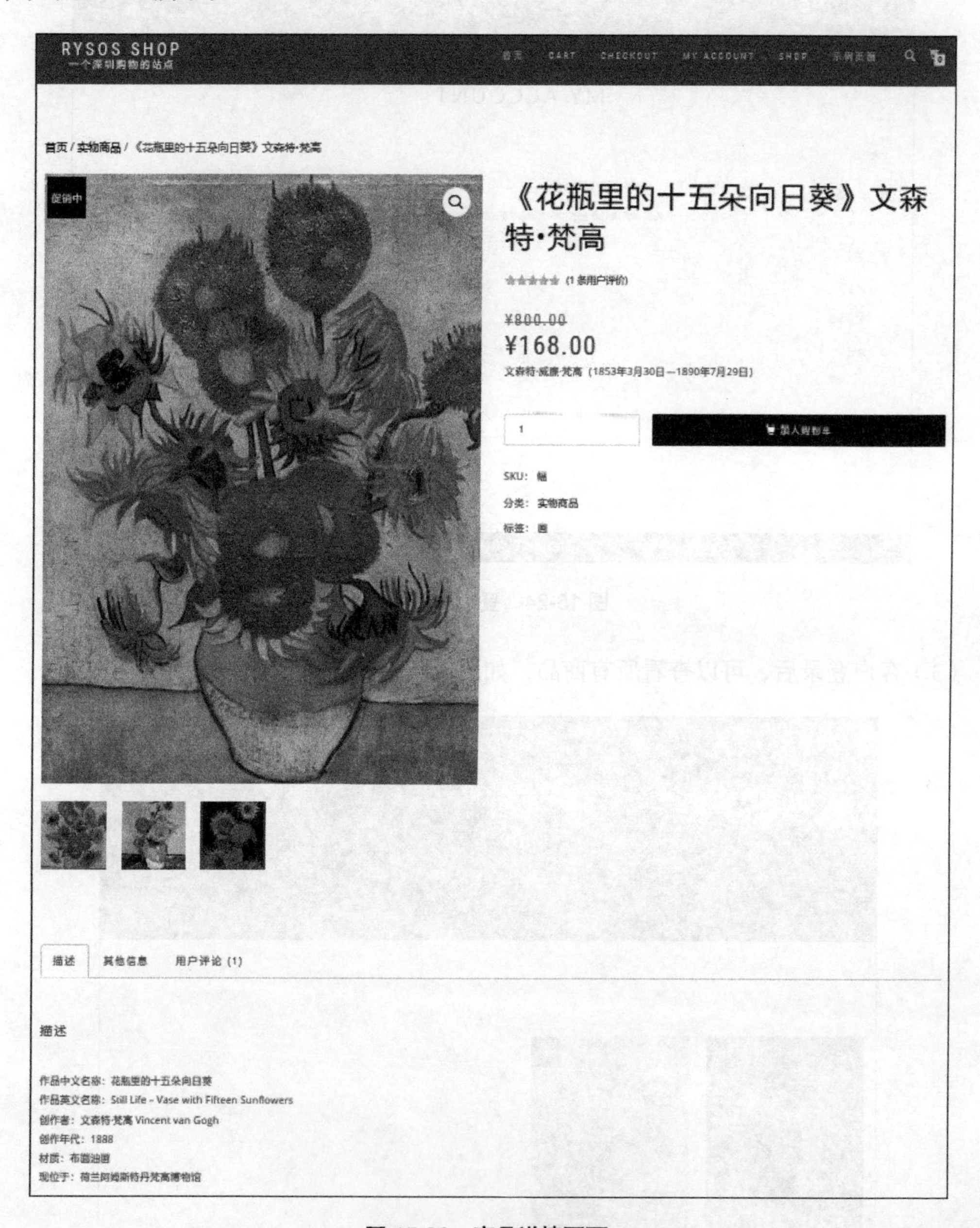

图 15-26 商品详情页面

（5）单击“加入购物车”按钮，则商品被加入到购物车页面里，客户可查看到购物车中的总计价格，如图 15-27 所示。

（6）单击“去结算”按钮，则进入结账页面，客户可以查看到账单详情、订单详情、支付方式，如图 15-28 所示。

RYSOS SHOP
一个深圳购物的站点

CART

		产品	价格	数量	合计
×		《花瓶里的十五朵向日葵》文森特·梵高	¥168.00	《花瓶里的十五朵向日葵》文森特·梵高 数量 1	¥168.00

优惠券代码　使用优惠券　更新购物车

购物车总计

小计	¥168.00
配送	Flat rate: ¥10.00 配送至518000, 广东, 深圳市, , 南山区创业路开心大厦10楼。 更换地址
合计	¥178.00

去结算

Design By Rysos

图 15-27　购物车页面

RYSOS SHOP
一个深圳购物的站点

CHECKOUT

账单详情

名字 *　喜荣

姓氏 *　林

公司名称 (可选)

国家/地区 *　中国

街道地址 *　南山区创业路开心大厦10楼

小区，楼号，单元等（选填）(可选)　小区，楼号，单元等（选填）

市 *　深圳市

省/直辖市/自治区 *　广东

邮政编码 *　518000

电话 *　13666666666

邮箱地址 *　189394@qq.com

☐ 配送到另一个地址?

订单备注 (可选)　请寄较快的快递

您的订单

产品	合计
《花瓶里的十五朵向日葵》文森特·梵高 × 1	¥168.00
小计	¥168.00
配送	Flat rate: ¥10.00
合计	¥178.00

有优惠券？ 点这里输入您的代码

◉ 银行汇款

直接付款到我们的银行账户。请使用订单号作为付款备注。我们会在资金到账后配送订单。

○ 微信支付

○ 支付宝支付

Your personal data will be used to process your order, support your experience throughout this website, and for other purposes described in our 隐私政策.

下单

图 15-28　结算页面

（7）客户核对购物信息正确无误后，单击“下单”按钮，即可看到提示信息“谢谢，您的订单已收到。”和订单详情、账单地址、送货地址等内容，订单号码为 111，如图 15-29 所示。

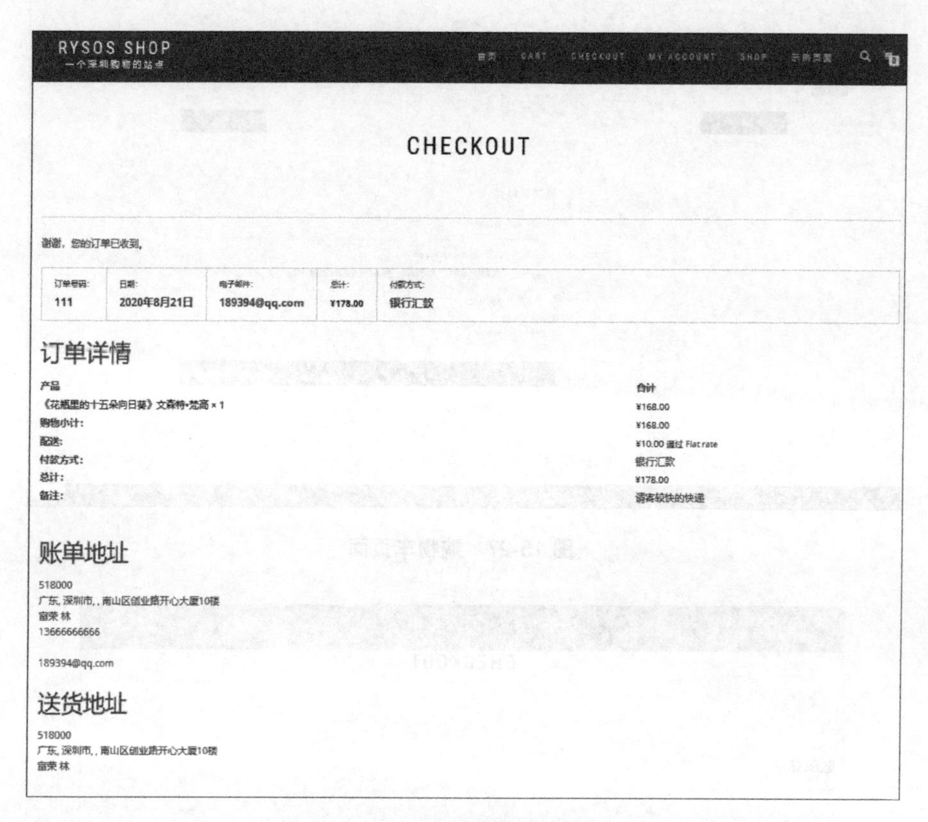

图 15-29　订单提交成功页面

15.3　管理员：查看订单

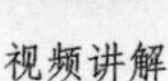

视频讲解

客户提交订单，但未付款，管理员在后台页面的“订单”页面里可以看到，订单 111 的状态为“保留”，如图 15-30 所示。

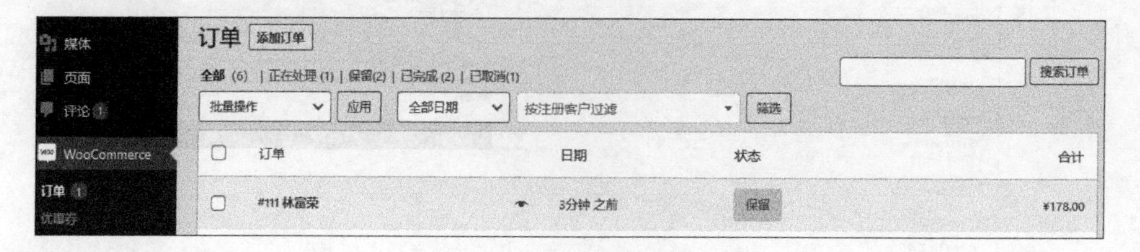

图 15-30　查看全部订单

15.4　客户：支付购物款

视频讲解

客户未支付款的订单状态为“保留”，客户可使用线下银行汇款，汇款后客户需要通知管理员，如图 15-31 所示。

图 15-31　订单 111 详情页面

15.5　管理员：发货和录入快递订单号

视频讲解

管理员收到客户的支付款项后，需要线下联系快递员收件，管理员发货后就可以获得快递单号码，获得的快递单号码，需要录入系统，在“订单”页面中的“添加备注”输入框里输入“顺丰快递 1983100001”的快递信息，在下拉列表中选择“备注给顾客”，如图 15-32 所示。

单击“添加”按钮后，订单备注中已经显示了“顺丰快递 1983100001”的信息，最后单击“更新”按钮，如图 15-33 所示。

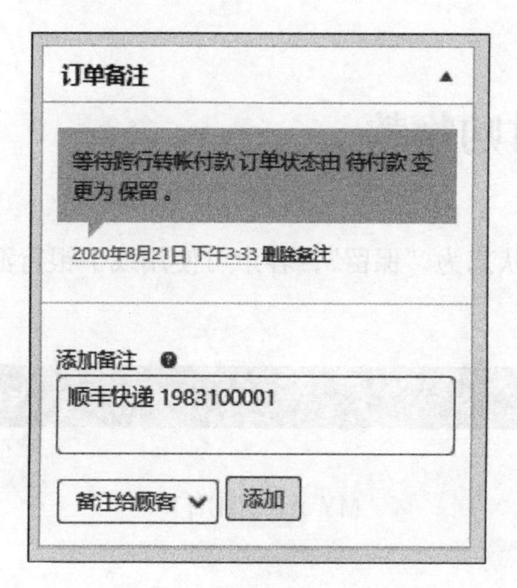

图 15-32　录入快递信息

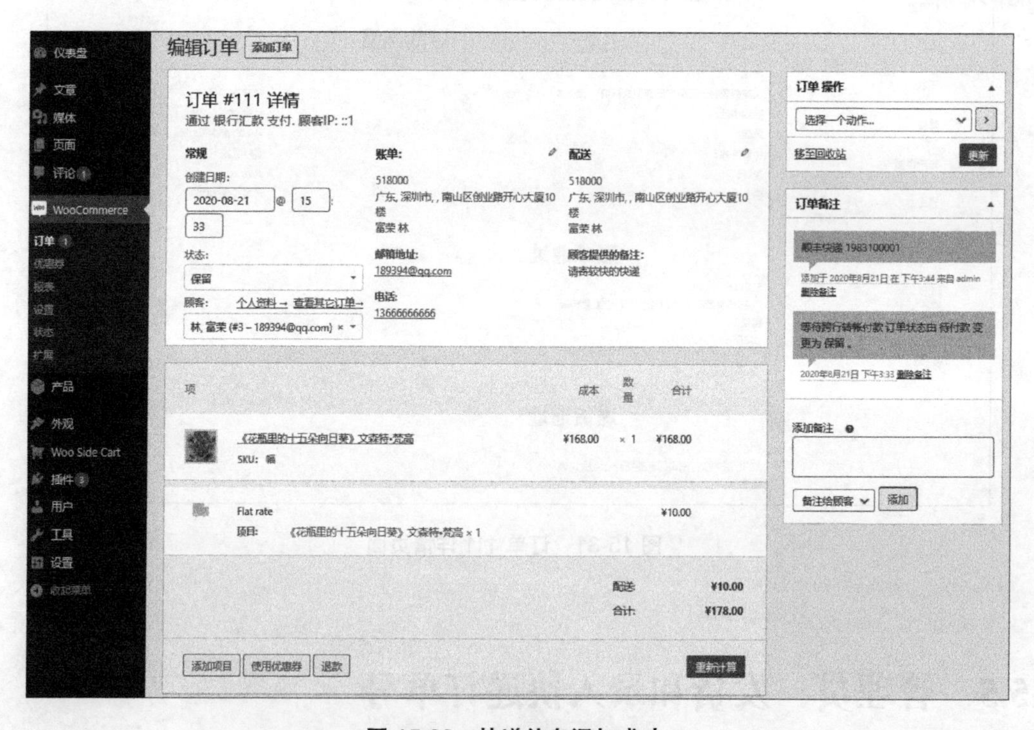

图 15-33　快递信息添加成功

15.6　客户：查看快递订单号和等待收货

视频讲解

客户已付款，管理员已发货，客户可以在“订单”页面中查看到订单 #111 出现了“顺丰快递 1983100001”的快递号码信息，如图 15-34 所示。

图 15-34　查看快递信息

15.7　客户：确认收货

（1）客户收货后，无需任何操作，但是可以去商品页面评论，让其他买家了解商品。在“用户评论”页面中选择“★★★★★”并输入评论“已经收到货，非常喜欢！”，如图 15-35 所示。

视频讲解

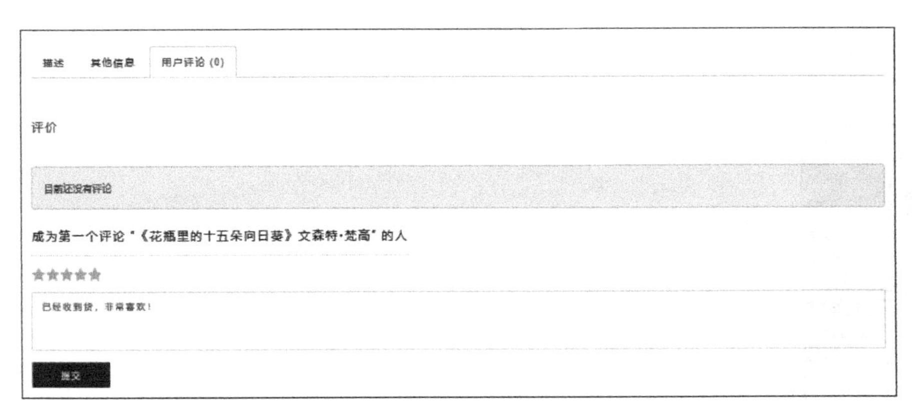

图 15-35　用户评论页面

（2）单击“提交”按钮后，客户对于商品的评价“已经收到货，非常喜欢！”就显示出来了，但其显示“您的评价正在等待批准”，需要管理员批准通过后，所有客户才可以查看该评论，如图 15-36 所示。

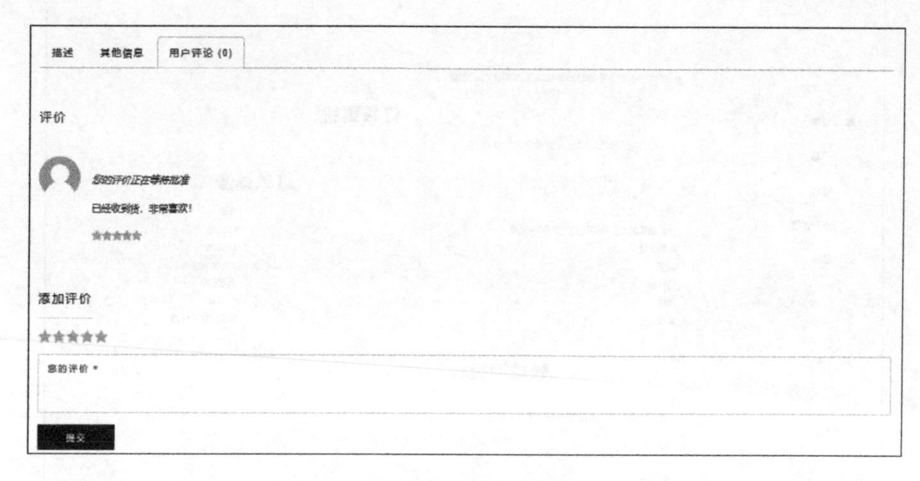

图 15-36　评论商品

15.8　管理员：完成订单与确认评论

视频讲解

（1）客户收货 7 天后，管理员可以在“订单”页面中将状态“保留”改为“已完成”，并单击“更新”按钮，如图 15-37 所示。

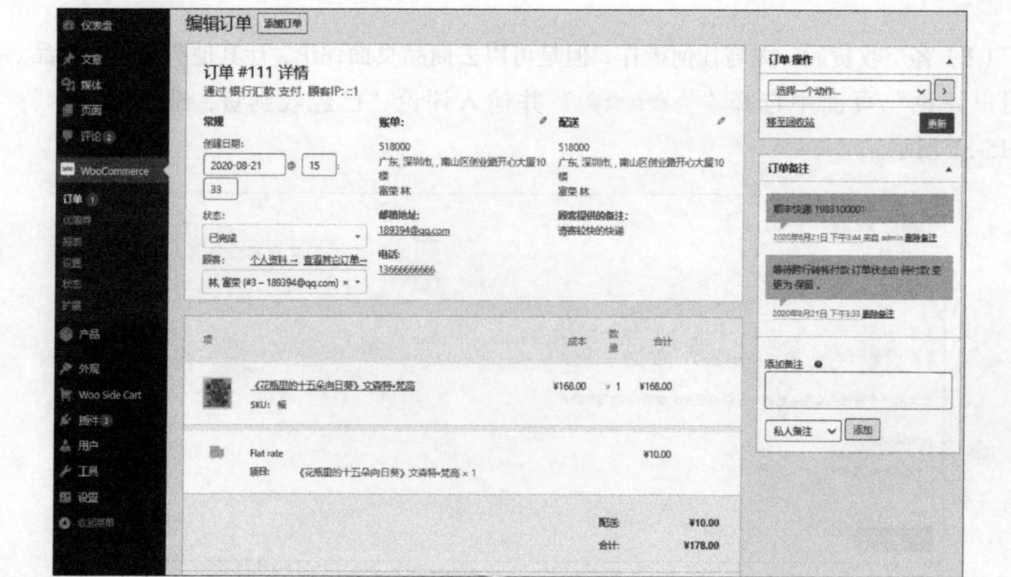

图 15-37　完成订单

（2）管理员在“评论”页面中找到评论“已经收到货,非常喜欢！”,再单击“批准”按钮，之后所有客户都可以查看到此条评论，如图 15-38 所示。

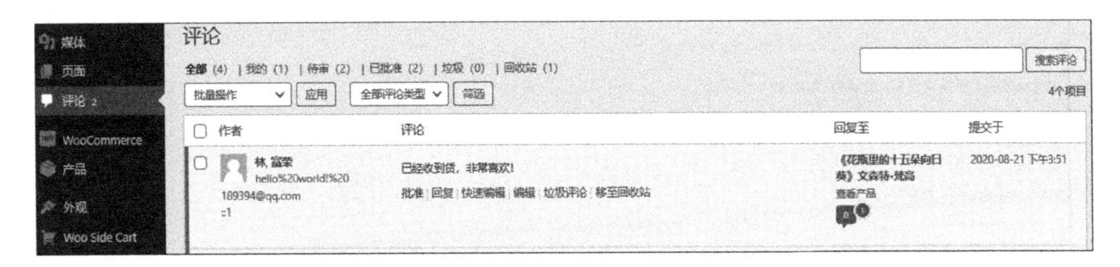

图 15-38　审核确认评论

15.9　客户：查看完成的订单与查看评论

（1）管理员将订单状态修改为“已完成”，客户查看的状态也变为“已完成”，如图 15-39 所示。

视频讲解

图 15-39　查看完成的订单

（2）管理员批准评论后，所有客户都可以看到评论“已经收到货，非常喜欢！”，如

图 15-40 所示。

图 15-40　查看审核通过的评论

第16章 数据库架构

数据库是以一定方式储存在一起、能与多个用户共享、具有尽可能小的冗余度、与应用程序彼此独立的数据集合。对于 dBASE、FoxPro 和 Paradox 等数据库，一个单独的数据库文件只有一个数据表；但对于 Microsoft Access、MySQL 和 Oracle 等数据库，一个单独的数据库文件可以含有多个数据表。由于 WordPress 系统使用的数据库是 MySQL，所以 WordPress 数据库是一个含有多个数据表的数据库。

数据库有 6 大作用：①实现数据共享；②减少数据的冗余度；③保持数据的独立性；④实现数据集中控制；⑤保持数据一致性和可维护性，以确保数据的安全性和可靠性；⑥故障恢复。

数据库有了大量的数据之后，对运营、财务和分析师有什么作用呢？有了数据，财务人员可以按照工作的报表，让技术员开发每日财务报表、每周财务报表、每月财务报表、每季财务报表、每年财务报表，可以减少财务人力成本，使财务报表输出更快捷、更准确。运营人员可以按想要的运营报表，让技术员导出网站的注册人数、每天购买商品的用户、用户的消费时间节点、用户从哪些网页途径获得电子商务平台的数据，最后可以制订更好的运营、推广和采购方案，为企业用少量的资金得到较好的宣传推广，减少库存压力。分析师可以通过多条数据信息，判断出数据的真假，是否为刷单，最终可以帮助公司领导决策是否可以加大投资范围等。

WordPress 电子商务系统的数据库包括 WordPress 数据表和 WooCommerce 数据表。新安装的 WordPress 程序仅有 12 个数据表，这 12 个数据表就是 WordPress 数据表。安装了电子商务插件 WooCommerce 后可以发现数据库多了 18 个表，这 18 个数据表就是 WooCommerce 数据表。

通过 WordPress 数据表和 WooCommerce 数据表，读者可以了解整个电子商务系统的数据库架构，了解数据库有哪些数据保存在数据表，了解如何灵活运用数据。

16.1 WordPress数据表

视频讲解

管理员可以使用 PHP 的 phpMyAdmin 程序管理数据库。WordPress 5.3 版本的数据库表有 12 个表，包括 wp_commentmeta、wp_comments、wp_links、wp_options、wp_postmeta、wp_posts、wp_termmeta、wp_terms、wp_term_relationships、wp_term_taxonomy、wp_usermeta、wp_users，如图 16-1 所示。

表	操作	行数	类型	排序规则	大小	多余
wp_commentmeta	浏览 结构 搜索 插入 清空 删除	2	InnoDB	utf8mb4_unicode_520_ci	48 KB	-
wp_comments	浏览 结构 搜索 插入 清空 删除	6	InnoDB	utf8mb4_unicode_520_ci	112 KB	-
wp_links	浏览 结构 搜索 插入 清空 删除	0	InnoDB	utf8mb4_unicode_520_ci	32 KB	-
wp_options	浏览 结构 搜索 插入 清空 删除	329	InnoDB	utf8mb4_unicode_520_ci	128 KB	-
wp_postmeta	浏览 结构 搜索 插入 清空 删除	303	InnoDB	utf8mb4_unicode_520_ci	128 KB	-
wp_posts	浏览 结构 搜索 插入 清空 删除	42	InnoDB	utf8mb4_unicode_520_ci	112 KB	-
wp_termmeta	浏览 结构 搜索 插入 清空 删除	6	InnoDB	utf8mb4_unicode_520_ci	48 KB	-
wp_terms	浏览 结构 搜索 插入 清空 删除	26	InnoDB	utf8mb4_unicode_520_ci	48 KB	-
wp_term_relationships	浏览 结构 搜索 插入 清空 删除	18	InnoDB	utf8mb4_unicode_520_ci	32 KB	-
wp_term_taxonomy	浏览 结构 搜索 插入 清空 删除	26	InnoDB	utf8mb4_unicode_520_ci	48 KB	-
wp_usermeta	浏览 结构 搜索 插入 清空 删除	114	InnoDB	utf8mb4_unicode_520_ci	48 KB	-
wp_users	浏览 结构 搜索 插入 清空 删除	4	InnoDB	utf8mb4_unicode_520_ci	64 KB	-

图 16-1　WordPress 5.3 数据表

1. wp_commentmeta

表 wp_commentmeta 的结构如图 16-2 所示。其字段说明见表 16-1。

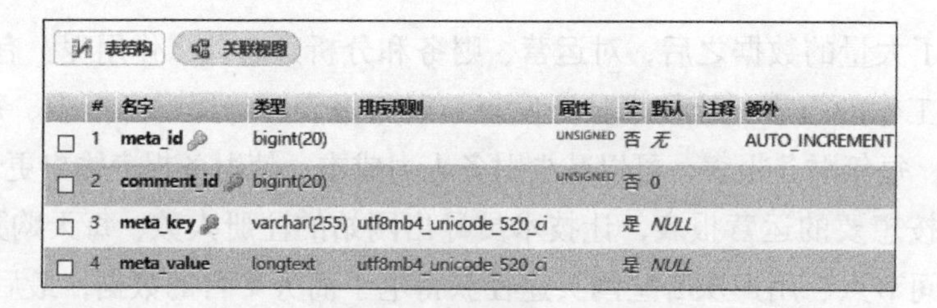

表结构　关联视图

#	名字	类型	排序规则	属性	空	默认	注释	额外
1	meta_id	bigint(20)		UNSIGNED	否	无		AUTO_INCREMENT
2	comment_id	bigint(20)		UNSIGNED	否	0		
3	meta_key	varchar(255)	utf8mb4_unicode_520_ci		是	NULL		
4	meta_value	longtext	utf8mb4_unicode_520_ci		是	NULL		

图 16-2　表 wp_commentmeta 的结构

表 16-1　wp_commentmeta 的字段说明

字　段	说　明
meta_id	wp_commentmeta本表的ID，每一条数据递增1
comment_id	关联wp_comments表的ID
meta_key	存储键名
meta_value	存储键数值

表 wp_commentmeta 的数据示例如图 16-3 所示。

meta_id	comment_id	meta_key	meta_value
1	2	rating	5
2	2	verified	0
4	17	is_customer_note	1
5	18	rating	5
6	18	verified	0

图 16-3　表 wp_commentmeta 的数据示例

2. wp_comments

表 wp_ comments 的结构如图 16-4 所示。其字段说明见表 16-2。

表结构　关联视图

#	名字	类型	排序规则	属性	空	默认	注释	额外
1	comment_ID	bigint(20)		UNSIGNED	否	无		AUTO_INCREMENT
2	comment_post_ID	bigint(20)		UNSIGNED	否	0		
3	comment_author	tinytext	utf8mb4_unicode_520_ci		否	无		
4	comment_author_email	varchar(100)	utf8mb4_unicode_520_ci		否			
5	comment_author_url	varchar(200)	utf8mb4_unicode_520_ci		否			
6	comment_author_IP	varchar(100)	utf8mb4_unicode_520_ci		否			
7	comment_date	datetime			否	0000-00-00 00:00:00		
8	comment_date_gmt	datetime			否	0000-00-00 00:00:00		
9	comment_content	text	utf8mb4_unicode_520_ci		否	无		
10	comment_karma	int(11)			否	0		
11	comment_approved	varchar(20)	utf8mb4_unicode_520_ci		否	1		
12	comment_agent	varchar(255)	utf8mb4_unicode_520_ci		否			
13	comment_type	varchar(20)	utf8mb4_unicode_520_ci		否			
14	comment_parent	bigint(20)		UNSIGNED	否	0		
15	user_id	bigint(20)		UNSIGNED	否	0		

图 16-4　表 wp_ comments 的结构

表 16-2　wp_comments 的字段说明

字　段	说　明
comment_ID	wp_ comments本表的评论ID，递增1
comment_post_ID	评论的文章ID
comment_author	评论的作者
comment_author_email	评论的作者邮箱
comment_author_url	评论的作者网站地址
comment_author_IP	评论的作者IP地址
comment_date	评论的日期
comment_date_gmt	评论的GMT日期
comment_content	评论的详细内容
comment_karma	评论的karma数值

续表

字　段	说　明
comment_approved	评论是否批准
comment_agent	评论的代理（如浏览器和插件代理）
comment_type	评论的类型（如订单类型）
comment_parent	评论的父级项
user_id	评论的用户ID

表 wp_comments 的数据示例如图 16-5 和图 16-6 所示。

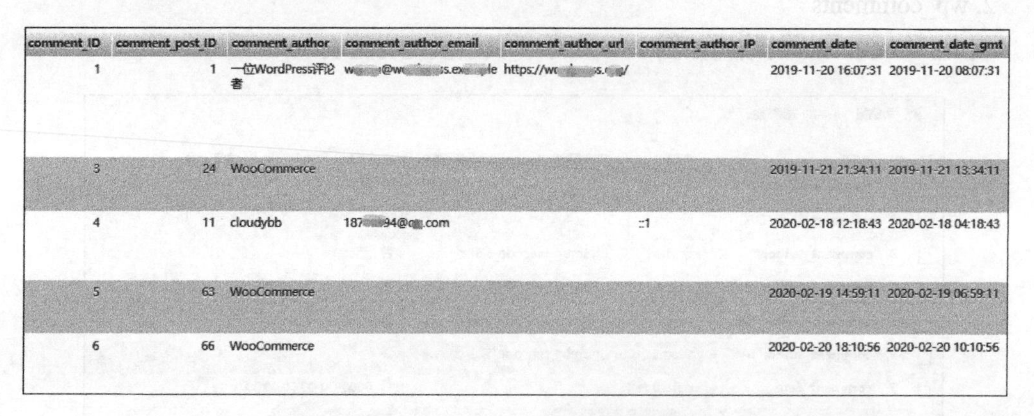

comment_ID	comment_post_ID	comment_author	comment_author_email	comment_author_url	comment_author_IP	comment_date	comment_date_gmt
1	1	一位WordPress评论者	w[illegible]@w[illegible]s.example	https://w[illegible]s.[illegible]/		2019-11-20 16:07:31	2019-11-20 08:07:31
3	24	WooCommerce				2019-11-21 21:34:11	2019-11-21 13:34:11
4	11	cloudybb	187[illegible]94@q[illegible].com		::1	2020-02-18 12:18:43	2020-02-18 04:18:43
5	63	WooCommerce				2020-02-19 14:59:11	2020-02-19 06:59:11
6	66	WooCommerce				2020-02-20 18:10:56	2020-02-20 10:10:56

图 16-5　表 wp_comments 的数据示例（一）

comment_content	comment_karma	comment_approved	comment_agent	comment_type	comment_parent	user_id
嗨，这是一条评论。要开始审核、编辑及删除评论，请访问仪表盘的“评论”页面。评论者头像来自<a h...	0	1			0	0
交货时支付。订单状态由 待付款 变更为 正在处理。	0	1	WooCommerce	order_note	0	0
我们会努力的!	0	1	Mozilla/5.0 (Windows NT 10.0; Win64; x64) AppleWeb...		0	1
等待跨行转帐付款 订单状态由 待付款 变更为 保留。	0	1	WooCommerce	order_note	0	0
未付款订单 - 已逾期自动取消 订单状态由 待付款 变更为 已取消	0	1	WooCommerce	order note	0	0

图 16-6　表 wp_comments 的数据示例（二）

（备注：图 16-5 和图 16-6 由于太长分开展示。）

3. wp_links

表 wp_ links 的结构如图 16-7 所示。其字段说明见表 16-3。

表结构　关联视图

#	名字	类型	排序规则	属性	空	默认	注释	额外
1	link_id	bigint(20)		UNSIGNED	否	无		AUTO_INCREMENT
2	link_url	varchar(255)	utf8mb4_unicode_520_ci		否			
3	link_name	varchar(255)	utf8mb4_unicode_520_ci		否			
4	link_image	varchar(255)	utf8mb4_unicode_520_ci		否			
5	link_target	varchar(25)	utf8mb4_unicode_520_ci		否			
6	link_description	varchar(255)	utf8mb4_unicode_520_ci		否			
7	link_visible	varchar(20)	utf8mb4_unicode_520_ci		否	Y		
8	link_owner	bigint(20)		UNSIGNED	否	1		
9	link_rating	int(11)			否	0		
10	link_updated	datetime			否	0000-00-00 00:00:00		
11	link_rel	varchar(255)	utf8mb4_unicode_520_ci		否			
12	link_notes	mediumtext	utf8mb4_unicode_520_ci		否	无		
13	link_rss	varchar(255)	utf8mb4_unicode_520_ci		否			

图 16-7　表 wp_ links 的结构

表 16-3　wp_ links 的字段说明

字　　段	说　　明
link_id	wp_ links本表的链接ID，递增1
link_url	链接的网站地址
link_name	链接的名称
link_image	链接的图片地址
link_target	链接的对象
link_description	链接的描述
link_visible	链接的可见性
link_owner	添加链接的所有者
link_rating	链接的评分等级
link_updated	链接的最后更新日期
link_rel	链接的关系
link_notes	链接的备注
link_rss	链接的RSS地址

表 wp_ links 常用于保存友情链接的数据。

4. wp_options

表 wp_options 的结构如图 16-8 所示。其字段说明见表 16-4。

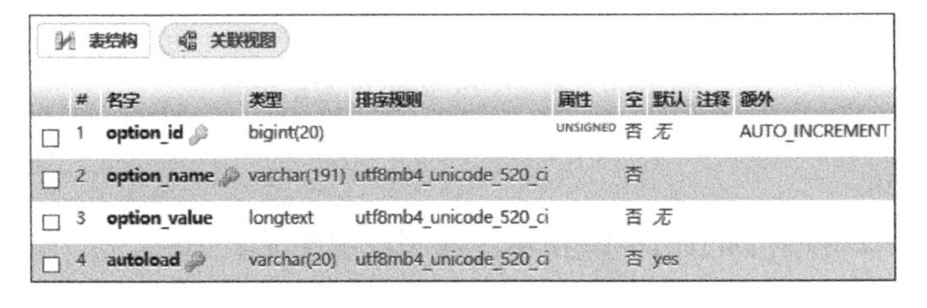

表结构　关联视图

#	名字	类型	排序规则	属性	空	默认	注释	额外
1	option_id	bigint(20)		UNSIGNED	否	无		AUTO_INCREMENT
2	option_name	varchar(191)	utf8mb4_unicode_520_ci		否			
3	option_value	longtext	utf8mb4_unicode_520_ci		否	无		
4	autoload	varchar(20)	utf8mb4_unicode_520_ci		否	yes		

图 16-8　表 wp_options 的结构

表 16-4 wp_options 的字段说明

字 段	说 明
option_id	option_id本表的选项ID，递增1
option_name	选项的名称
option_value	选项的值
autoload	在WordPress加载时自动载入（yes/no）

表 wp_options 的数据示例如图 16-9 所示。

+ 选项

←T→	option_id	option_name	option_value	autoload
□ 编辑 复制 删除	1	siteurl	http://loc[illegible]st/wordpress	yes
□ 编辑 复制 删除	2	home	http://lo[illegible]st/wordpress	yes
□ 编辑 复制 删除	3	blogname	Cloudybb深圳	yes
□ 编辑 复制 删除	4	blogdescription	又一个Rysos网站系统	yes
□ 编辑 复制 删除	5	users_can_register	1	yes
□ 编辑 复制 删除	6	admin_email	18[illegible]94@[illegible]q.com	yes
□ 编辑 复制 删除	7	start_of_week	1	yes
□ 编辑 复制 删除	8	use_balanceTags	0	yes
□ 编辑 复制 删除	9	use_smilies	1	yes
□ 编辑 复制 删除	10	require_name_email	1	yes
□ 编辑 复制 删除	11	comments_notify	1	yes
□ 编辑 复制 删除	12	posts_per_rss	10	yes
□ 编辑 复制 删除	13	rss_use_excerpt	0	yes
□ 编辑 复制 删除	14	mailserver_url	mail.e[illegible]e.com	yes
□ 编辑 复制 删除	15	mailserver_login	login@e[illegible]e.com	yes
□ 编辑 复制 删除	16	mailserver_pass	password	yes
□ 编辑 复制 删除	17	mailserver_port	110	yes
□ 编辑 复制 删除	18	default_category	1	yes
□ 编辑 复制 删除	19	default_comment_status	open	yes
□ 编辑 复制 删除	20	default_ping_status	open	yes
□ 编辑 复制 删除	21	default_pingback_flag	1	yes
□ 编辑 复制 删除	22	posts_per_page	10	yes
□ 编辑 复制 删除	23	date_format	Y年n月j日	yes
□ 编辑 复制 删除	24	time_format	ag:i	yes
□ 编辑 复制 删除	25	links_updated_date_format	Y年n月j日ag:i	yes

图 16-9 表 wp_options 的数据示例

5. wp_postmeta

表 wp_postmeta 的结构如图 16-10 所示。其字段说明见表 16-5。

表结构　关联视图

#	名字	类型	排序规则	属性	空	默认	注释	额外
1	meta_id	bigint(20)		UNSIGNED	否	无		AUTO_INCREMENT
2	post_id	bigint(20)		UNSIGNED	否	0		
3	meta_key	varchar(255)	utf8mb4_unicode_520_ci		是	NULL		
4	meta_value	longtext	utf8mb4_unicode_520_ci		是	NULL		

图 16-10　表 wp_postmeta 的结构

表 16-5　wp_postmeta 的字段说明

字　段	说　明
meta_id	meta_id本表的选项ID，递增1
post_id	对应文章的ID
meta_key	Meta的密钥
meta_value	Meta的值

表 wp_postmeta 的数据示例如图 16-11 所示。

meta_id	post_id	meta_key	meta_value
1	2	_wp_page_template	default
2	3	_wp_page_template	default
3	5	_wp_attached_file	woocommerce-placeholder.png
4	5	_wp_attachment_metadata	a:5:{s:5:"width";i:1200;s:6:"height";i:1200;s:4:"f...
5	1	_edit_lock	1581583055:1
7	11	_edit_lock	1583808315:1
8	12	_wp_attached_file	2019/11/1.png
9	12	_wp_attachment_metadata	a:5:{s:5:"width";i:100;s:6:"height";i:109;s:4:"fil...
13	11	_edit_last	1
20	1	_edit_last	1
23	12	_edit_lock	1581587354:1
24	16	_wp_attached_file	2019/11/g1.jpg
25	16	_wp_attachment_metadata	a:5:{s:5:"width";i:800;s:6:"height";i:684;s:4:"fil...
26	17	_wp_attached_file	2019/11/g2.jpg
27	17	_wp_attachment_metadata	a:5:{s:5:"width";i:1280;s:6:"height";i:852;s:4:"fi...
28	7	_edit_lock	1574320595:1
30	19	_edit_lock	1581922219:1
31	21	_edit_last	1
32	21	_edit_lock	1577935605:1
33	22	_wp_attached_file	2019/11/IMG_20191120_112704-scaled-e1577935632701...
34	22	_wp_attachment_metadata	a:5:{s:5:"width";i:2560;s:6:"height";i:1920;s:4:"f...
35	23	_wp_attached_file	2019/11/IMG_20191120_112704-1-scaled-e157793565915...
36	23	_wp_attachment_metadata	a:5:{s:5:"width";i:2560;s:6:"height";i:1920;s:4:"f...
37	21	_thumbnail_id	22
38	21	_regular_price	99999

图 16-11　表 wp_postmeta 的数据示例

6. wp_posts

表 wp_posts 的结构如图 16-12 所示。其字段说明见表 16-6。

表结构　关联视图

#	名字	类型	排序规则	属性	空	默认	注释	额外
1	ID	bigint(20)		UNSIGNED	否	无		AUTO_INCREMENT
2	post_author	bigint(20)		UNSIGNED	否	0		
3	post_date	datetime			否	0000-00-00 00:00:00		
4	post_date_gmt	datetime			否	0000-00-00 00:00:00		
5	post_content	longtext	utf8mb4_unicode_520_ci		否	无		
6	post_title	text	utf8mb4_unicode_520_ci		否	无		
7	post_excerpt	text	utf8mb4_unicode_520_ci		否	无		
8	post_status	varchar(20)	utf8mb4_unicode_520_ci		否	publish		
9	comment_status	varchar(20)	utf8mb4_unicode_520_ci		否	open		
10	ping_status	varchar(20)	utf8mb4_unicode_520_ci		否	open		
11	post_password	varchar(255)	utf8mb4_unicode_520_ci		否			
12	post_name	varchar(200)	utf8mb4_unicode_520_ci		否			
13	to_ping	text	utf8mb4_unicode_520_ci		否	无		
14	pinged	text	utf8mb4_unicode_520_ci		否	无		
15	post_modified	datetime			否	0000-00-00 00:00:00		
16	post_modified_gmt	datetime			否	0000-00-00 00:00:00		
17	post_content_filtered	longtext	utf8mb4_unicode_520_ci		否	无		
18	post_parent	bigint(20)		UNSIGNED	否	0		
19	guid	varchar(255)	utf8mb4_unicode_520_ci		否			
20	menu_order	int(11)			否	0		
21	post_type	varchar(20)	utf8mb4_unicode_520_ci		否	post		
22	post_mime_type	varchar(100)	utf8mb4_unicode_520_ci		否			
23	comment_count	bigint(20)			否	0		

图 16-12　表 wp_posts 的结构

表 16-6　wp_posts 的字段说明

字　段	说　明
ID	ID本表的选项ID，递增1
post_author	发布作者的ID
post_date	发布的日期
post_date_gmt	发布的日期（GMT+0时间）
post_content	发布的内容
post_title	发布的标题
post_excerpt	发布的摘录
post_status	发布的文章状态（常见有publish/draft/inherit/ wc-processing等）
comment_status	评论状态（open/closed）

续表

字　段	说　明
ping_status	PING状态（open/closed）
post_password	文章的密码
post_name	文章的缩略名称
to_ping	未知
pinged	未知
post_modified	文章的修改时间
post_modified_gmt	文章的修改时间（GMT+0时间）
post_content_filtered	已筛选后的文章内容
post_parent	父级文章的ID
guid	全局唯一标识符的文章网址
menu_order	菜单的排序ID
post_type	文章的类型（post/page/ attachment等）
post_mime_type	文章的mime类型（image/png或image/jpeg等）
comment_count	评论统计的总数

表 wp_posts 的数据示例如图 16-13 ~ 图16-15 所示。

ID	post author	post date	post date gmt	post content	post title	post excerpt	post status	comment status	ping status
1	1	2019-11-20 16:07:31	2019-11-20 08:07:31	<!-- wp:paragraph --> <p>欢迎使用WordPress。这是您的第一篇文章。编...	世界，您好!		publish	open	open
2	1	2019-11-20 16:07:31	2019-11-20 08:07:31	<!-- wp:paragraph --> <p>这是示范页面。页面和博客文章不同，它的位置是固定的...	示例页面		publish	closed	open

图 16-13　表 wp_posts 的数据示例（一）

comment status	ping status	post password	post name	to ping	pinged	post modified	post modified gmt
open	open		hello-world			2020-02-13 16:37:34	2020-02-13 08:37:34
closed	open		sample-page			2019-11-20 16:07:31	2019-11-20 08:07:31

图 16-14　表 wp_posts 的数据示例（二）

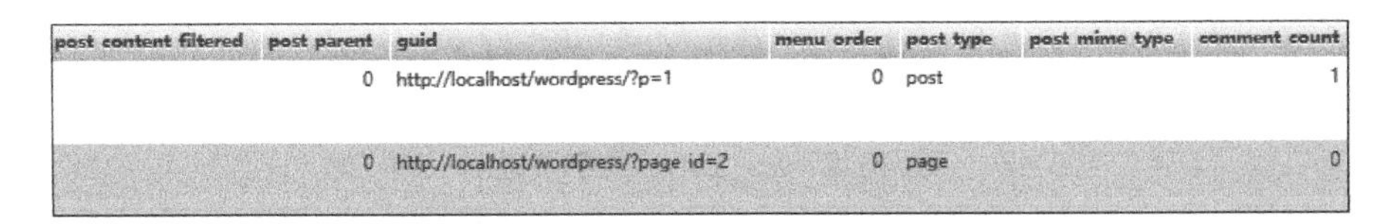

post content filtered	post parent	guid	menu order	post type	post mime type	comment count
	0	http://localhost/wordpress/?p=1	0	post		1
	0	http://localhost/wordpress/?page id=2	0	page		0

图 16-15　表 wp_posts 的数据示例（三）

7. wp_termmeta

表 wp_termmeta 的结构如图 16-16 所示。其字段说明见表 16-7。

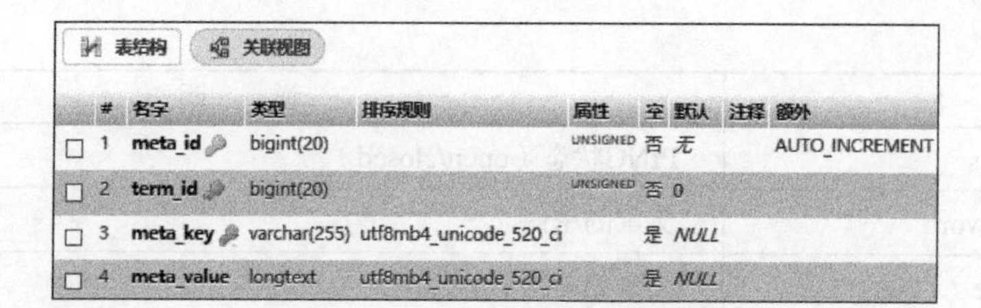

#	名字	类型	排序规则	属性	空	默认	注释	额外
1	meta_id	bigint(20)		UNSIGNED	否	无		AUTO_INCREMENT
2	term_id	bigint(20)		UNSIGNED	否	0		
3	meta_key	varchar(255)	utf8mb4_unicode_520_ci		是	NULL		
4	meta_value	longtext	utf8mb4_unicode_520_ci		是	NULL		

图 16-16　表 wp_termmeta 的结构

表 16-7　wp_termmeta 的字段说明

字　段	说　明
meta_id	meta_id本表的ID，递增1
term_id	对应分类的ID
meta_key	Meta的密钥
meta_value	Meta的值

表 wp_termmeta 的数据示例如图 16-17 所示。

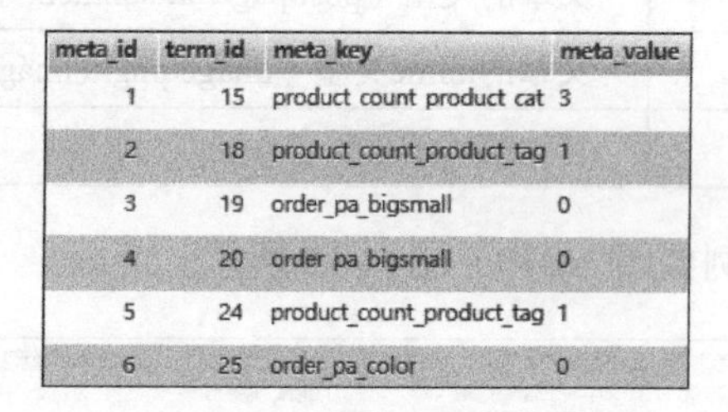

meta_id	term_id	meta_key	meta_value
1	15	product_count_product_cat	3
2	18	product_count_product_tag	1
3	19	order_pa_bigsmall	0
4	20	order_pa_bigsmall	0
5	24	product_count_product_tag	1
6	25	order_pa_color	0

图 16-17　表 wp_termmeta 的数据示例

8. wp_terms

表 wp_terms 的结构如图 16-18 所示。其字段说明见表 16-8。

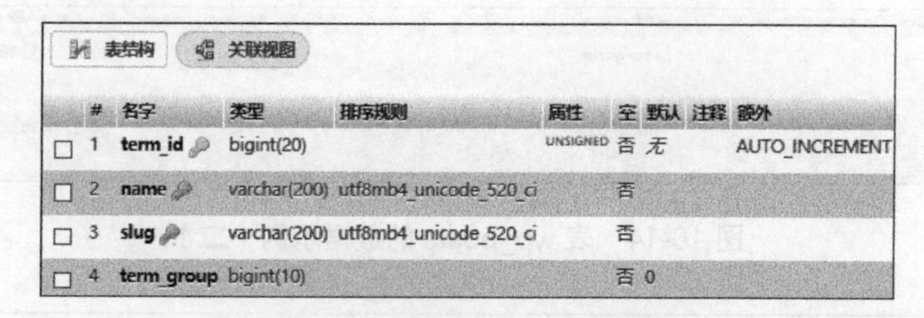

#	名字	类型	排序规则	属性	空	默认	注释	额外
1	term_id	bigint(20)		UNSIGNED	否	无		AUTO_INCREMENT
2	name	varchar(200)	utf8mb4_unicode_520_ci		否			
3	slug	varchar(200)	utf8mb4_unicode_520_ci		否			
4	term_group	bigint(10)			否	0		

图 16-18　表 wp_terms 的结构

表 16-8　wp_terms 的字段说明

字　段	说　明
term_id	对应分类的ID
name	分类或标签的名称
slug	缩略名
term_group	分类所属分组

表 wp_terms 的数据示例如图 16-19 所示。

term_id	name	slug	term_group
1	未分类	uncategorized	0
2	simple	simple	0
3	grouped	grouped	0
4	variable	variable	0
5	external	external	0
6	exclude-from-search	exclude-from-search	0
7	exclude-from-catalog	exclude-from-catalog	0
8	featured	featured	0
9	outofstock	outofstock	0
10	rated-1	rated-1	0
11	rated-2	rated-2	0
12	rated-3	rated-3	0
13	rated-4	rated-4	0
14	rated-5	rated-5	0
15	Uncategorized	uncategorized	0
16	设计	design	0
17	图标设计	icon-design	0
18	绿色的画	green	0
19	大码	big	0
20	小码	small	0
21	设计	%e8%ae%be%e8%ae%a1	0
22	艺术	%e8%89%ba%e6%9c%af	0
23	管理	%e7%ae%a1%e7%90%86	0
24	人像画	people-picture	0
25	红色	red	0

图 16-19 表 wp_terms 的数据示例

9. wp_term_relationships

表 wp_ term_relationships 的结构如图 16-20 所示。其字段说明见表 16-9。

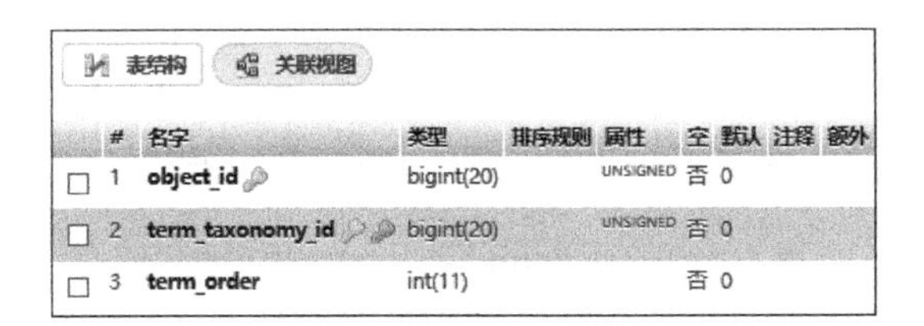
表结构 关联视图

#	名字	类型	排序规则	属性	空	默认	注释	额外
1	object_id	bigint(20)		UNSIGNED	否	0		
2	term_taxonomy_id	bigint(20)		UNSIGNED	否	0		
3	term_order	int(11)			否	0		

图 16-20 表 wp_ term_relationships 的结构

表 16-9 wp_ term_relationships 的字段说明

字 段	说 明
object_id	关联文章ID
term_taxonomy_id	关联分类ID
term_order	排序

表 wp_ term_relationships 的数据示例如图 16-21 所示。

object_id	term_taxonomy_id	term_order
1	1	0
11	16	0
21	2	0
21	15	0
21	18	0
21	19	0
21	20	0
31	2	0
31	15	0
31	24	0
31	25	0
49	26	0
50	26	0
51	26	0
52	26	0
53	26	0
73	2	0
73	15	0

图 16-21　表 wp_ term_relationships 的数据示例

10. wp_term_taxonomy

表 wp_term_taxonomy 的结构如图 16-22 所示。其字段说明见表 16-10。

表结构　关联视图

#	名字	类型	排序规则	属性	空	默认	注释	额外
1	term_taxonomy_id	bigint(20)		UNSIGNED	否	无		AUTO_INCREMENT
2	term_id	bigint(20)		UNSIGNED	否	0		
3	taxonomy	varchar(32)	utf8mb4_unicode_520_ci		否			
4	description	longtext	utf8mb4_unicode_520_ci		否	无		
5	parent	bigint(20)		UNSIGNED	否	0		
6	count	bigint(20)			否	0		

图 16-22　表 wp_term_taxonomy 的结构

表 16-10　wp_term_taxonomy 的字段说明

字　段	说　明
term_taxonomy_id	term_taxonomy_id本表的选项ID，递增1
term_id	关联term_taxonomy_id
taxonomy	分类的名称（category/product_type/product_visibility/post_tag/product_tag）
description	描述的内容
parent	父级的分类ID
count	统计总数

表 wp_term_taxonomy 的数据示例如图 16-23 所示。

term_taxonomy_id	term_id	taxonomy	description	parent	count
1	1	category		0	1
2	2	product_type		0	3
3	3	product_type		0	0
4	4	product type		0	0
5	5	product_type		0	0
6	6	product_visibility		0	0
7	7	product_visibility		0	0
8	8	product_visibility		0	0
9	9	product_visibility		0	0
10	10	product_visibility		0	0
11	11	product visibility		0	0
12	12	product_visibility		0	0
13	13	product_visibility		0	0
14	14	product visibility		0	0
15	15	product_cat		0	3
16	16	category	设计图像描述内容	0	1
17	17	post_tag	icon design is beauty!	0	0
18	18	product_tag	主要颜色是绿色的画	0	1
19	19	pa_bigsmall		0	1
20	20	pa_bigsmall		0	1
21	21	post tag		0	0
22	22	post_tag		0	0
23	23	post_tag		0	0
24	24	product tag	这是一幅人像画	0	1
25	25	pa_color	这是一个红色!	0	1

图 16-23　表 wp_term_taxonomy 的数据示例

11. wp_usermeta

表 wp_usermeta 的结构如图 16-24 所示。其字段说明见表 16-11。

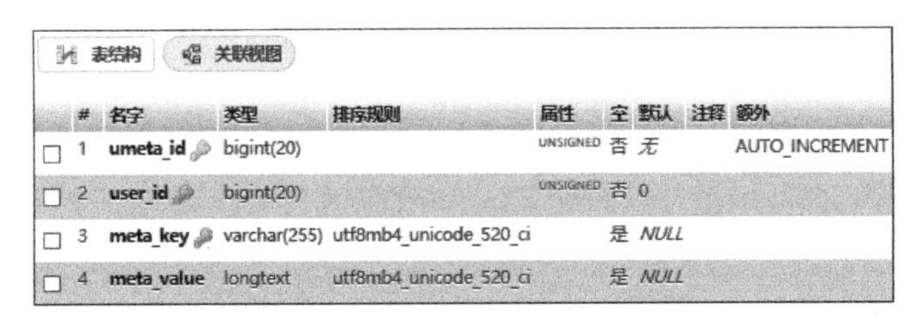

表结构　关联视图

#	名字	类型	排序规则	属性	空	默认	注释	额外
1	umeta_id	bigint(20)		UNSIGNED	否	无		AUTO_INCREMENT
2	user_id	bigint(20)		UNSIGNED	否	0		
3	meta_key	varchar(255)	utf8mb4_unicode_520_ci		是	NULL		
4	meta_value	longtext	utf8mb4_unicode_520_ci		是	NULL		

图 16-24　表 wp_usermeta 的结构

表 16-11　wp_usermeta 的字段说明

字　段	说　明
umeta_id	umeta_id本表的选项ID，递增1
user_id	用户的ID
meta_key	Meta的密钥
meta_value	Meta的数据值

表 wp_usermeta 的数据示例如图 16-25 所示。

umeta_id	user_id	meta_key	meta_value
1	1	nickname	cloudybb
2	1	first_name	富荣
3	1	last_name	林
4	1	description	
5	1	rich_editing	true
6	1	syntax_highlighting	true
7	1	comment_shortcuts	false
8	1	admin_color	fresh
9	1	use_ssl	0
10	1	show_admin_bar_front	true
11	1	locale	
12	1	wp_capabilities	a:1:{s:13:"administrator";b:1;}
13	1	wp_user_level	10
14	1	dismissed_wp_pointers	theme_editor_notice,plugin_editor_notice
15	1	show_welcome_panel	1
16	1	session_tokens	a:1:{s:64:"e5150fa20f056bea[illegible]de4c73c48aba4b...
17	1	wp_dashboard_quick_press_last_post_id	78
18	1	_woocommerce_tracks_anon_id	woo:tNZdleDXh0f[illegible]NXpZbHH43
19	1	wc_last_active	1584921600
21	1	dismissed_wc_admin_notice	1
22	1	dismissed_no_secure_connection_notice	1
23	1	wp_user-settings	libraryContent=browse&mfold=o
24	1	wp_user-settings-time	1581343814
25	1	closedpostboxes_product	a:0:{}
26	1	metaboxhidden_product	a:2:{i:0;s:10:"postcustom";i:1;s:7:"slugdiv";}

图 16-25　表 wp_usermeta 的数据示例

12. wp_users

表 wp_users 的结构如图 16-26 所示。其字段说明见表 16-12。

表结构　关联视图

#	名字	类型	排序规则	属性	空	默认	注释	额外
1	ID	bigint(20)		UNSIGNED	否	无		AUTO_INCREMENT
2	user_login	varchar(60)	utf8mb4_unicode_520_ci		否			
3	user_pass	varchar(255)	utf8mb4_unicode_520_ci		否			
4	user_nicename	varchar(50)	utf8mb4_unicode_520_ci		否			
5	user_email	varchar(100)	utf8mb4_unicode_520_ci		否			
6	user_url	varchar(100)	utf8mb4_unicode_520_ci		否			
7	user_registered	datetime			否	0000-00-00 00:00:00		
8	user_activation_key	varchar(255)	utf8mb4_unicode_520_ci		否			
9	user_status	int(11)			否	0		
10	display_name	varchar(250)	utf8mb4_unicode_520_ci		否			

图 16-26　表 wp_users 的结构

表 16-12　wp_users 的字段说明

字　　段	说　　明
ID	ID本表的唯一ID，递增1
user_login	用户的登录账号
user_pass	用户的登录密码（已加密）
user_nicename	经过URL特殊字条过滤后的user_login
user_email	用户的邮件地址
user_url	用户的网站地址
user_registered	用户的注册时间
user_activation_key	用户的激活码
user_status	用户的状态
display_name	显示的名称

表 wp_users 的数据示例如图 16-27 所示。

ID	user_login	user_pass	user_nicename	user_email	user_url	user_registered	user_activation_key	user_status	display_name
1	cloudybb	PBTF.2[illegible]9KwF27lq4[illegible]yV1	cloudybb	18[illegible]94@q[illegible]com		2019-11-20 08:07:30		0	cloudybb
2	rysos	PBeMnS[illegible]FZm7WWG[illegible]MFZ.	rysos	18[illegible]94@c[illegible].com		2020-01-06 06:39:45	1578292788:PBKPLI[illegible]C3zT/hi1aBte/SmvVTDJ0	0	rysos

图 16-27　表 wp_users 的数据示例

16.2　WooCommerce数据表

视频讲解

管理员可以使用 PHP 的 phpMyAdmin 程序管理数据库，WooCommerce 3.7.0 版本的数据库表有 18 个，包括 wp_wc_download_log、wp_wc_product_meta_lookup、wp_wc_tax_rate_classes、wp_wc_webhooks、wp_WooCommerce_api_keys、wp_WooCommerce_attribute_taxonomies、wp_WooCommerce_downloadable_product_permissions、wp_WooCommerce_log、wp_WooCommerce_order_itemmeta、wp_WooCommerce_order_items、wp_WooCommerce_payment_tokenmeta、wp_WooCommerce_payment_tokens、wp_WooCommerce_sessions、wp_WooCommerce_shipping_zones、wp_WooCommerce_shipping_zone_locations、wp_WooCommerce_shipping_zone_methods、wp_WooCommerce_tax_rates、wp_WooCommerce_tax_rate_locations，如图 16-28 所示。

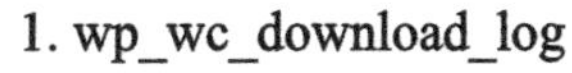

1. wp_wc_download_log

表 wp_wc_download_log 的结构如图 16-29 所示。其字段说明见表 16-13。

表	操作	行数	类型	排序规则	大小	多余
wp_wc_download_log	浏览 结构 搜索 插入 清空 删除	0	InnoDB	utf8mb4_unicode_520_ci	48 KB	-
wp_wc_product_meta_lookup	浏览 结构 搜索 插入 清空 删除	3	InnoDB	utf8mb4_unicode_520_ci	112 KB	-
wp_wc_tax_rate_classes	浏览 结构 搜索 插入 清空 删除	4	InnoDB	utf8mb4_unicode_520_ci	32 KB	-
wp_wc_webhooks	浏览 结构 搜索 插入 清空 删除	0	InnoDB	utf8mb4_unicode_520_ci	32 KB	-
wp_woocommerce_api_keys	浏览 结构 搜索 插入 清空 删除	0	InnoDB	utf8mb4_unicode_520_ci	48 KB	-
wp_woocommerce_attribute_taxonomies	浏览 结构 搜索 插入 清空 删除	2	InnoDB	utf8mb4_unicode_520_ci	32 KB	-
wp_woocommerce_downloadable_product_permissions	浏览 结构 搜索 插入 清空 删除	0	InnoDB	utf8mb4_unicode_520_ci	80 KB	-
wp_woocommerce_log	浏览 结构 搜索 插入 清空 删除	0	InnoDB	utf8mb4_unicode_520_ci	32 KB	-
wp_woocommerce_order_itemmeta	浏览 结构 搜索 插入 清空 删除	45	InnoDB	utf8mb4_unicode_520_ci	48 KB	-
wp_woocommerce_order_items	浏览 结构 搜索 插入 清空 删除	6	InnoDB	utf8mb4_unicode_520_ci	32 KB	-
wp_woocommerce_payment_tokenmeta	浏览 结构 搜索 插入 清空 删除	0	InnoDB	utf8mb4_unicode_520_ci	48 KB	-
wp_woocommerce_payment_tokens	浏览 结构 搜索 插入 清空 删除	0	InnoDB	utf8mb4_unicode_520_ci	32 KB	-
wp_woocommerce_sessions	浏览 结构 搜索 插入 清空 删除	1	InnoDB	utf8mb4_unicode_520_ci	32 KB	-
wp_woocommerce_shipping_zones	浏览 结构 搜索 插入 清空 删除	1	InnoDB	utf8mb4_unicode_520_ci	16 KB	-
wp_woocommerce_shipping_zone_locations	浏览 结构 搜索 插入 清空 删除	1	InnoDB	utf8mb4_unicode_520_ci	48 KB	-
wp_woocommerce_shipping_zone_methods	浏览 结构 搜索 插入 清空 删除	2	InnoDB	utf8mb4_unicode_520_ci	16 KB	-
wp_woocommerce_tax_rates	浏览 结构 搜索 插入 清空 删除	0	InnoDB	utf8mb4_unicode_520_ci	80 KB	-
wp_woocommerce_tax_rate_locations	浏览 结构 搜索 插入 清空 删除	0	InnoDB	utf8mb4_unicode_520_ci	48 KB	-

图 16-28　WooCommerce 数据表

表结构　关联视图

#	名字	类型	排序规则	属性	空	默认	注释	额外
1	download_log_id	bigint(20)		UNSIGNED	否	无		AUTO_INCREMENT
2	timestamp	datetime			否	无		
3	permission_id	bigint(20)		UNSIGNED	否	无		
4	user_id	bigint(20)		UNSIGNED	是	NULL		
5	user_ip_address	varchar(100)	utf8mb4_unicode_520_ci		是			

图 16-29　表 wp_wc_download_log 的结构

表 16-13　wp_wc_download_log 的字段说明

字　段	说　明
download_log_id	wp_wc_download_log本表的下载日志ID，每一条数据递增1
timestamp	时间戳
permission_id	下载许可的ID
user_id	用户的ID
user_ip_address	用户的ID地址

表 wp_wc_download_log 的数据示例如图 16-30 所示。

download_log_id	timestamp	permission_id	user_id	user_ip_address
1	2020-03-24 07:58:50	1	1	::1
2	2020-03-24 07:59:50	1	1	::1

图 16-30　表 wp_wc_download_log 的数据示例

表 wp_wc_download_log 的数据来源于前台系统，用户在“下载”功能页面中单击“单击下载”按钮后，就会产生下载的日志的数据，保存在数据库中，如图 16-31 所示。

图 16-31　表 wp_wc_download_log 的数据来源

2. wp_wc_product_meta_lookup

表 wp_wc_product_meta_lookup 的结构如图 16-32 所示。其字段说明见表 16-14。

表结构　关联视图

#	名字	类型	排序规则	属性	空	默认	注释	额外
1	product_id	bigint(20)			否	无		
2	sku	varchar(100)	utf8mb4_unicode_520_ci		是			
3	virtual	tinyint(1)			是	0		
4	downloadable	tinyint(1)			是	0		
5	min_price	decimal(10,2)			是	NULL		
6	max_price	decimal(10,2)			是	NULL		
7	onsale	tinyint(1)			是	0		
8	stock_quantity	double			是	NULL		
9	stock_status	varchar(100)	utf8mb4_unicode_520_ci		是	instock		
10	rating_count	bigint(20)			是	0		
11	average_rating	decimal(3,2)			是	0.00		
12	total_sales	bigint(20)			是	0		

图 16-32　表 wp_wc_product_meta_lookup 的结构

表 16-14　wp_wc_product_meta_lookup 的字段说明

字　段	说　明
product_id	产品的ID
sku	产品的库存单位
virtual	虚拟产品
downloadable	可下载
min_price	产品最小价格，即促销价、当前销售价
max_price	产品最大价格，即原价
onsale	产品是否在售（1表示在售，0表示已下架）
stock_quantity	产品的库存量
stock_status	产品的状况
rating_count	评级数量
average_rating	评级的平均值
total_sales	产品的销售总额

表 wp_wc_product_meta_lookup 的数据示例如图 16-33 所示。

product_id	sku	virtual	downloadable	min_price	max_price	onsale	stock_quantity	stock_status	rating_count	average_rating	total_sales
21	5	0	1	9999.00	9999.00	1	NULL	instock	0	0.00	2
31	张	0	0	80.00	80.00	1	NULL	instock	0	0.00	1
73		0	0	0.00	0.00	0	NULL	instock	0	0.00	0

图 16-33　表 wp_wc_product_meta_lookup 的数据示例

表 wp_wc_product_meta_lookup 的数据来源于后台系统，用户在“产品”功能页面中编辑任意一个产品，可见在“产品数据”→“常规”功能中，数据库保存这些数据供后台系统调用，如图 16-34 所示。

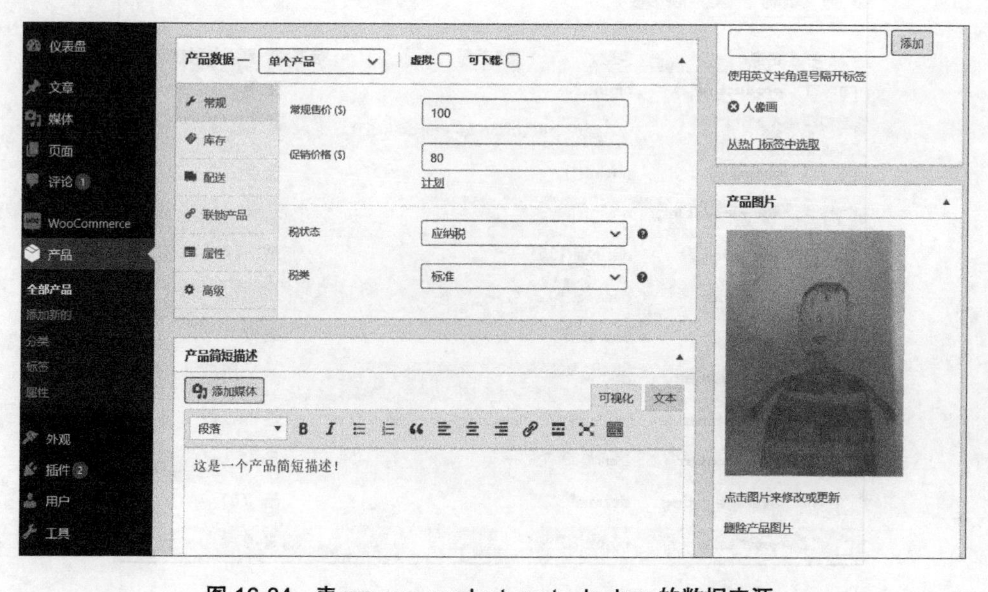

图 16-34　表 wp_wc_product_meta_lookup 的数据来源

3. wp_wc_tax_rate_classes

表 wp_wc_tax_rate_classes 的结构如图 16-35 所示。其字段说明见表 16-15。

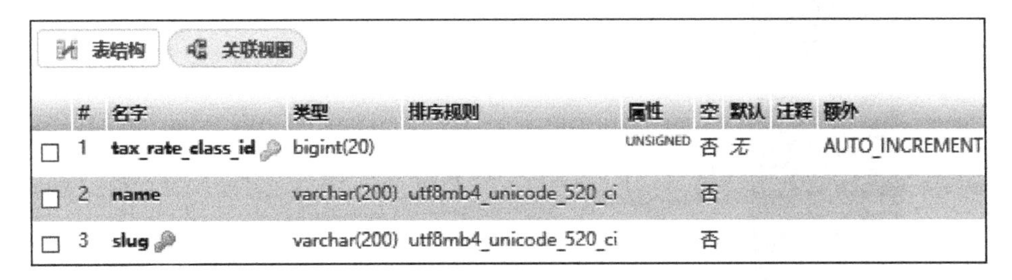

表结构　关联视图

#	名字	类型	排序规则	属性	空	默认	注释	额外
1	tax_rate_class_id	bigint(20)		UNSIGNED	否	无		AUTO_INCREMENT
2	name	varchar(200)	utf8mb4_unicode_520_ci		否			
3	slug	varchar(200)	utf8mb4_unicode_520_ci		否			

图 16-35　表 wp_wc_tax_rate_classes 的结构

表 16-15　wp_wc_tax_rate_classes 的字段说明

字　段	说　明
tax_rate_class_id	wp_wc_tax_rate_classes本表的ID，每一条数据递增1
name	税率的名称
slug	税率的伪静态名称地址值

表 wp_wc_tax_rate_classes 的数据示例如图 16-36 所示。

tax_rate_class_id	name	slug
1	Reduced rate	reduced-rate
2	Zero rate	zero-rate
3	减税税率	%e5%87%8f%e7%a8%8e%e7%a8%8e%e7%8e%87
4	零税率	%e9%9b%b6%e7%a8%8e%e7%8e%87

图 16-36　表 wp_wc_tax_rate_classes 的数据示例

wp_wc_tax_rate_classes 的数据来源于后台管理系统的“设置”→“税”功能，在“附加税类”栏目里显示了数据库 name 字段的内容，如图 16-37 所示。

【实例 16.1】 查看并了解“税”功能。

许多用户会问，为什么我的系统没有见到“税”模块的功能呢？

需要在“常规”功能中勾选“启用‘纳税’功能”复选框才会显示“税”模块，如图 16-38 所示。

4. wp_wc_webhooks

表 wp_wc_webhooks 的结构如图 16-39 所示。其字段说明见表 16-16。

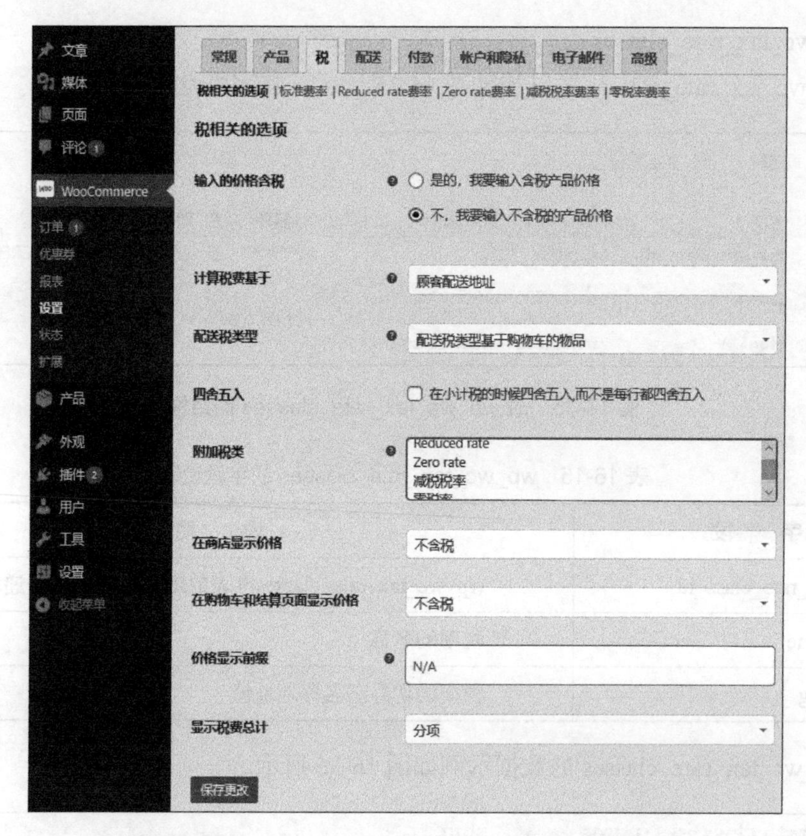

图 16-37　wp_wc_tax_rate_classes 的数据来源

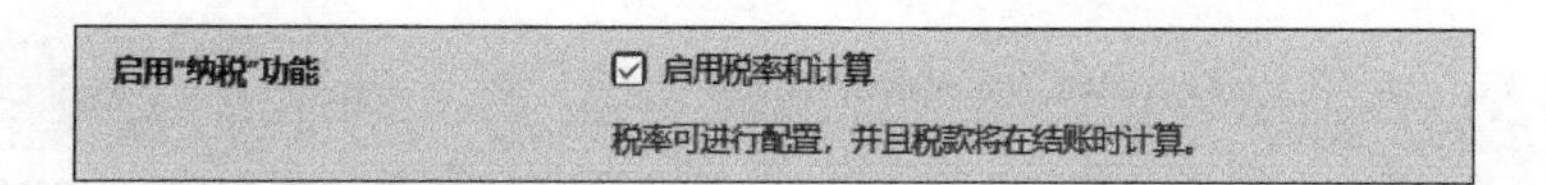

图 16-38　启用“纳税”功能

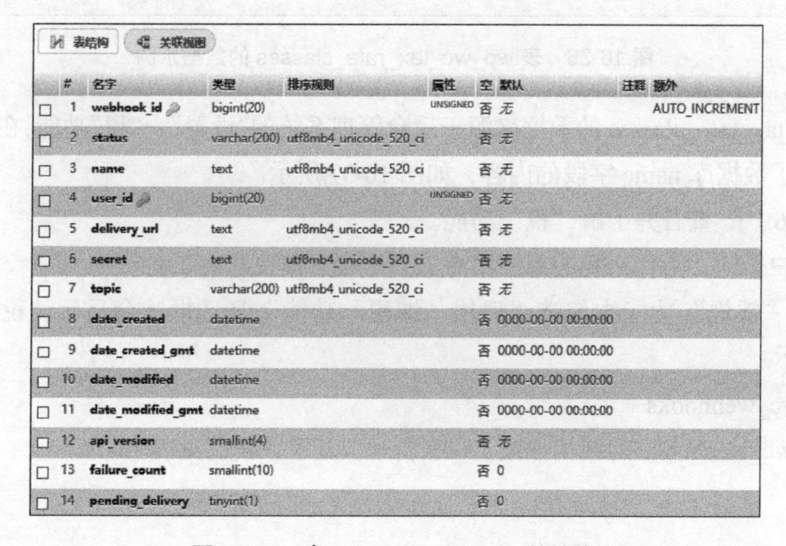

表结构　关联视图

#	名字	类型	排序规则	属性	空	默认	注释	额外
1	webhook_id	bigint(20)		UNSIGNED	否	无		AUTO_INCREMENT
2	status	varchar(200)	utf8mb4_unicode_520_ci		否	无		
3	name	text	utf8mb4_unicode_520_ci		否	无		
4	user_id	bigint(20)		UNSIGNED	否	无		
5	delivery_url	text	utf8mb4_unicode_520_ci		否	无		
6	secret	text	utf8mb4_unicode_520_ci		否	无		
7	topic	varchar(200)	utf8mb4_unicode_520_ci		否	无		
8	date_created	datetime			否	0000-00-00 00:00:00		
9	date_created_gmt	datetime			否	0000-00-00 00:00:00		
10	date_modified	datetime			否	0000-00-00 00:00:00		
11	date_modified_gmt	datetime			否	0000-00-00 00:00:00		
12	api_version	smallint(4)			否	无		
13	failure_count	smallint(10)			否	0		
14	pending_delivery	tinyint(1)			否	0		

图 16-39　表 wp_wc_webhooks 的结构

表 16-16　wp_wc_webhooks 的字段说明

字　段	说　明
webhook_id	webhook_id本表的ID，每一条数据递增1
status	状态
name	名称
user_id	用户的ID
delivery_url	传送的URL地址
secret	加密码
topic	标题
date_created	创建的日期
date_created_gmt	创建的GMT日期
date_modified	修改的日期
date_modified_gmt	修改的GMT日期
api_version	API接口的版本
failure_count	失败的统计数
pending_delivery	等待付款

表 wp_wc_webhooks 常用于接口集成，尤其第三方集成需要使用。

5. wp_WooCommerce_api_keys

表 wp_WooCommerce_api_keys 的结构如图 16-40 所示。其字段说明见表 16-17。

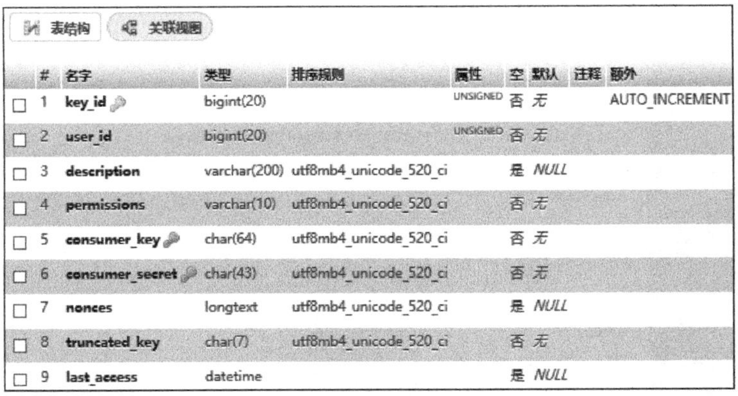

表结构　关联视图

#	名字	类型	排序规则	属性	空	默认	注释	额外
1	key_id	bigint(20)		UNSIGNED	否	无		AUTO_INCREMENT
2	user_id	bigint(20)		UNSIGNED	否	无		
3	description	varchar(200)	utf8mb4_unicode_520_ci		是	NULL		
4	permissions	varchar(10)	utf8mb4_unicode_520_ci		否	无		
5	consumer_key	char(64)	utf8mb4_unicode_520_ci		否	无		
6	consumer_secret	char(43)	utf8mb4_unicode_520_ci		否	无		
7	nonces	longtext	utf8mb4_unicode_520_ci		是	NULL		
8	truncated_key	char(7)	utf8mb4_unicode_520_ci		否	无		
9	last_access	datetime			是	NULL		

图 16-40　表 wp_WooCommerce_api_keys 的结构

表 16-17　wp_WooCommerce_api_keys 的字段说明

字　段	说　明
key_id	key_id本表的ID，每一条数据递增1
user_id	用户的ID

续表

字　段	说　明
description	描述
permissions	权限（读/写/读写）
consumer_key	消费者密钥
consumer_secret	消费者机密
nonces	只使用一次的加密值
truncated_key	缩短版的密钥
last_access	上次访问连接

表 wp_WooCommerce_api_keys 的数据示例如图 16-41 所示。

key_id	user_id	description	permissions	consumer_key
1	1	hello	read_write	19a38c3d602fcb69fe16c67441959bc54fd812306e318fbbd5...

consumer_secret	nonces	truncated_key	last_access
cs_b83cf753d9af4e76085dcaf6edc2ec1106f4f0a7	NULL	4ac5678	NULL

图 16-41　表 wp_WooCommerce_api_keys 的数据示例

wp_WooCommerce_api_keys 的数据来源于后台管理系统的“高级”→“REST API”功能，如图 16-42 所示。

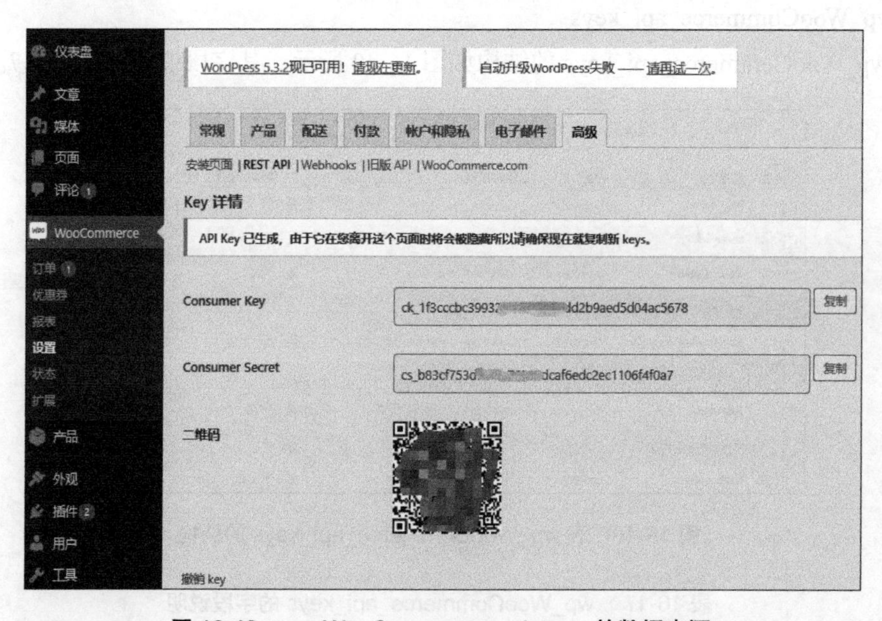

图 16-42　wp_WooCommerce_api_keys 的数据来源

6. wp_WooCommerce_attribute_taxonomies

表 wp_WooCommerce_attribute_taxonomies 的结构如图 16-43 所示。其字段说明见表 16-18。

#	名字	类型	排序规则	属性	空	默认	注释	额外
1	attribute_id	bigint(20)		UNSIGNED	否	无		AUTO_INCREMENT
2	attribute_name	varchar(200)	utf8mb4_unicode_520_ci		否	无		
3	attribute_label	varchar(200)	utf8mb4_unicode_520_ci		是	NULL		
4	attribute_type	varchar(20)	utf8mb4_unicode_520_ci		否	无		
5	attribute_orderby	varchar(20)	utf8mb4_unicode_520_ci		否	无		
6	attribute_public	int(1)			否	1		

图 16-43　表 wp_WooCommerce_attribute_taxonomies 的结构

表 16-18　wp_WooCommerce_attribute_taxonomies 的字段说明

字　段	说　明
attribute_id	wp_WooCommerce_attribute_taxonomies本表的ID
attribute_name	属性名称
attribute_label	属性标签
attribute_type	属性类型
attribute_orderby	属性排序
attribute_public	公共属性

表 wp_WooCommerce_attribute_taxonomies 的数据示例如图 16-44 所示。

attribute_id	attribute_name	attribute_label	attribute_type	attribute_orderby	attribute_public
2	bigsmall	大小	select	menu_order	0
3	color	颜色	select	menu_order	0

图 16-44　表 wp_WooCommerce_attribute_taxonomies 的数据示例

wp_WooCommerce_attribute_taxonomies 的数据来源于后台管理系统的“产品”→“属性”功能，如图 16-45 所示。

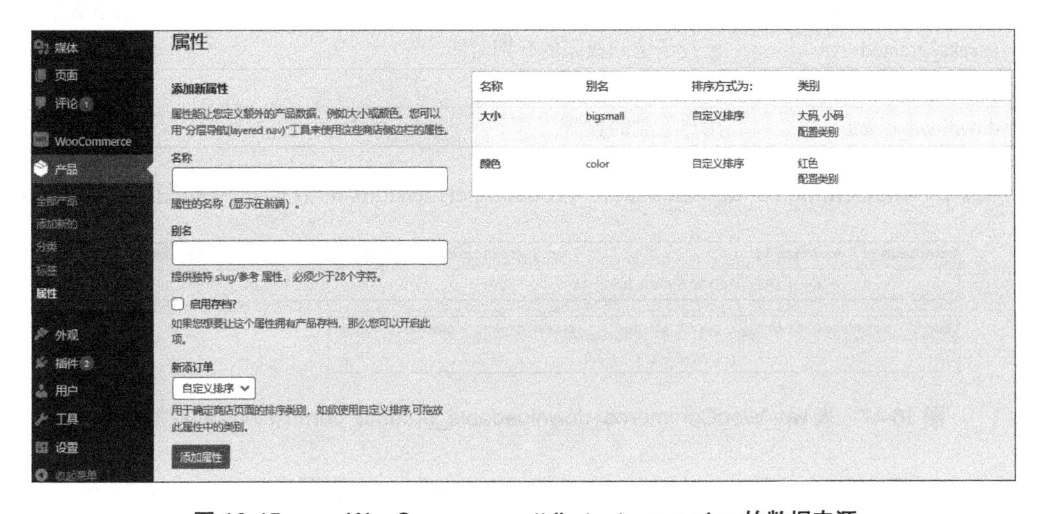

图 16-45　wp_WooCommerce_attribute_taxonomies 的数据来源

7. wp_WooCommerce_downloadable_product_permissions

表 wp_WooCommerce_downloadable_product_permissions 的结构如图 16-46 所示。其字段说明见表 16-19。

表结构 关联视图

#	名字	类型	排序规则	属性	空	默认	注释	额外
1	permission_id	bigint(20)		UNSIGNED	否	无		AUTO_INCREMENT
2	download_id	varchar(36)	utf8mb4_unicode_520_ci		否	无		
3	product_id	bigint(20)		UNSIGNED	否	无		
4	order_id	bigint(20)		UNSIGNED	否	0		
5	order_key	varchar(200)	utf8mb4_unicode_520_ci		否	无		
6	user_email	varchar(200)	utf8mb4_unicode_520_ci		否	无		
7	user_id	bigint(20)		UNSIGNED	是	NULL		
8	downloads_remaining	varchar(9)	utf8mb4_unicode_520_ci		是	NULL		
9	access_granted	datetime			否	0000-00-00 00:00:00		
10	access_expires	datetime			是	NULL		
11	download_count	bigint(20)		UNSIGNED	否	0		

图 16-46 表 wp_WooCommerce_downloadable_product_permissions 的结构

表 16-19 wp_WooCommerce_downloadable_product_permissions 的字段说明

字 段	说 明
permission_id	permission_id本表的ID，每一条数据递增1
download_id	产品权限的下载ID
product_id	产品的ID
order_id	订单的ID
order_key	订单的密钥
user_email	用户的邮箱地址
user_id	用户的ID
downloads_remaining	剩余下载量（管理员设置下载量-用户单击下载量=用户剩余下载量）
access_granted	已授予访问权限的日期时间
access_expires	访问权限过期的日期时间
download_count	用户下载的数量

表 wp_WooCommerce_downloadable_product_permissions 的数据示例如图 16-47 所示。

permission_id	download_id	product_id	order_id	order_key	user_email
1	df7c263f-e423-4590-9210-9a0c0dfb8c73	21	83	wc_order_tsuZWL25Dt7OY	18[illegible]94@[illegible].com

user_id	downloads_remaining	access_granted	access_expires	download_count
1		2020-03-24 00:00:00	NULL	2

图 16-47 表 wp_WooCommerce_downloadable_product_permissions 的数据示例

wp_WooCommerce_downloadable_product_permissions 的数据来源于前台系统的“下载”

功能，当用户下载时，数据库会更新相关的下载产品权限和信息，如图 16-48 所示。

图 16-48　wp_WooCommerce_downloadable_product_permissions 的数据来源

8. wp_WooCommerce_log

表 wp_WooCommerce_log 的结构如图 16-49 所示。其字段说明见表 16-20。

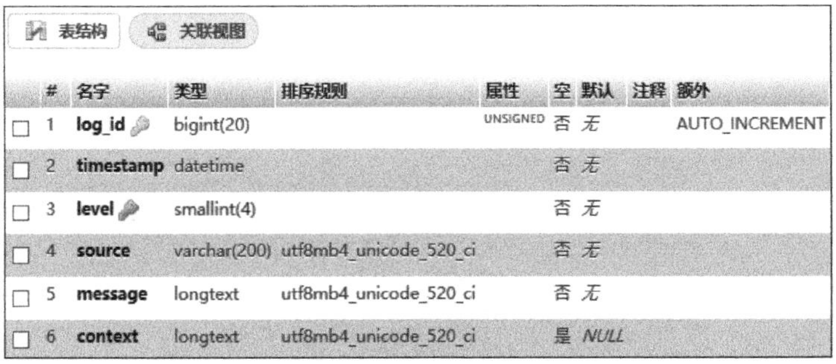

#	名字	类型	排序规则	属性	空	默认	注释	额外
1	log_id	bigint(20)		UNSIGNED	否	无		AUTO_INCREMENT
2	timestamp	datetime			否	无		
3	level	smallint(4)			否	无		
4	source	varchar(200)	utf8mb4_unicode_520_ci		否	无		
5	message	longtext	utf8mb4_unicode_520_ci		否	无		
6	context	longtext	utf8mb4_unicode_520_ci		是	NULL		

图 16-49　表 wp_WooCommerce_log 的结构

表 16-20　wp_WooCommerce_log 的字段说明

字　段	说　明
log_id	wp_WooCommerce_log本表的ID，每一条数据递增1
timestamp	日志的时间戳
level	日志的标准水平
source	日志的来源
message	日志的信息
context	日志的上下文

表 wp_WooCommerce_log 的数据来自 WooCommerce 电子商务插件的日志。

9. wp_WooCommerce_order_itemmeta

表 wp_WooCommerce_order_itemmeta 的结构如图 16-50 所示。其字段说明见表 16-21。

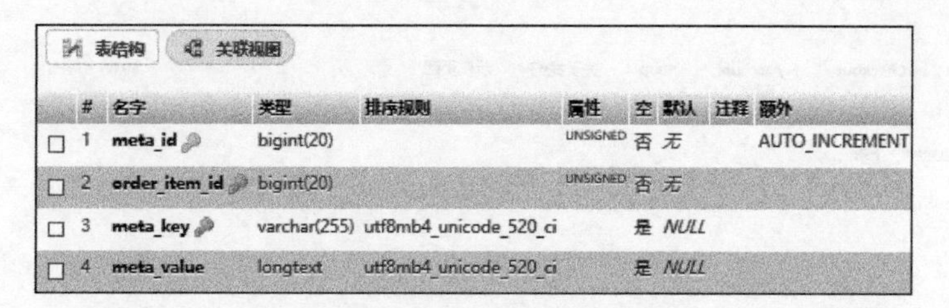

表结构　关联视图

#	名字	类型	排序规则	属性	空	默认	注释	额外
1	meta_id	bigint(20)		UNSIGNED	否	无		AUTO_INCREMENT
2	order_item_id	bigint(20)		UNSIGNED	否	无		
3	meta_key	varchar(255)	utf8mb4_unicode_520_ci		是	NULL		
4	meta_value	longtext	utf8mb4_unicode_520_ci		是	NULL		

图 16-50　表 wp_WooCommerce_order_itemmeta 的结构

表 16-21　wp_WooCommerce_order_itemmeta 的字段说明

字　段	说　明
meta_id	wp_commentmeta本表的ID，每一条数据递增1
order_item_id	订单的身份ID
meta_key	存储键名
meta_value	存储键数值

表 wp_WooCommerce_order_itemmeta 的数据示例如图 16-51 所示。

meta id	order item id	meta key	meta value
1	1	product id	21
2	1	_variation_id	0
3	1	_qty	1
4	1	tax class	
5	1	_line_subtotal	9999
6	1	_line_subtotal_tax	0
7	1	line total	9999
8	1	_line_tax	0
9	1	_line_tax_data	a:2:{s:5:"total";a:0:{}s:8:"subtotal";a:0:{}}
10	2	method id	free shipping
11	2	instance_id	2
12	2	cost	0.00
13	2	total tax	0
14	2	taxes	a:1:{s:5:"total";a:0:{}}
15	2	项目	井井的画 × 1
16	3	product id	31
17	3	_variation_id	0
18	3	_qty	1
19	3	tax class	
20	3	_line_subtotal	80
21	3	line subtotal tax	0
22	3	line total	80
23	3	_line_tax	0
24	3	line tax data	a:2:{s:5:"total";a:0:{}s:8:"subtotal";a:0:{}}
25	4	method id	free shipping

图 16-51　表 wp_WooCommerce_order_itemmeta 的数据示例

wp_WooCommerce_order_itemmeta 的数据来源于前台系统的“结账”功能，当用户单击“下单”按钮时，数据库会更新相关的订单信息，如图 16-52 所示。

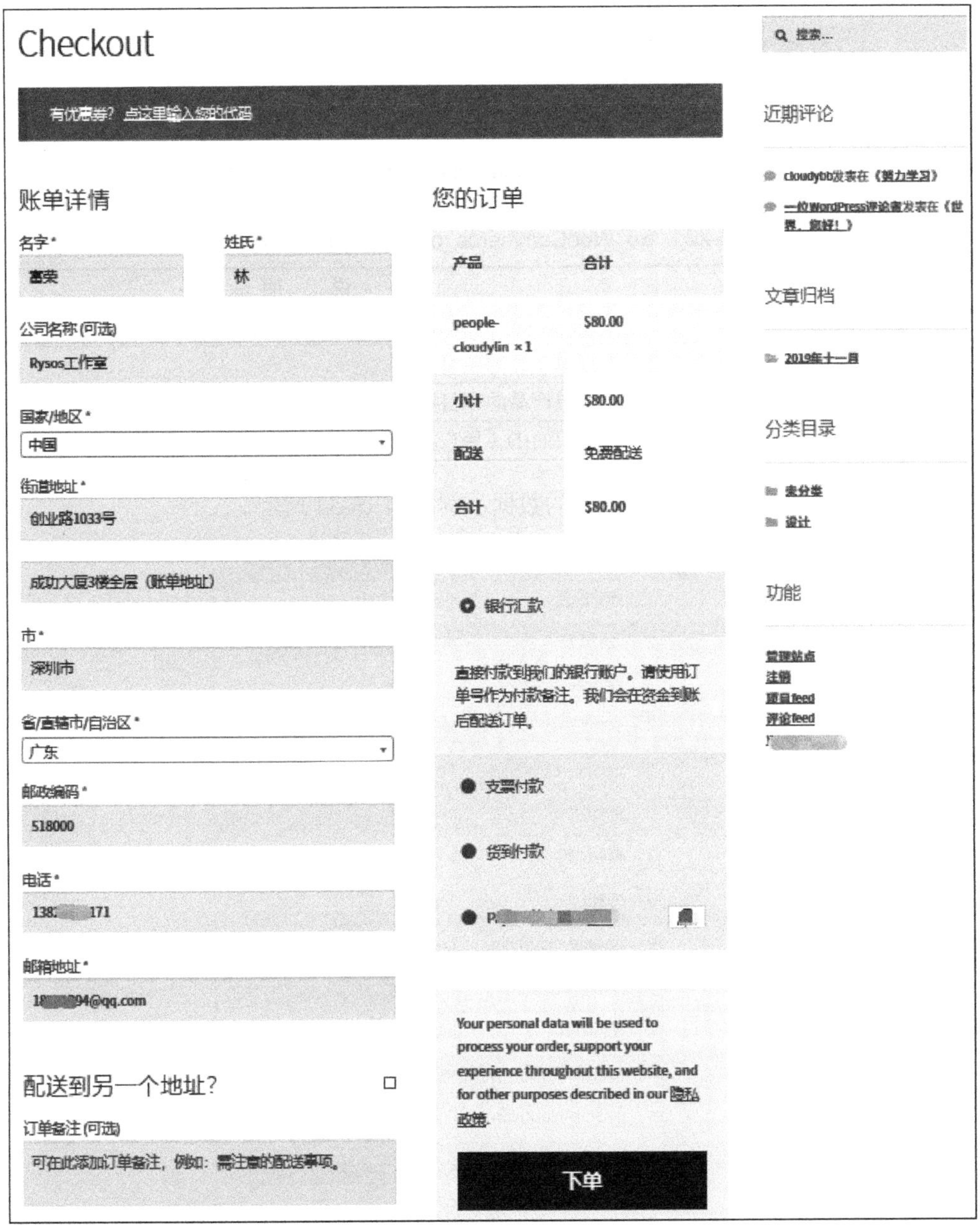

Checkout

有优惠券？点这里输入您的代码

账单详情

名字 *
富荣

姓氏 *
林

公司名称 (可选)
Rysos工作室

国家/地区 *
中国

街道地址 *
创业路1033号

成功大厦3楼全层（账单地址）

市 *
深圳市

省/直辖市/自治区 *
广东

邮政编码 *
518000

电话 *
138[illegible]171

邮箱地址 *
18[illegible]94@qq.com

配送到另一个地址？

订单备注 (可选)
可在此添加订单备注，例如：需注意的配送事项。

您的订单

产品	合计
people-cloudylin × 1	$80.00
小计	$80.00
配送	免费配送
合计	$80.00

银行汇款

直接付款到我们的银行账户。请使用订单号作为付款备注。我们会在资金到账后配送订单。

支票付款

货到付款

P[illegible]

Your personal data will be used to process your order, support your experience throughout this website, and for other purposes described in our 隐私政策.

下单

搜索...

近期评论

cloudybb发表在《努力学习》

一位WordPress评论者发表在《世界，您好！》

文章归档

2019年十一月

分类目录

未分类

设计

功能

管理站点
注销
项目feed
评论feed

图 16-52　wp_WooCommerce_order_itemmeta 的数据来源

10. wp_WooCommerce_order_items

表 wp_WooCommerce_order_items 的结构如图 16-53 所示。其字段说明见表 16-22。

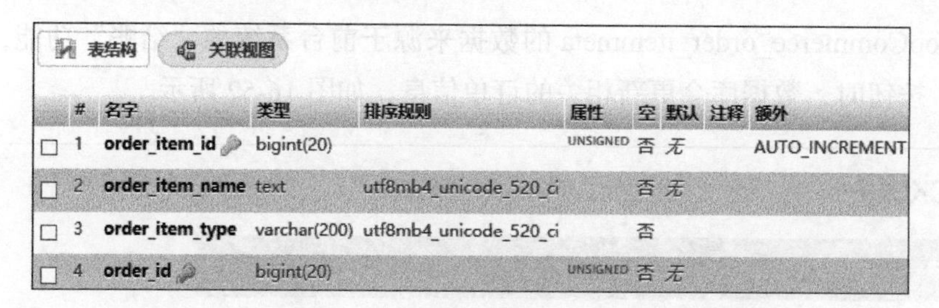

表结构　关联视图

#	名字	类型	排序规则	属性	空	默认	注释	额外
1	order_item_id	bigint(20)		UNSIGNED	否	无		AUTO_INCREMENT
2	order_item_name	text	utf8mb4_unicode_520_ci		否	无		
3	order_item_type	varchar(200)	utf8mb4_unicode_520_ci		否			
4	order_id	bigint(20)		UNSIGNED	否	无		

图 16-53　表 wp_WooCommerce_order_items 的结构

表 16-22　wp_WooCommerce_order_items 的字段说明

字　段	说　明
order_item_id	wp_WooCommerce_order_items表的ID，每一条数据递增1
order_item_name	订单产品的项目名称
order_item_type	订单产品的项目类型（line_item/shipping/coupon）
order_id	订单的ID（用户提交订单后，系统才会自动产生订单ID）

表 wp_WooCommerce_order_items 的数据示例如图 16-54 所示。

order_item_id	order_item_name	order_item_type	order_id
1	荞荞的画	line_item	24
2	免费配送	shipping	24
3	people-cloudylin	line_item	63
4	免费配送	shipping	63
5	people-cloudylin	line_item	66
6	免费配送	shipping	66
7	荞荞的画	line_item	83
8	免费配送	shipping	83
9	people-cloudylin	line item	84
10	免费配送	shipping	84
11	荞荞的画	line_item	85
12	免费配送	shipping	85
13	people-cloudylin	line_item	87
14	免费配送	shipping	87
15	gkmaydr9	coupon	87

图 16-54　表 wp_WooCommerce_order_items 的数据示例

wp_WooCommerce_order_items 的数据来源于前台系统 Cart 页面的购物车功能，当用户进入购物车时，可以看到订单中产品的项目名称、项目类型，以及订单的 ID，如图 16-55 所示。

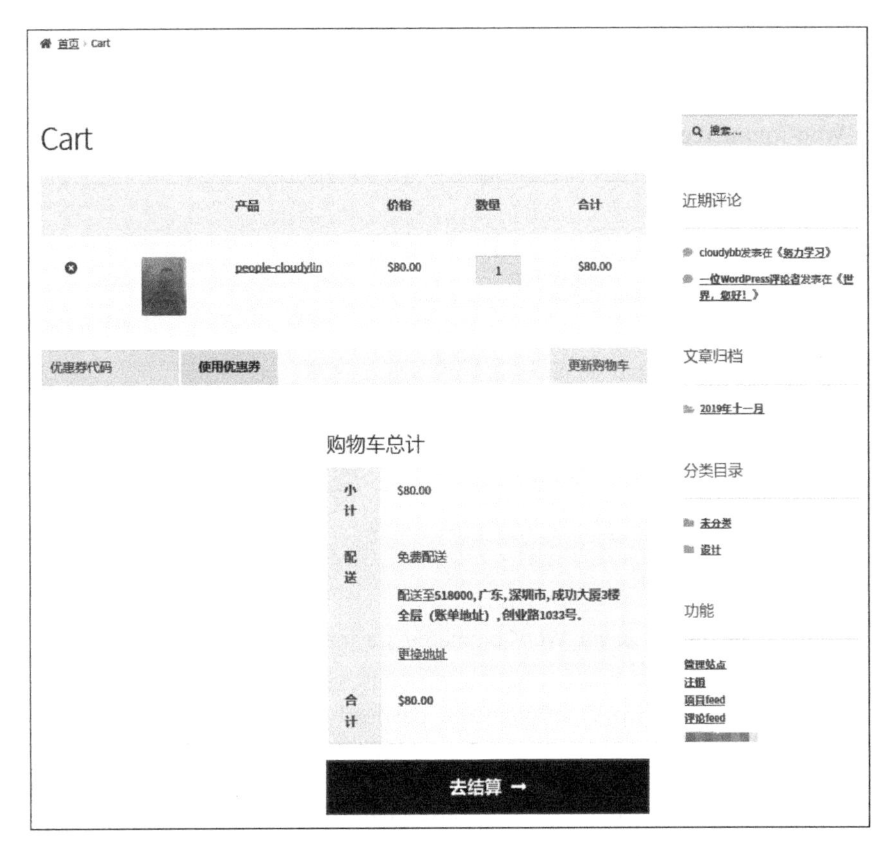

图 16-55 wp_WooCommerce_order_items 的数据来源

11. wp_WooCommerce_payment_tokenmeta

表 wp_WooCommerce_payment_tokenmeta 的结构如图 16-56 所示。其字段说明见表 16-23。

表结构 关联视图

#	名字	类型	排序规则	属性	空	默认	注释	额外
1	meta_id	bigint(20)		UNSIGNED	否	无		AUTO_INCREMENT
2	payment_token_id	bigint(20)		UNSIGNED	否	无		
3	meta_key	varchar(255)	utf8mb4_unicode_520_ci		是	NULL		
4	meta_value	longtext	utf8mb4_unicode_520_ci		是	NULL		

图 16-56 表 wp_WooCommerce_payment_tokenmeta 的结构

表 16-23 wp_WooCommerce_payment_tokenmeta 的字段说明

字 段	说 明
meta_id	wp_WooCommerce_payment_tokenmeta本表的ID，每一条数据递增1
payment_token_id	支付货币的ID
meta_key	存储键名
meta_value	存储键数值

表wp_WooCommerce_payment_tokenmeta的数据常用于存储和管理支付货币的API接口。

12. wp_WooCommerce_payment_tokens

表wp_WooCommerce_payment_tokens的结构如图16-57所示。其字段说明见表16-24。

表结构　关联视图

#	名字	类型	排序规则	属性	空	默认	注释	额外
1	**token_id**	bigint(20)		UNSIGNED	否	无		AUTO_INCREMENT
2	**gateway_id**	varchar(200)	utf8mb4_unicode_520_ci		否	无		
3	**token**	text	utf8mb4_unicode_520_ci		否	无		
4	**user_id**	bigint(20)		UNSIGNED	否	0		
5	**type**	varchar(200)	utf8mb4_unicode_520_ci		否	无		
6	**is_default**	tinyint(1)			否	0		

图16-57　表wp_WooCommerce_payment_tokens的结构

表16-24　wp_WooCommerce_payment_tokens的字段说明

字　段	说　明
token_id	token_id本表的ID，每一条数据递增1
gateway_id	支付的网关ID
token	支付的货币
user_id	支付的用户ID
type	支付的用户类型
is_default	违约支付相关

表wp_WooCommerce_payment_tokens的数据常用于存储和管理网关和客户的API接口。

13. wp_WooCommerce_sessions

表wp_WooCommerce_sessions的结构如图16-58所示。其字段说明见表16-25。

表结构　关联视图

#	名字	类型	排序规则	属性	空	默认	注释	额外
1	**session_id**	bigint(20)		UNSIGNED	否	无		AUTO_INCREMENT
2	**session_key**	char(32)	utf8mb4_unicode_520_ci		否	无		
3	**session_value**	longtext	utf8mb4_unicode_520_ci		否	无		
4	**session_expiry**	bigint(20)		UNSIGNED	否	无		

图16-58　表wp_WooCommerce_sessions的结构

表 16-25　wp_WooCommerce_sessions 的字段说明

字　段	说　明
session_id	wp_WooCommerce_sessions本表的ID，随机4位数
session_key	网络缓存的密钥
session_value	网络缓存的数值
session_expiry	网络缓存的到期值

表 wp_WooCommerce_sessions 的数据示例如图 16-59 所示。

session_id	session_key	session_value	session_expiry
5470	1	a:14:{s:4:"cart";s:410:"a:1:{s:32:"c16a5320fa47553...	1585363090
5616	5	a:14:{s:4:"cart";N;s:11:"cart_totals";N;s:15:"appl...	1585473932

图 16-59　表 wp_WooCommerce_sessions 的数据示例

wp_WooCommerce_sessions 的数据来源于前台系统 Cart 页面的购物车功能，当用户进入购物车时，可以看到加入购物车的产品，当用户删除购物车的某个产品，然后注销账号，再重新登录账号时，表 wp_WooCommerce_sessions 的数据就会产生，如图 16-60 所示。

图 16-60　wp_WooCommerce_sessions 的数据来源

14. wp_WooCommerce_shipping_zones

表 wp_WooCommerce_shipping_zones 的结构如图 16-61 所示。其字段说明见表 16-26。

表结构　关联视图

#	名字	类型	排序规则	属性	空	默认	注释	额外
1	zone_id	bigint(20)		UNSIGNED	否	无		AUTO_INCREMENT
2	zone_name	varchar(200)	utf8mb4_unicode_520_ci		否	无		
3	zone_order	bigint(20)		UNSIGNED	否	无		

图 16-61　表 wp_WooCommerce_shipping_zones 的结构

表 16-26　wp_WooCommerce_shipping_zones 的字段说明

字　段	说　明
zone_id	wp_WooCommerce_shipping_zones本表的ID，每一条数据递增1
zone_name	区域/国家名称
zone_order	区域/国家顺序

表 wp_WooCommerce_shipping_zones 的数据示例如图 16-62 所示。

zone_id	zone_name	zone_order
1	China	0

图 16-62　表 wp_WooCommerce_shipping_zones 的数据示例

wp_WooCommerce_shipping_zones 的数据来源于后台系统的“设置”→“配送”→“配送区域”功能，如图 16-63 所示。

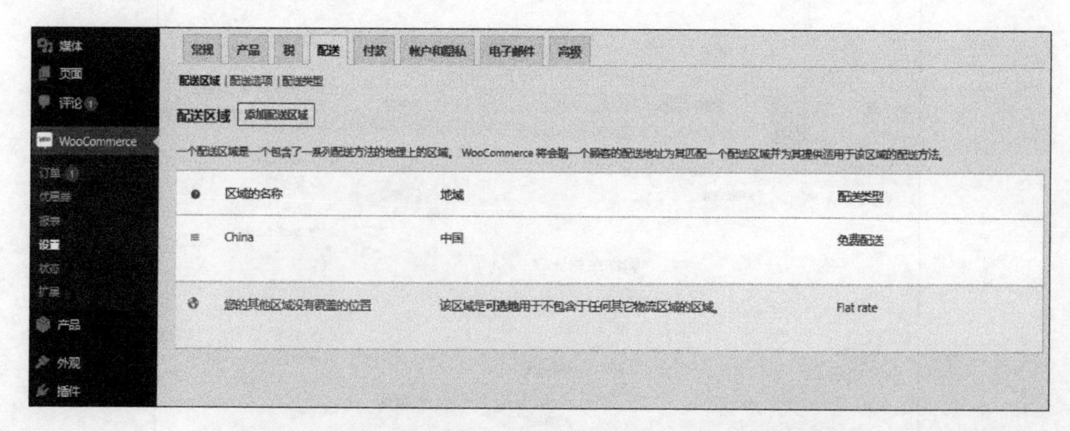

图 16-63　wp_WooCommerce_shipping_zones 的数据来源

15. wp_WooCommerce_shipping_zone_locations

表 wp_WooCommerce_shipping_zone_locations 的结构如图 16-64 所示。其字段说明见表 16-27。

#	名字	类型	排序规则	属性	空	默认	注释	额外
1	location_id	bigint(20)		UNSIGNED	否	无		AUTO_INCREMENT
2	zone_id	bigint(20)		UNSIGNED	否	无		
3	location_code	varchar(200)	utf8mb4_unicode_520_ci		否	无		
4	location_type	varchar(40)	utf8mb4_unicode_520_ci		否	无		

图 16-64　表 wp_WooCommerce_shipping_zone_locations 的结构

表 16-27　wp_WooCommerce_shipping_zone_locations 的字段说明

字　段	说　明
location_id	wp_WooCommerce_shipping_zone_locations本表的ID
zone_id	关联表wp_WooCommerce_shipping_zones
location_code	位置代码（按区域范围自动匹配简写的代码）
location_type	位置类型（按区域范围自动匹配类型）

表 wp_WooCommerce_shipping_zone_locations 的数据示例如图 16-65 所示。

location_id	zone_id	location_code	location_type
4	1	CN	country
9	2	JP	country

图 16-65　表 wp_WooCommerce_shipping_zone_locations 的数据示例

wp_WooCommerce_shipping_zone_locations 的数据来源于后台系统的“设置”→“配送”→“配送区域”→“编辑”功能，如图 16-66 所示。

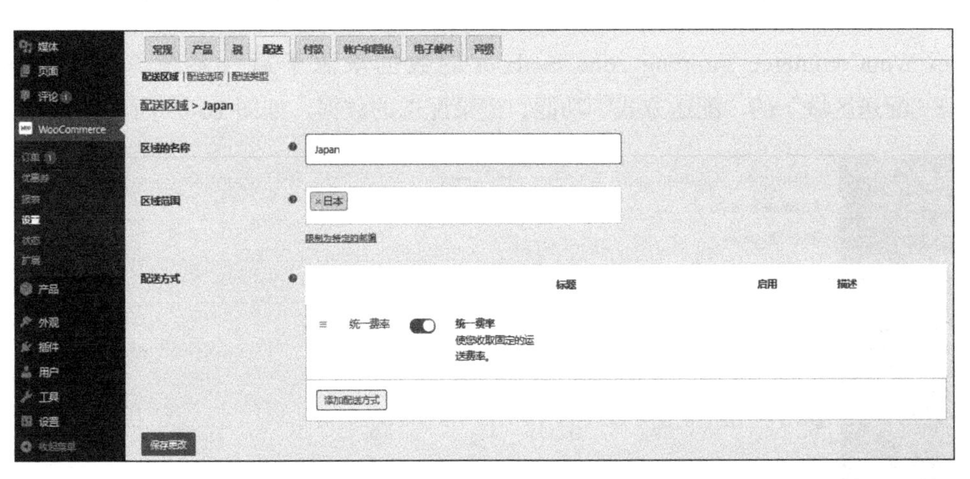

图 16-66　wp_WooCommerce_shipping_zone_locations 的数据来源

16. wp_WooCommerce_shipping_zone_methods

表 wp_WooCommerce_shipping_zone_methods 的结构如图 16-67 所示。其字段说明见表 16-28。

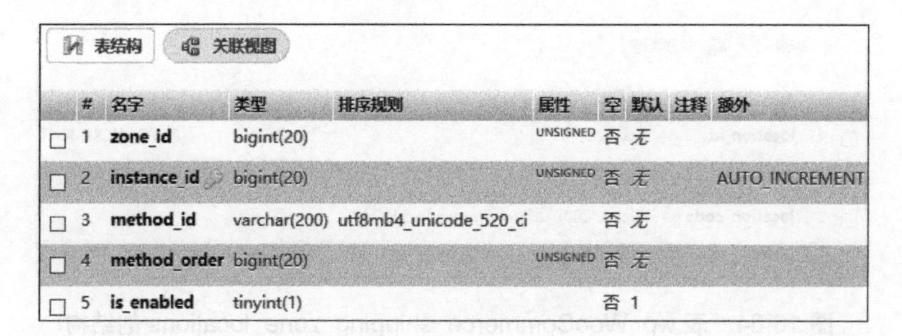

表结构 关联视图

#	名字	类型	排序规则	属性	空	默认	注释	额外
1	zone_id	bigint(20)		UNSIGNED	否	无		
2	instance_id	bigint(20)		UNSIGNED	否	无		AUTO_INCREMENT
3	method_id	varchar(200)	utf8mb4_unicode_520_ci		否	无		
4	method_order	bigint(20)		UNSIGNED	否	无		
5	is_enabled	tinyint(1)			否	1		

图 16-67　表 wp_WooCommerce_shipping_zone_methods 的结构

表 16-28　wp_WooCommerce_shipping_zone_methods 的字段说明

字　段	说　明
zone_id	关联表wp_WooCommerce_shipping_zones的zone_id
instance_id	wp_WooCommerce_shipping_zone_methods本表的ID，每一条数据递增1
method_id	配送方式ID
method_order	配送顺序
is_enabled	是否启用（1表示启用，0表示停用）

表 wp_WooCommerce_shipping_zone_methods 的数据示例如图 16-68 所示。

zone_id	instance_id	method_id	method_order	is_enabled
0	1	flat rate	1	1
1	2	free_shipping	1	1
2	3	flat_rate	1	1

图 16-68　表 wp_WooCommerce_shipping_zone_methods 的数据示例

wp_WooCommerce_shipping_zone_methods 的数据来源于后台系统“设置”→“配送”→“配送区域”的“配送方式”功能，记录配送的数据，如图 16-69 所示。

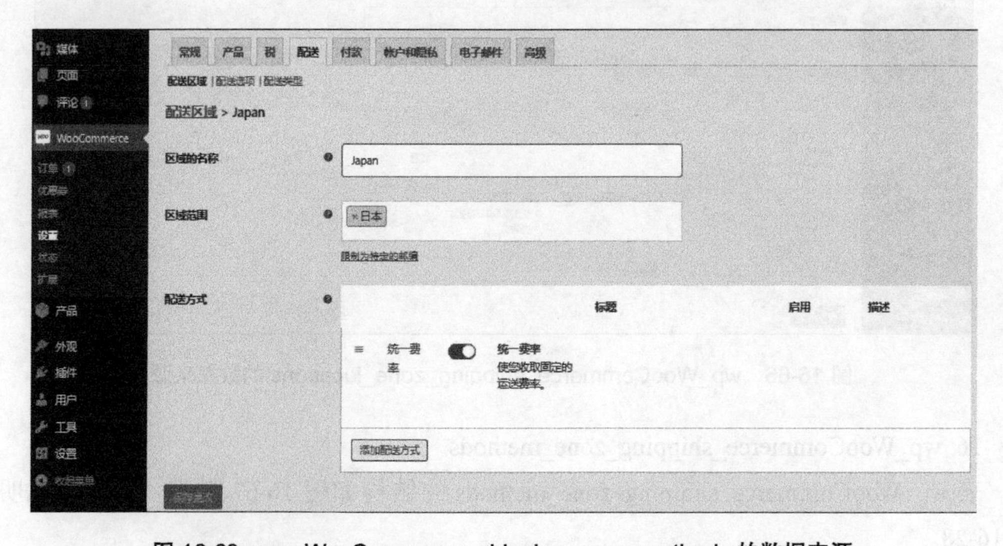

图 16-69　wp_WooCommerce_shipping_zone_methods 的数据来源

17. wp_WooCommerce_tax_rates

表 wp_WooCommerce_tax_rates 的结构如图 16-70 所示。其字段说明见表 16-29。

表结构　关联视图

#	名字	类型	排序规则	属性	空	默认	注释	额外
1	tax_rate_id	bigint(20)		UNSIGNED	否	无		AUTO_INCREMENT
2	tax_rate_country	varchar(2)	utf8mb4_unicode_520_ci		否			
3	tax_rate_state	varchar(200)	utf8mb4_unicode_520_ci		否			
4	tax_rate	varchar(8)	utf8mb4_unicode_520_ci		否			
5	tax_rate_name	varchar(200)	utf8mb4_unicode_520_ci		否			
6	tax_rate_priority	bigint(20)		UNSIGNED	否	无		
7	tax_rate_compound	int(1)			否	0		
8	tax_rate_shipping	int(1)			否	1		
9	tax_rate_order	bigint(20)		UNSIGNED	否	无		
10	tax_rate_class	varchar(200)	utf8mb4_unicode_520_ci		否			

图 16-70　表 wp_WooCommerce_tax_rates 的结构

表 16-29　wp_WooCommerce_tax_rates 的字段说明

字段	说明
tax_rate_id	wp_WooCommerce_tax_rates本表的ID，每一条数据递增1
tax_rate_country	国家/地区代码
tax_rate_state	省级区域代码
tax_rate	标准税率
tax_rate_name	税费名称
tax_rate_priority	优先级
tax_rate_compound	复合（1为已勾选复合，0为没勾选复合）
tax_rate_shipping	配送（1为已勾选配送，0为没勾选配送）
tax_rate_order	税率订单
tax_rate_class	税率等级

表 wp_WooCommerce_tax_rates 的数据示例如图 16-71 所示。

tax_rate_id	tax_rate_country	tax_rate_state	tax_rate	tax_rate_name	tax_rate_priority	tax_rate_compound	tax_rate_shipping	tax_rate_order	tax_rate_class
1	JP	TOKYO	0.0100	税	3	1	1	0	

图 16-71　表 wp_WooCommerce_tax_rates 的数据示例

wp_WooCommerce_tax_rates 的数据来源于后台系统“设置”→“税”的功能，记录税率的详细内容，如图 16-72 所示。

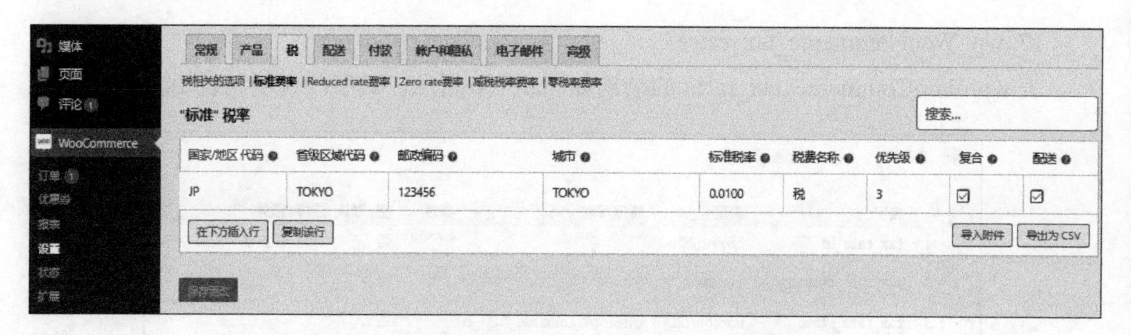

图 16-72 wp_WooCommerce_tax_rates 的数据来源

18. wp_WooCommerce_tax_rate_locations

表 wp_WooCommerce_tax_rate_locations 的结构如图 16-73 所示。其字段说明见表 16-30。

表结构 关联视图

#	名字	类型	排序规则	属性	空	默认	注释	额外
1	location_id	bigint(20)		UNSIGNED	否	无		AUTO_INCREMENT
2	location_code	varchar(200)	utf8mb4_unicode_520_ci		否	无		
3	tax_rate_id	bigint(20)		UNSIGNED	否	无		
4	location_type	varchar(40)	utf8mb4_unicode_520_ci		否	无		

图 16-73 表 wp_WooCommerce_tax_rate_locations 的结构

表 16-30 wp_WooCommerce_tax_rate_locations 的字段说明

字　段	说　明
location_id	wp_WooCommerce_tax_rate_locations本表的ID，每一条数据递增1
location_code	城市
tax_rate_id	关联表wp_WooCommerce_tax_rates的tax_rate_id
location_type	类型（邮政编码、城市）

表 wp_WooCommerce_tax_rate_locations 的数据示例如图 16-74 所示。

location_id	location_code	tax_rate_id	location_type
6	TOKYO2	1	city
7	667788	2	postcode
8	HOKKAIDO2	2	city
9	123456	1	postcode

图 16-74 表 wp_WooCommerce_tax_rate_locations 的数据示例

wp_WooCommerce_tax_rate_locations 的数据来源于后台系统“设置”→“税”的功能，

记录税率地点的数据如图 16-75 所示。

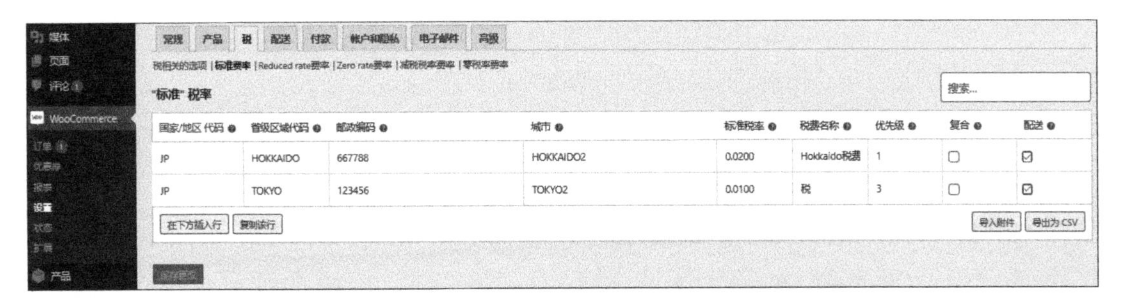

图 16-75　wp_WooCommerce_tax_rate_locations 的数据来源